合肥工业大学图书出版专项基金资助项目

CAD 与化工制图

刘　咏　王军辉　主　编

霍　丽　严小三　副主编

钱家忠　主　审

合肥工业大学出版社

内容提要

本书包括化工制图的基本知识、化工设备图、化工工艺图和计算机绘图 4 部分内容。化工制图的基本知识包括制图国家标准的基本规定,尺寸标注,化工制图的图样在图幅上的排列原则;化工设备图包括化工设备图的图示特点,化工设备图的尺寸分类及基准,化工设备的标准化零部件,化工设备的视图选择,化工设备图的绘制方法及步骤,化工设备图的阅读举例;化工工艺图包括化工工艺流程图,设备布置图,管道布置图;计算机绘图主要介绍 AutoCAD 的快速入门,绘制二维图形、文字标注、尺寸标注及表格,块与属性,综合实例等。

本书可作为高等学校化工类专业的教学用书,也可以作为其他工程类专业如生物工程、土建工程、电气工程、制药工程等专业技术人员的学习和参考用书。

图书在版编目(CIP)数据

CAD 与化工制图/刘咏,王军辉主编 . —合肥:合肥工业大学出版社,2022.6
ISBN 978 - 7 - 5650 - 5091 - 6

Ⅰ.①C⋯ Ⅱ.①刘⋯②王⋯ Ⅲ.①化工机械—机械制图—AutoCAD 软件—教材
Ⅳ.①TQ050.2

中国版本图书馆 CIP 数据核字(2022)第 072741 号

CAD 与化工制图

刘　咏　王军辉　主编　　　　　　　　责任编辑　马成勋

出　版	合肥工业大学出版社	版　次	2022 年 6 月第 1 版
地　址	合肥市屯溪路 193 号	印　次	2022 年 6 月第 1 次印刷
邮　编	230009	开　本	787 毫米×1092 毫米　1/16
电　话	理工图书出版中心:15555129192	印　张	16.75
	营销与储运管理中心:0551 - 62903198	字　数	377 千字
网　址	www.hfutpress.com.cn	印　刷	安徽昶颉包装印务有限责任公司
E-mail	hfutpress@163.com	发　行	全国新华书店

ISBN 978 - 7 - 5650 - 5091 - 6　　　　　　　　　　定价:50.00 元

如果有影响阅读的印装质量问题,请与出版社营销与储运管理中心联系调换。

前　　言

　　为了全面贯彻落实全国教育大会和新时代全国高等学校本科教育工作会议精神,秉承对教育教学体系进行再造和创新,坚持全面化、系统化的改革理念,以全球视野谋划教育教学改革,我们编写了《化工制图与 CAD》教材。本书具有较强的针对性和较好的适用性,体现了以能力为导向的一体化教学体系精神。

　　本书由化工制图和计算机绘图两大部分内容组成。本书突出了化工图样的表达内容和阅读方法及如何用 AutoCAD 基本画图方法绘制图样等实用内容;将工程制图与计算机绘图有机地整合,并以 AutoCAD 2019 版本为平台,系统地介绍了 AutoCAD 草图与注释工作空间的绘图知识;以软件实际操作为主线,通过工程图样的实际案例,将基本概念和基本操作融入大量实例之中。本书适用于培养高等教育的化学工程、生物工程、土建工程、电气工程、制药工程等工科专业学生的绘图能力。

　　图样是人类借以表达、构思、分析和交流思想的基本工具之一,广泛应用于工程技术。任何工程项目或设备的施工制作以及检验、维修等均以图样为依据。本书以培养学生绘制和阅读工程图样为目的,全面、详细地介绍了 AutoCAD2019 的基本功能和使用方法,并介绍了 AutoCAD 在化学工程类专业的应用情况。使学生能看懂化工设备图和具备绘制简单的零件图及工艺流程图的能力。本书具有如下特点:

　　(1)突出化工类高等教育培养卓越工程师的特色,以绘图、识图为主,重点突出不同化工图样的内容表达方法和图样的阅读方法,强调对学生应用能力的培养。

　　(2)为了适应科技和企业发展对人才的技术要求,本书将化工制图与计算机绘图有机结合,从教学实际出发,按照教学基本要求编写。以 AutoCAD2019 版本为平台,以"实用、适用、先进"为原则,系统介绍了二维图形的绘制与编辑,要求学生了解 AutoCAD2019 的新功能和软件、硬件环境及安装;熟悉 AutoCAD2019 的操作界面、快捷菜单、功能键等。掌握二维图形的绘制方法,能熟练使用对象捕捉,掌握文字样式设置和注写文本方法。熟练使用夹点进行编辑,掌握图形编辑的基本方法,理解特性匹配和对象特性管理器的功能。熟练掌握各种图形显示的操作,熟悉计算、查询和辅助命令。以软件实际操作为主线,通过工程图样的实际案例,将基本概念和基本操作融入大量实例之中。让学生掌握 AutoCAD 的基本功能和使用方法,为将来从事工程设计、工程施工、产品设计或软件的二次开发打下基础。

(3)本书以使用为目的,系统地介绍了一套完整工程图纸的组成及各种图纸的基本因素,重点掌握工艺流程图、总平面布置图、设备布置图的画法。突出了化工设备和工艺图的通用性和典型性,并注重与机械制图基本原理的有机结合和融会贯通。

本书由刘咏、王军辉,霍丽和严小三担任副主编,钱家忠担任主审。具体分工如下:合肥工业大学刘咏编写第 1 章、第 7 章和第 8 章,合肥工业大学钱家忠编写第 3 章和第 5 章,合肥工业大学王军辉编写第 4 章,郑州工程技术学院霍丽编写第 2 章,合肥工业大学严小三编写第 6 章。刘咏负责统稿、绘图。

由于编者水平有限,本书难免出现错漏之处,恳请广大读者批评指正。

编　者

2022.5

目　　录

第 1 章　化工制图的基本知识

本章导读

本章主要介绍国家颁布的《工程制图》国家标准(简称国标)与化工制图有关的国家标准和规定,并通过练习掌握这些内容。

教学目标

1. 掌握国家标准中关于图纸幅面、格式、比例、图线、字体、尺寸标注的相关规定。

2. 掌握化工制图图样表达,主要包括化工工艺图、设备布置图、管道布置图和化工设备图的基本内容。

3. 能够正确标注尺寸。

4. 掌握各种化工制图的图样在图幅上的排列原则。

1.1　制图国家标准的基本规定

图样是工程界的共同语言,为了便于指导生产和技术交流,我国颁布实施的工程制图标准是工程界重要的技术基础标准,也是绘制和阅读工程图样的依据。化工制图作为工程制图的重要分支,是专门研究化工图样的绘制和阅读的一门课程。化工制图与工程制图有着紧密的联系,遵守相同的国家规范,但也有明显的专业特征。

学习化工制图必须严格遵守国家标准,树立标准化观念,工程技术人员必须熟悉和掌握有关标准和规定。

我国的国家标准简称国标,例如:GB/T 14689—2008。其中,GB 是国家标准中"国"与"标"的第一个汉语拼音字母的组合,GB/T 为推荐性国家标准,是《技术图纸》中图纸幅面和格式的标准代号;"14689"是国家标准的编号,2008 是发布该标准的年号。

本节仅就图纸幅面及格式、比例、字体、图线、尺寸标注法等一般规定予以介绍。

1.1.1　图纸幅面、格式和标题栏

1. 图纸幅面(GB/T 14689—2008)

图纸幅面是指图纸宽度和长度组成的图面。国家标准规定图纸基本幅面有 A0、A1、

A2、A3 和 A4 等五种,为便于装订和管理,每种幅面图纸的尺寸见表 1-1。

表 1-1　图纸幅面的尺寸　　　　　　　　单位:mm

幅面代号	幅面尺寸	周边尺寸		
	$B \times L$	a	c	e
A0	841×1189	25	10	20
A1	594×841	25	10	20
A2	420×594	25	10	20
A3	297×420	25	5	10
A4	210×297	25	5	10

必要时,可以选用加长幅面规格尺寸。加长幅面按基本幅面的短边呈整数倍增加,如图 1-1 所示。

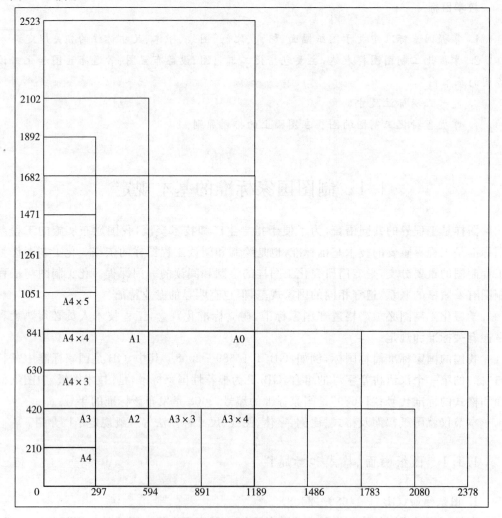

图 1-1　基本幅面和加长幅面

2. 图框格式(GB/T14689—2003)

图纸上限定绘图区域的线框为图框。在图纸上,必须用粗实线绘制图框,图样画在图框内部。图框周边的间距尺寸与格式有关,图框分为留装订边和不留装订边两种,如图 1-2 所示,其中的周边尺寸 a、c、e 见表 1-1。

应注意,同一产品的图样只能采用一种格式。图样绘制完毕后应沿外框线裁边,推荐选用不留装订边的格式,如图 1-2(b)所示。

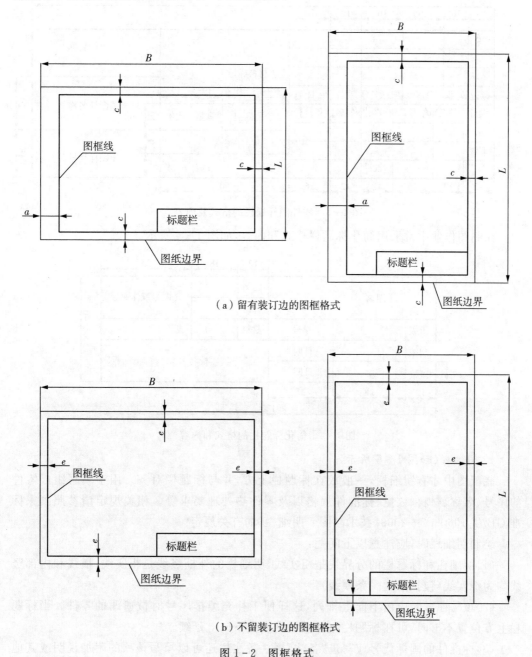

（a）留有装订边的图框格式

（b）不留装订边的图框格式

图 1-2　图框格式

3. 标题栏

每张图纸都必须有标题栏。标题栏位于图纸右下角,底边与下图框线重合,右边与右图框线重合。标题栏外框线为粗实线,GB10609.1—1989 对标题栏的基本要求、内容、尺寸和格式都做了规定,如图 1-3 所示。标题栏是由名称、代号区、签字区、更改区和其他区域组成的栏目。

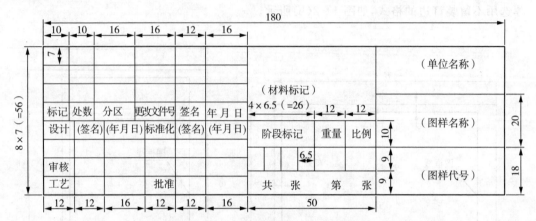

图 1-3 零件图标题栏的格式及内容

在制图作业中常采用简化标题栏格式和内容,如图 1-4 所示。

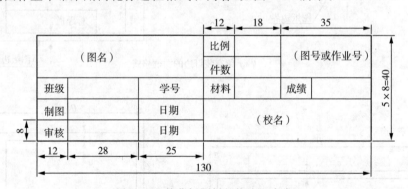

图 1-4 简化标题栏的格式和内容

4. 明细栏(如图 1-5 所示)

装配图中才有明细栏,一般放在标题栏上方,并与标题栏对齐。用于填写组成零件的序号、名称、材料、数量、标准件规格以及零件热处理要求等。相关规定请参照国家标准 GB/T 10609.2—2009《技术制图 明细栏》的有关规定。

绘制明细栏时,应注意以下问题:

(1)明细栏和标题栏的分界线是粗实线,明细栏的外框竖线是粗实线,横线和内部竖线均为细实线(包括最上一条横线)。

(2)填写序号时应由下向上排列,这样便于补充编排序号时被遗漏的零件。当标题栏上方位置不够时,可在标题栏左方继续列表由下向上延续。

(3)标准件的国标代号应写进"备注"栏。备注栏还可以填写该项的附加说明或其他有关的内容。

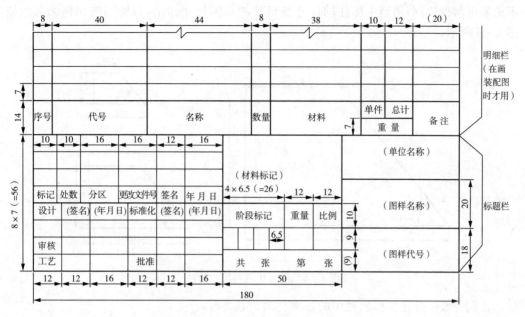

图 1-5　标准标题栏和明细栏

1.1.2　比例（GB/T 14689—2008）

比例是指图样中图形与实物相应要素的线性尺寸之比。图样比例分为原值比例、放大比例和缩小比例三种。

原值比例是图形与实物比值等于 1 的比例，即 1：1；放大比例是图形与实物比值大于 1 的比例，如 2：1，5：1 等，对于小而复杂的机件一般采用放大比例；缩小比例是比值小于 1 的比例，如 1：2，1：5 等，对于大而简单的机件一般采用缩小比例。

绘制图样时，应根据实际需要选取表 1-2 比例系列中规定的"优先选用"比例，必要时，也可以使用"允许选用"中的比例。同一张图样的各个图形应采用同一比例。

表 1-2　比例系列

种类	优先选用的比例	允许选用的比例
原值比例	1：1	
放大比例	2：1　5：1　10^n：1 2×10^n：1　5×10^n：1	2.5：1　4：1 2.5×10^n：1　4×10^n：1
缩小比例	1：2　1：5　1：10^n 1：2×10^n　1：5×10^n	1：1.5　1：2.5　1：3　1：4　1：6 1：1.5×10^n　1：2.5×10^n　1：3×10^n 1：4×10^n　1：6×10^n

注：n 为正整数。

为了看图方便，一般可优先选用原值比例，但如果物体太大或太小，就必须采用缩小或放大比例进行绘制。总的原则是既要表达清楚物体结构形状，又要考虑图纸的大小。

不论采用何种比例,图形中标注的尺寸按机件的实际尺寸标出,与所选的比例无关。如图 1-6 所示。

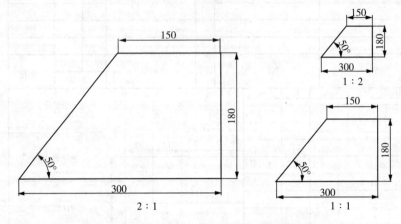

图 1-6　图形比例与尺寸标注

比例一般应标注在标题栏中的比例栏内。必要时,可在视图名称的下方或右侧标注比例,如图 1-7 所示。

$$\frac{I}{2:1} \qquad \frac{A向}{1:10} \qquad \frac{B-B}{2.5:1}$$

图 1-7　标注比例

1.1.3　字体(GB/T 14691—2003)

1. 图样中字体的基本要求

(1)图样中书写的汉字、数字、字母,必须做到字体端正、笔画清楚、间隔均匀、排列整齐。

(2)字体高度用 h 表示,其公称尺寸系列为 1.8、2.5、3.5、5、7、10、14、20,单位是 mm。字体高度代表字体的号数。

(3)汉字应用长仿宋字,采用国家正式颁布的《汉字简化方案》中规定的简化字。汉字的高度 h 不应小于 3.5 mm,其字宽一般为 $h/\sqrt{2}$。长仿宋体汉字的书写要领是横平竖直,注意起落,结构均匀,填满方格。

(4)字母和数字可以可写成直体或斜体。斜体的字头向右倾斜,与水平基准线呈 75°,图样上一般采用斜体字。

用作指数、分数、极限偏差、注角的数字及字母,一般应采用小一号字体。

2. 字体示例

(1)汉字:

字体工整　笔画清楚　间隔均匀　排列整齐

横平竖直注意起落结构均匀填满方格

图 1-8　长仿宋体汉字示例

(2)字母和数字：

字母和数字可写成直体或斜体。斜体的字头向右倾斜，与水平基准线呈 75°，图样上一般采用斜体字。

字母的大小写与数字示例如下：

$ABCDEFGHIJKLMN$ $abcdefghijklmn$ 斜体：1234567890
$OPQRSTUVWXYZ$ $opqrstuvwxyz$ 直体：1234567890

图 1-9　字母大小写与数字示例

(3)用作指数、极限偏差、注角的数字及字母，一般应采用比较小一号字体，如图 1-10 所示。

R3 $2 \times 45°$ M24-6H $\phi60H7$ $\phi30g6$

$\phi20^{+0.21}_{0}$ $\phi250^{-0.007}_{-0.20}$ Q235   HT200

图 1-10　指数、极限偏差、注角的数字及字母示例

1.1.4　图线及其画法

1. 图线线型及应用

国家标准 GB/T4457.4—2002 规定了工程制图图样画法和绘图时可采用的各种图线的名称、线型、宽度以及在工程图样上的一般应用规则。表 1-3 列出了工程制图中常用的 9 种图线的型式、名称、宽度及主要用途。

当几种线条重合时，应按粗实线、虚线、点画线的优先顺序画出。图样中的图线画法应符合如下规定：

(1)同一图样中，同类图线的宽度应基本一致。虚线、点画线及双点画线的线段长短和间隔应大致相等；点画线和双点画线的首末两端应是长画而不是短画。各种线型相交时，应以画线相交而不应是点或间隔相交。

(2)当虚线是粗实线的延长线时，其连接处虚线应留空隙；当虚线圆弧与粗实线相切时，虚线圆弧应留出空隙，如图 1-11(a)所示。

(3)为保证图样的清晰，两条平行线(包括剖面线)之间的距离应不小于粗实线的两倍宽度，其最小距离不得小于 0.7 mm。

表 1-3　基本线型及应用

名称	型式	宽度	主要用途
粗实线	——————	d	可见轮廓线
细实线	——————	$d/2$	尺寸线、尺寸界线、指引线、剖面线、重合断面的轮廓线、过渡线、螺纹牙底线

(续表)

名称	型式	宽度	主要用途
细虚线	——— ——— ———	$d/2$	不可见轮廓线
细点画线	—— · —— · —— · ——	$d/2$	轴线、对称中心线
粗点画线	—— · —— · —— · ——	d	限定范围表示线
细双点画线	—— · · —— · · ——	$d/2$	相邻辅助零件的轮廓线 可动零件的极限位置的轮廓线
波浪线	～～～～	$d/2$	断裂处边界线、 视图与剖视图的分界线
双折线	—— ／—— ／——	$d/2$	断裂处边界线、 视图与剖视图的分界线
粗虚线	—— —— ——	d	允许表面处理的表示线

(4)绘制圆的对称中心线时,圆心应为画线的交点,且对称中心线两端应超出圆弧 2～5 mm。在较小的圆上绘制点画线或双点画线有困难时,可用细实线代替。如图 1-11(b)所示。

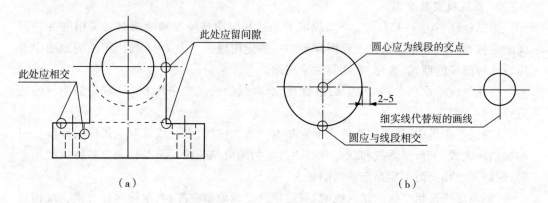

（a）　　　　　　　　　　　　　　（b）

图 1-11　图线的画法

2. 图线的宽度

国家标准规定了 9 种图线宽度。图线宽度应按图样的类型和尺寸大小在推荐系列 0.13,0.18,0.25,0.35,0.5,0.7,1.0,1.4,2(mm)中选择。

工程制图中的图线分为粗线和细线两种,它们的宽度之比为 2∶1。粗实线宽度优先选用 0.5 mm 或 0.7 mm。为了保证图样的清晰度、易读性和便于缩微复制,应尽量避免采用小于 0.18 mm 的图线。

3. 图线应用

图线的应用示例如图 1-12 所示。

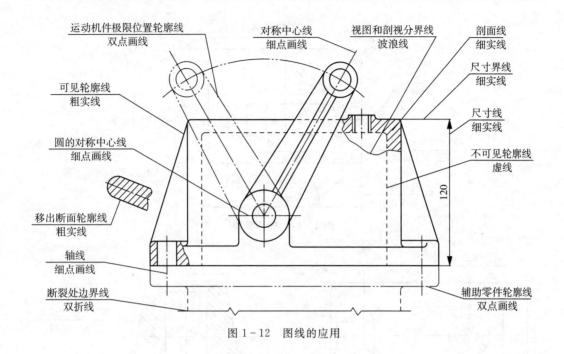

运动机件极限位置轮廓线
双点画线

对称中心线
细点画线

视图和剖视分界线
波浪线

剖面线
细实线

可见轮廓线
粗实线

尺寸界线
细实线

圆的对称中心线
细点画线

尺寸线
细实线

不可见轮廓线
虚线

移出断面轮廓线
粗实线

轴线
细点画线

断裂处边界线
双折线

辅助零件轮廓线
双点画线

120

图 1-12　图线的应用

1.2　尺寸标注

图样中的视图只能表达物体的形状,物体各部分的真实大小及准确相对位置要靠标注尺寸来确定,尺寸也可配合图形表达物体的形状。标注尺寸时,应严格遵守国家标准中有关尺寸注法(GB/T4458.4—2003,GB/T19096—2003)的规定,做到正确、完整、清晰、合理。

1.2.1　基本规则

(1)机件的真实大小应以图样上所注尺寸数值为依据,与图形的大小及绘图的准确度无关。

(2)图样中的尺寸,以毫米为单位时,不需标注计量单位的代号或名称,如果采用其他单位,则必须注明相应的计量单位的代号或名称。

(3)机件的每个尺寸,一般只标注一次,并应标注在反映该结构最清晰的图形上。

(4)图样中所标注的尺寸,为该图样所示机件的最后完工尺寸,否则应加以说明。

1.2.2　标注尺寸的基本要素

一个完整的尺寸由尺寸界线、尺寸线、尺寸文字三个基本要素组成,如图 1-13 所示。

1. 尺寸界线

尺寸界线用细实线绘制,一般由图形的轮廓线、轴线或对称中心线处引出。也可利用轮廓线、轴线或对称中心线本身作尺寸界线。尺寸界线超出尺寸线 2~3 mm,尺寸界线一般应与尺寸线垂直,必要时允许倾斜,如图 1-14 所示。

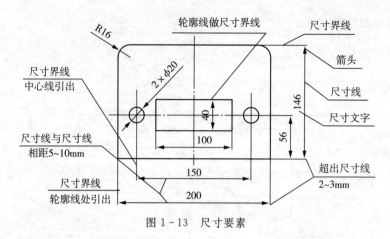

图 1-13 尺寸要素

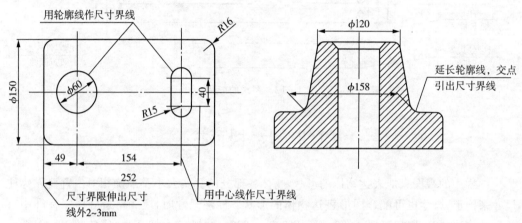

图 1-14 尺寸界线

2. 尺寸线

尺寸线必须用细实线单独绘出,不得由其他任何线代替,也不得画在其他图线的延长线上,并应避免尺寸线之间相交。图 1-15 列出了正确标注方法及一些常见的标注错误。

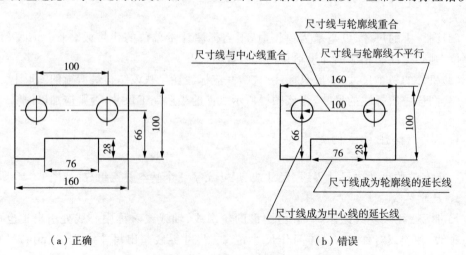

（a）正确　　　　　　　　　　（b）错误

图 1-15 尺寸标注的正误对比

线性尺寸的尺寸线应与所标注的线段平行。相互平行的尺寸线,大尺寸在外,小尺寸在内,尽量避免尺寸界线与尺寸线相交,且平行尺寸线间的间距尽量保持一致,一般为5~10 mm。

尺寸线终端有两种形式:箭头和斜线。同一张图样中只能采用一种尺寸线终端。工程图样一般用箭头形式,箭头尖端与尺寸界线接触,不得超出也不得未及,如图 1-16 所示。

3. 尺寸文字

尺寸文字按标准字体书写,且同一张纸上的字高要一致。尺寸文字前面有时附加规定符号,如 $R16$、$\phi60$ 等。

线性尺寸文字一般注写在尺寸线的上方,也允许注写在尺寸线的中断处,字头朝上;垂直方向的尺寸数值应注写在尺寸线的左侧,字头朝左;倾斜方向的尺寸数字,应保持字头向上的趋势。尺寸文字不能被任何图线通过,否则应将该图线断开,如图 1-17 所示。

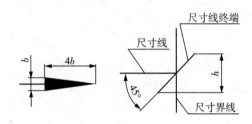

（a）b为粗实线宽度　（b）h为尺寸文字高度

图 1-16　尺寸线终端

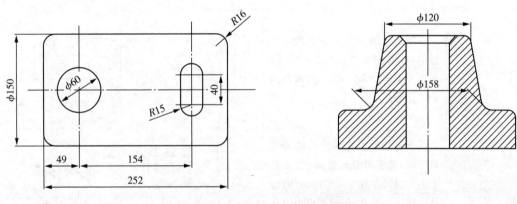

图 1-17　尺寸数字注写位置

1.2.3　常见的尺寸标注示例

尺寸标注示例见表 1-4。

表 1-4　尺寸标注示例

标注内容	说明	示例
尺寸的数字方向	尺寸数字应按右侧的左图所示方向书写并尽可能避免在30°范围内标注尺寸,当无法避免时可按右侧的右图的形式标注	

（续表）

标注内容	说明	示例
角度	尺寸数字应一律水平书写，尺寸界限应沿径向引出，尺寸线应画成圆弧，圆心是角的顶点，一般注在尺寸线的中断处，必要时允许写在外面或引出标注	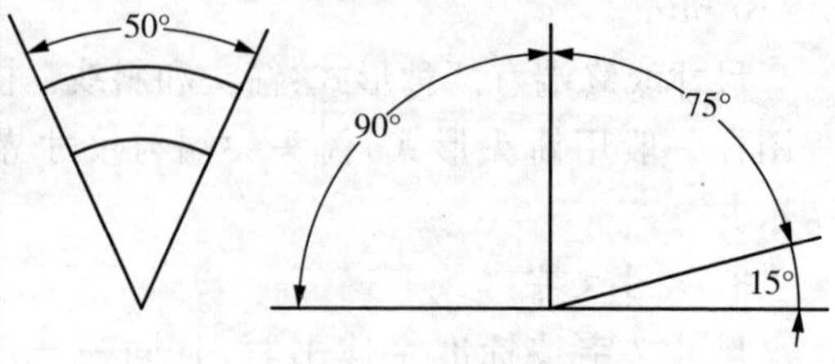
直径	标注圆的直径尺寸时，应在尺寸数字前加注"φ"，尺寸线一般按右侧两个图例绘制	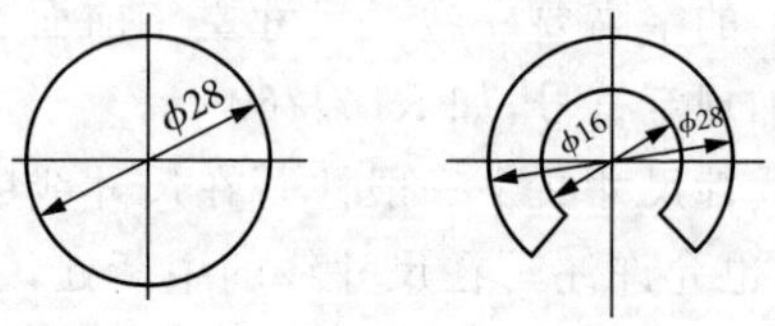
半径	标注半径尺寸时，应在尺寸数字前加注"R"，半径尺寸一般按右侧两个图例所示方法标注，尺寸线应通过圆心	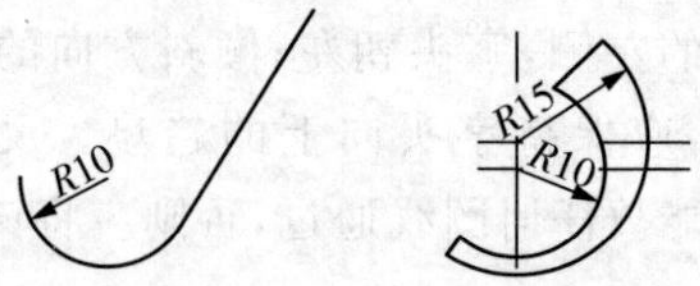
大圆弧	在图纸范围内无法标出圆心位置时，可按右侧的左图折线标注；不需要标出圆心位置时，可按右侧的右图标注	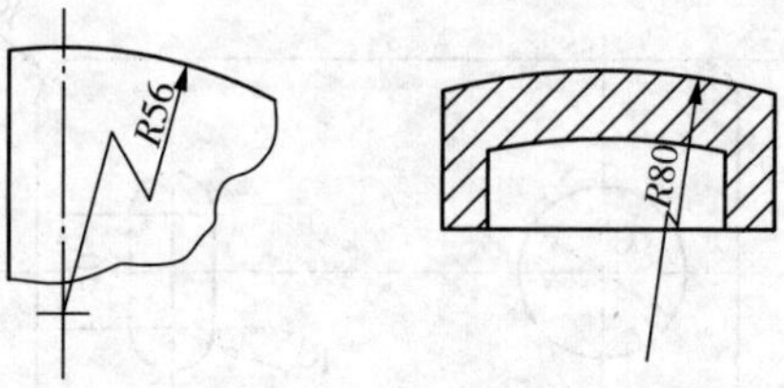
小尺寸	没有足够的位置画箭头和书写数字时，箭头可放在外面，尺寸数字也可以写在外面或引出标注；标注一连串小尺寸时，允许用小圆点代替箭头，圆和圆弧的小尺寸可按右侧图例标注	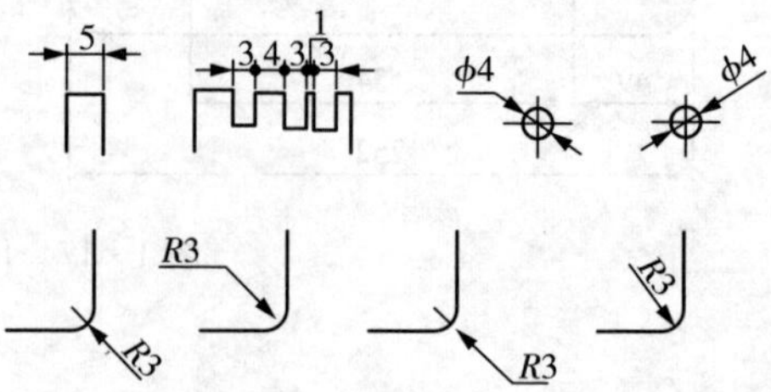
球面	应在直径或半径前加注"S"，在不引起误解时，则可省略	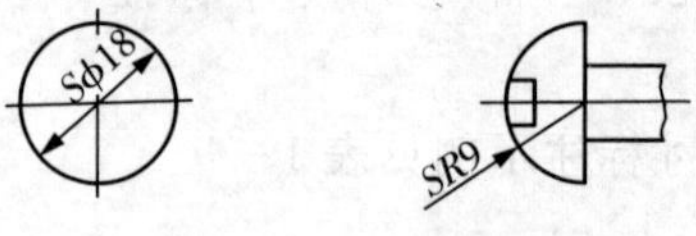
弧长和弦长	标注弧长尺寸时，尺寸线用圆弧，尺寸数字上方应加注符号"⌒"；标注弦长时，尺寸线因平行于该弦，尺寸界限应平行于该弦的垂直平分线	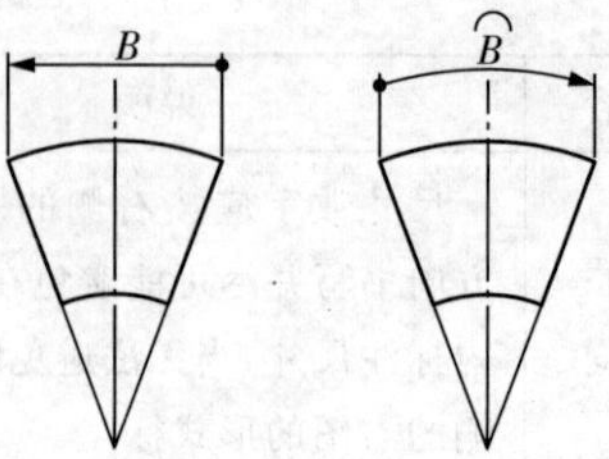

(续表)

标注内容	说明	示例
均布的孔	均匀分布的孔,可按右侧图所示标注;当孔的定位和分布情况在图中已明确时,允许省略其定位尺寸和缩略词 *EQS*	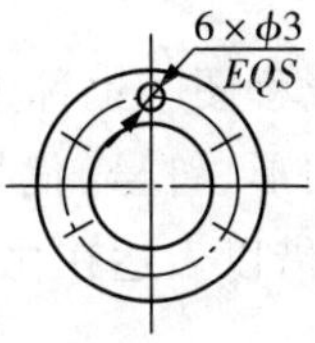 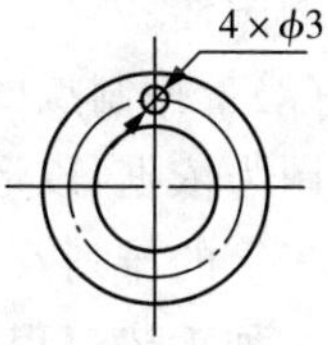
板状零件	标注板状零件的厚度时,可在尺寸数字前加符号"*t*"	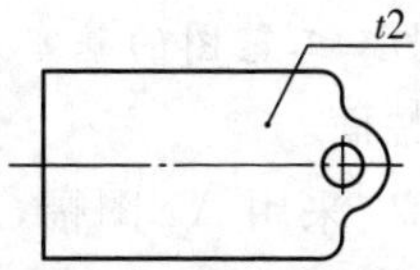

标注尺寸时,根据 GB/T 16675.2—1998 的规定,应使用符号和缩写词,常用的符号和缩写词见表 1-5。

表 1-5　标注尺寸常用的符号和缩写词

名称	符号或缩略词	名　称	符号或缩略词	名　称	符号或缩略词
直径	ϕ	厚度	t	沉孔或锪孔	$\sqcup$
半径	R	正方形	$\square$	埋头孔	$\vee$
球直径	$S\phi$	45°倒角	C	均布	EQS
球半径	SR	深度	$\downarrow$		

1.3　化工制图的图样在图幅上的排列原则

化工制图的图样主要包括化工工艺图、设备布置图、管道布置图和化工设备图。前三种图样在图纸上的排列方式相似,与化工设备图差异较大。

1.3.1　化工工艺图

1. 化工工艺图的图样内容

化工工艺图是用于表达生产过程中物料的流动次序和生产操作顺序的图样。工艺流程图是工艺设计的关键文件,同时也是生产过程中的指导工具。由于不同的使用要求,属于工艺流程图性质的图样有许多种,没有统一的标准,只要表达了主要的生产单元及物料走向即可。

较规范的工艺流程图一般有以下三种:

(1)总工艺流程图　也叫全厂物料平衡图,用于表达各生产单位(车间或工段)之间主要物料的流动路线及物料衡算结果。

（2）物料流程图　是在总工艺流程图的基础上，分别表达各车间设备内部工艺物料流程的图样。

（3）带控制点的工艺流程图　也称生产控制流程图或施工工艺流程图。它是以物料流程图为依据，以形象的图形、符号、代号，表示出工艺过程选用的化工设备、管路、附件和仪表等的排列及连接。借以表达在化工生产中物料和能量的变化过程，是内容较为详细的一种工艺流程图。

2. 绘制化工工艺图的基本规定

（1）图纸幅面

图纸幅面应采用 A1 图幅，当一张图纸不够时，可采用加长幅面的长边或用多张 A1 图纸表示，但要编图纸顺序号。

（2）绘图比例

化工工艺流程图一般以车间或装置（注：设备采用联合布置形式，分类集中，大量露天布置，此时不构成车间，称为装置）为单位进行绘制，图形没有严格的比例，但尽可能按适当的比例画出相对高低位置和大小。

（3）图样在图幅中的安排

一张化工工艺图通常包含图形、标注、图例和标题栏四个部分。化工工艺图是将全部工艺设备按简单形式展开在同一平面上，再配以连接的主、辅管线及管件、阀门、仪表控制点等符号，并注写设备位号及名称、管段编号、控制点代号、必要的尺寸数据及文字说明等。图例放在图纸的右上角，所有图纸的标题栏在右下角。

（4）图例、说明和标注的表示法

图例包括各物料、介质代号及工艺条件表示符号、控制点符号等内容。流程简单时，其图例说明就放在图纸右上角；图例复杂时，图例说明的设备位号、物料代号、管道编号等单独绘制，并作为流程图的第一张图（首页图）。

流程图中如果有补充说明，可在图纸右端标题栏上方标注需要说明的内容或图例。

1.3.2　设备布置图

1. 设备布置图的图样内容

设备布置图是在确定了工艺流程图后，对流程中所涉及的主要设备及辅助设施按照工艺的要求和生产的具体情况，在厂房建筑内外合理布置和安装固定，以保证生产顺利进行的图样。它是在厂房建筑图上以建筑物的定位轴线或墙面、柱面等为基准，按设备的安装位置，绘出设备的图形或标记，并标注其定位尺寸。需要注意的是，在工艺流程图中设备的图形或标记只是示意，无须注意其大小，而在设备布置图中，必须注意和建筑物的绘制保持一致比例的精确安装尺寸及设备的主要外轮廓线尺寸。在设备布置设计中，一般应提供下列图样：

（1）设备布置图　表示一个车间或工段的生产和辅助设备在厂房建筑内外的安装布置图样。

（2）首页图　车间内设备布置图分区绘制时，提供分区概况的图样。

（3）设备安装详图　表示用以固定设备的支架、吊架、挂架及设备的操作平台、附属的栈桥、钢梯等结构的图样。

（4）管口方位图　表示设备上各管口以及支座、地脚螺栓等周向安装方位的图样。

2. 绘制设备布置图的基本规定

（1）图纸幅面

与化工工艺图的图纸幅面要求相同，设备布置图图纸幅面应采用 A1 图幅。

（2）绘图比例

设备布置图按优先推荐的 1∶100 比例绘制装置界区，也可以采用 1∶200 或 1∶50 的比例绘制。设备布置图尽量画在一张图上，需要将车间分区绘制在几张图纸上时，每张设备布置图均应单独编号。同一主项的设备布置图不得采用一个号，并加上第几张、共几张的编号方法。在标题栏中应注明本类图纸的总张数。

（3）图样在图幅中的安排

设备布置图一般包含一组视图、标注、安装方位标和标题栏。

设备布置图将厂房建筑基本结构和设备在厂房内布置情况的平面图放在左侧，立面图、剖视图放在右侧，图中包含建筑轴线和设备定位尺寸、设备名称的标注。

（4）安装方位标的表示法

一般是在设备布置图的右上角画一个零度与总图设计的北向一致的方向坐标，用以确定设备的安装方位。

1.3.3　管道布置图

1. 管道布置图的图样内容

管道布置图的绘制是在施工阶段中进行的，通常以带控制点的工艺流程图、设备布置图、有关的设备图以及建筑、自控、电气专业等有关图样和资料作为依据，对管道作出适合工艺操作要求的合理布置设计。

在设备布置图的基础上画出管道、阀门及控制点，表示厂房内外管道之间的连接、走向和位置以及阀门、仪表控制点的安装位置。管道布置图用于指导管道的安装施工，它包括以下几种图样：

（1）管道布置图　表达车间（装置）内管道空间位置等的平面、立面布置情况的图样。

（2）蒸汽伴管系统布置图　表达车间内各蒸汽分配管与冷凝管收集管系统平面、立面布置的图样。

（3）管段图　表达一个设备到另一个设备（或另一管道）间的一段管道的立体图样。

（4）管架图　表达管架的零部件图样。

（5）管件图　表达管件的零部件图样。

2. 绘制管道布置图的基本规定

管道布置图的位置安排、图纸幅面、安装方位标的表示法与设备布置图相同。

绘制管道布置图一般采用的比例为 1∶30，也可采用 1∶25。同区的或各分层平面图,应采用同一比例绘制。剖视图的绘制比例应与管道平面布置图一致。

上述三种图样中的文字、符号和代号要符号国家标准(GB/T 14691—2003)规定。

1.3.4　化工设备图在图幅上的排列原则

在化学工业生产过程中所使用的机器和设备称化工设备。用以表达化工设备的结构、技术要求等的图样称化工设备图。化工设备图是化工设备设计、制造、安装、维修及使用的依据。

1. 常用的化工设备图样分类

常用的化工设备图样包括总图、装配图、部件图、零件图、管口方位图、表格图、标准图和通用图。

总图表示化工设备及其附属装置的全貌、组成和特性的图样。它表达设备各主要部分的结构特征、装配连接关系、主要特征尺寸和外形尺寸,并写明技术要求、技术特性等。

装配图表示化工设备的结构、尺寸、各零部件之间的装配连接关系,并写明技术要求、技术特性等。装配图如果能够体现总图的内容,可不画总图。

部件图表示可拆和不可拆部件的结构外形、尺寸大小、技术要求和技术特性等。

零件图表示化工设备零件的结构形状、尺寸大小、加工及热处理方法、检手段验等。

管口方位图表示化工设备管口方向的位置,并注明管口与支座、地脚螺栓等的相对位置。一般采用单线条画法,其管口符号、大小、数量应与装配图中的表达一致。

表格图是用综合列表方式表达那些结构形状相同但尺寸不同的化工设备、部件、零件(主要零部件)等。

标准图是经国家主管部门批准的标准化或系列化的设备、零部件图样。

通用图是经过生产检验或结构成熟,且能够重复使用的系列化设备、零部件图样,一般只能在该部门使用。

化工设备的施工图图样一般包括装配图、设备装配图、零部件装配图和零件图。

2. 绘制化工设备图的基本规定

(1)图纸幅面

化工设备图图纸的幅面按国家标准规定选择图纸。必要时,可根据化工设备的具体状况,将图纸幅面按照如图1-1所示的规定加长后使用。

确定图幅大小时,要力求化工设备的全部内容在图纸上布置得均匀、美观,幅面大小应根据视图数量、尺寸位置、明细栏大小、技术要求等内容所占的范围及它们之间应留的间隔等要素来确定。

在一张图纸上可以绘制多个图,每个图的幅面尺寸按照 GB4457.1—1984 的规定分割,分割的图可以是带框的,也可以是不带框的,如图 1-18 所示。

绘图比例和幅面大小应同时考虑,并相互协调,以确定一个合理的图纸幅面。

(2)绘图比例

应遵照国家标准《机械制图》的规定选用比例,必要时可选用 1:6、1:30。

局部放大图、斜视图、剖视图、剖面图等的绘图比例与基本视图的绘图比例不同时,

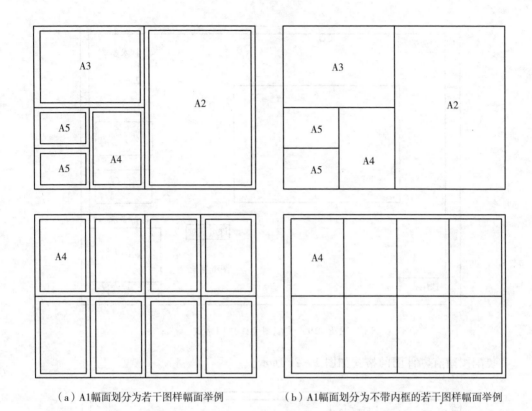

（a）A1幅面划分为若干图样幅面举例　　　　（b）A1幅面划分为不带内框的若干图样幅面举例

图 1 - 18　图幅的划分

必须说明该图形所采用的比例。在该视图的上方按照如下方式注明：$\dfrac{A-A}{2:1}$，中间横线为细实线。当上述图形不按比例绘制时，按如下方式注明：$\dfrac{A-A}{不按比例}$。

（3）图样上的文字、符号及代号

图样中汉字、数字和字母的书写要符号国家标准 GB/T 14691—2003 的规定。

管口符号采用英文小写字母，其中字母 i、l、o、q 不推荐使用。管口符号的标注次序是从主视图中左下方开始，按照顺时针方向顺序排列。

各计量单位、名称要符合《中华人民共和国法定计量单位》的规定。公差与配合、形位公差、表面粗糙度、镀涂、热处理的代号及标注要符合国家标准和规定。焊缝代号按照国家标准或专业标准执行。

3. 化工设备图在图幅上的安排格式

化工设备的装配图一般包括视图、标题栏、明细表、管口表、技术特性表、选用表、修改表、图纸目录、技术要求等内容。化工设备图图面安排一般应遵照以下原则：

视图包括尺寸、件号等内容，布置在图幅的中间偏左，右下方从标题栏开始，逐个向上安排明细表、管口表、技术特性表、技术要求等内容。图纸目录一般编写在主标题栏的左方，图纸右上角应留有空隙，以备图纸在设计修改时，加绘"修改表"之用。

装配图兼作总图时的化工设备图格式如图 1 - 19 所示。

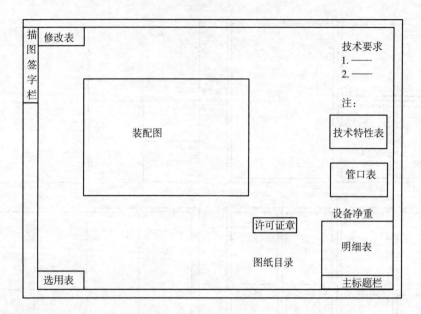

图 1-19 装配图兼作总图格式

装配图附有零件图的格式如图 1-20 所示。

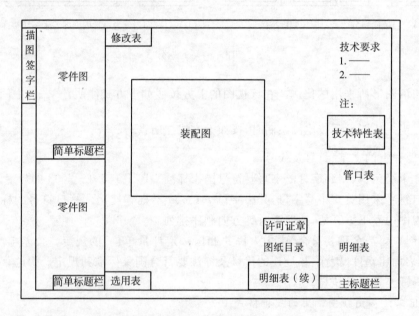

图 1-20 装配图附有零件图的格式

4．化工设备图在图幅上的排列原则

化工设备装配图的零件图、部件图可以安排在装配图同一个图幅内,如果装配图的视图在一张图纸上安排有困难时,可以安排在两张或几张图纸上。其图样的安排原则是:

（1）装配图尽量不与零部件图安排在同一张图纸上，但对于只有少量零部件的简单化工设备，允许将其安排在同一张图纸上，此时装配图放在右方，零件图放在左方。

（2）部件及其所属的零件图样，应尽可能画在一张图纸上。此时，部件图安排在图纸右方或右下方。

（3）同一设备的零部件图，尽可能编排成 A1 图幅。若干零部件图需要安排在两张以上的图纸时，应尽可能将件号相连的或者在加工、安装、结构密切的零部件安排在同一张图纸上。

（4）当一个装配图的视图画在数张图纸上时，主视图及所属的技术要求、技术特性表、管口表、明细表、选用表及图纸目录等均应安排在第一张图纸上，在每张图纸的技术要求下方加"注"，说明几张图纸的相互联系。

（5）化工设备图中，符合国家标准、专业标准的标准零部件及外购件、结构简单并已在装配图上表达清楚的细小零部件可省略不画，简单对称的零部件只画一个，形状相同、结构简单仅尺寸不同的系列零部件用表格图表达。

5. 图样中的表格及其他内容

化工设备图中除了绘制设备本身的各种视图外，还有一系列的表格，如设计数据表或技术特性表、管口表、修改表、选用表等表格，还有明细栏、标题栏等。这些表格在反映设备的技术特性、技术要求及图样的规范管理上起着重要的作用。

（1）管口表

管口表是说明设备上所有接管的用途、规格、连接面形式等内容的一种表格，供备料、制造、检验和使用之用，其格式见表 1-6。

表 1-6　管口表

符号	公称尺寸	连接尺寸标准	连接面形式	用途或名称
a	100	PNa1.6DN100 GHJ45－1991	凹面	变换气进口
b_{1-2}	500	/	/	人孔
c	25	PNa1.6DN25 GHJ45－1991	平面	水进口
d	50×50	/	/	检查孔
e	椭 80×40	/	/	手孔
f_{1-3}	40	PNa0.25DN40 GHJ45－1991	凹面	取样口
g	20	M24	内螺纹	放净口

管口表中的符号用英文小写字母 a、b、c……从上至下填写，且与视图中管口符号一一对应，当管口规格、连接标准、用途等均相同时，可合并为一项，见表 1-6 中的 b_{1-2}、f_{1-3}。

公称尺寸栏中填写管口的公称直径，无公称直径的管口，按实际尺寸填写，如矩形孔填"长×宽"，椭圆孔填"椭长轴×短轴"。带衬里的管口按实际内径填写，带薄衬里的钢接管，按钢管的公称直径填写。若无公称直径，按实际直径填写。

连接尺寸标准栏中填写对外连接管口（包括法兰）的有关尺寸和标准，如公称压力、公称直径、标准号三项;不对外连接的管口,如人(手)孔、视镜、检查孔等,在连接尺寸标准和连接面形式两栏则不填写,用细斜线表示;螺纹连接管口填写螺纹规格代号,如"M24"。

连接面填写法兰的密封面形式,如"平面""凹面""槽面"等,螺纹连接填写"内螺纹"或"外螺纹"。

用途或名称栏应填写管口的标准名称、习惯用名称或简明的术语。若图样为标准图或通用图,则其对外连接管口,在用途或名称栏用斜线表示。

(2)技术特性表

技术特性表分两种格式,分别用于相应的化工设备。表1-7适用于带换热管的换热设备,如列管式换热器;表1-8用于一般化工设备。

一般化工设备的技术特性表应包括设计压力、工作压力(MPa)(指表压,如果是绝对压力应注明"绝对"两字)、设计温度、工作温度(℃)、物料名称、焊缝系数 φ、腐蚀裕度(mm)及容器类别、水压试验压力(MPa)、气密性试验压力(MPa)、焊接接头系数等。

表1-7 换热设备技术特性表

	管程	壳程
设计压力/MPa		
设计温度/℃		
工作压力/MPa		
工作温度/℃		
物料名称		
换热面积/m²		
焊缝系数/φ		
腐蚀裕度/mm		
容器类别		
水压试验压力/MPa		
气密性试验压力/MPa		
焊接接头系数		

表1-8 一般化工设备技术特性表

工作压力/MPa		工作温度/℃	
设计压力/MPa		设计温度/℃	
物料名称			
焊缝系数/φ		腐蚀裕度/mm	
容器类别		焊接接头系数	
水压试验压力/MPa		气密性试验压力/MPa	

不同类型的设备还应该增加相应的内容：

① 容器类。增加全容积(m^3)，对于具有夹套或蛇形管的容器可参照换热器类。

② 反应器类(带搅拌装置)。增加全容积(m^3)、搅拌转速(rpm)、电机功率(KW)等。

③ 换热器类。增加换热面积(m^2)，按管程和壳程填写。

④ 塔器类。增加地震烈度(级)、设计风压值(N/m^2)，有的专用塔器还要填写填料体积、填料比面积、气量、喷淋量等。

专用化工设备所接触的物料特性如有毒、易燃、易爆、腐蚀性强等，应详细填写。

(3)修改表

修改表的格式见表1-9，修改表布置在图纸内框的右上角或内框上边空白处。

表 1-9　修改表格式

修改标记	修改说明	修改人	校核	审核	日期

对图样中视图和文字的修改有相应的规定：

修改次数符号用小写字母 a、b、c、……分别表示第一次、第二次、第三次、……的修改，修改标记是修改符号外加 $\phi 5$ 的细实线圆圈表示。

修改时将需要修改的文字、尺寸或图形用细实线划掉，必须使被划掉的部分仍然能够被清晰地看到，然后在紧靠被修改部分的空白处注明修改的内容。

靠近修改部位应标注修改标记，并从修改标记的圆圈引细实线指向修改部分，如图 1-21 所示。

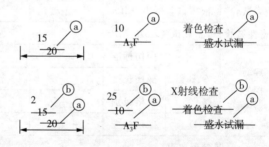

图 1-21　修改标记

修改完毕后填写修改表。在修改标记栏填写次数符号；修改说明栏填写每次修改的原因及内容，对于由此而引出的相关修改只需列出被修改的件号，其尺寸、文字及图形的修改不必列出，如"件号 10 尺寸 1000 mm 被修改成 950 mm"等；由于修改而取消图中某件号时，图中和明细栏中的件号顺序号允许空号；对于修改某一部位而引起的其他部位的修改，及引起明细表和单标题栏中重量等的修改，均不注写修改符号。

(4)制造、检验主要数据表

制造、检验主要数据表是一种图样技术特性及技术要求的综合表达形式，反映化工设备技术特性数据完整、清晰、集中，技术要求全面，取代常规图样的技术要求和技术特性表，放在图纸的右上角。

表 1-10 和 1-11 是两种不同类型设备的制造、检验主要数据表。其他类型的化工

设备的制造、检验主要数据表请参阅《化工设备技术图样要求》（原化学工业部技术中心站编写,1991 年出版）。

表 1-10　列管式换热器的制造、检验主要数据表

制 造 检 验 主 要 数 据 表

制造所遵循的规范及检验数据				设计参数		
				容器类别		
					管程	壳程
				工作压力/MPa		注(1)
				设计压力/MPa		注(2)
《钢制管壳式换热器技术条件》GB151-1989,并接受《压力容器安全技术监督规程》的监督 注(6)				工作温度/℃		注(10)
				设计温度/℃		注(11)
				物料名称		
				腐蚀裕度/mm		
				焊缝系数,筒体/封头		注(3)
				主要受压元件材料		注(4)
				管子与管板连接		
		壳程	管程	传热面积/m²		
压力试验	液压试验压力/MPa			保温层材料		
致密性试验	致密性试验压力/MPa			保温层厚度/mm		
焊缝探伤要求	A、B类	探伤标准	GB3323-1987	吊装重量/kg		注(8)
		探伤长度	____%	充满水后总重/kg		注(9)
		合格级别	____级			
	C、D类	探伤标准	注(12)			
热处理要求						

表 1-11　常压容器的制造、检验主要数据表

制 造 检 验 主 要 数 据 表

制造所遵循的规范及检验数据	设计参数	
	工作压力 MPa(真空度/KPa)	注(1)
	设计压力 MPa(真空度/KPa)	注(2)
《钢制焊接压力容器技术条件》JB2880-1981. 注(5),注(6)	工作温度/℃	
	设计温度/℃	注(11)
	物料名称	
	腐蚀裕度/mm	

（续表）

制造所遵循的规范及检验数据			设计参数	
压力试验	盛水试验		全容积/m³	
致密性试验	煤油渗透		保温层材料	
焊缝探伤要求	A、B类	探伤标准　GB3323−1987	保温层厚度/mm	
		探伤长度　＿＿＿%	吊装重量/kg	注(8)
		合格级别　＿＿＿级	充满水后总重/kg	注(9)
	C、D类	探伤标准　注(12)		

注：

(1)工作压力指容器在工作操作过程中可能出现的最高或最低压力。对常压操作下容器,不能填写常压,要填写具体参数,如果工艺上无要求,与大气相通可按贮罐的设计条件填写−500＝2000Pa。并须工艺确认。

(2)设计压力指在相应设计温度下用可以确定容器的壳壁计算壁厚及其元件尺寸的压力。必要时还应注明最大允许工作压力。

(3)焊缝系数指容器的筒体、封头及其相连接的对接焊缝的焊缝系数,作为受压元件强度计算时选用的依据,其值按《钢制压力容器》GB151−1989选取。

(4)主要受压元件材料指容器中承受介质压力作用的主要元件,即指容器的筒体和封头。

(5)如果带有衬里设备,应相应增添衬层的规范标准及检验数据。

(6)如果容器为特殊材料,如果有色金属或非金属材料等,应相应增减有关规范标准及检验数据。

(7)如果为常压容器,按表1−11相应改动。

(8)吊装重量指容器可拆件或分段吊装的最大重量,对容器总重较小时(＜2吨)按总重填写,重量前加"整体"两字,如:整体××kg。

(9)当充填物料比重大于水时,将充满水后总重量改写为充装物料后总重。

(10)工作温度分别为壳程和管程物料进出口温度。

(11)设计温度指容器在工作过程中,在相应的设计压力下,作为容器元件强度计算基准的金属表面温度,不是指换热器的计算温度差应力时的平均壁温。

(12)人孔、接管、法兰、补强圈与壳体或封头相接的角焊缝,无法进行射线或超声波探伤的焊缝,根据材料的铁磁性选择磁粉或渗透性探伤,并应注明相应的标准号及合格要求。

(5)图纸目录

图纸目录主要是便于在施工、制造和生产管理中查找图纸,是每一种设备对外发送的设计文件清单。每套图纸应有图纸目录,以便按目录发送和查阅图纸。图纸目录编写原则如下:

当图纸目录序号少于10项时,图纸目录可直接编写在图纸上。其位置在主标题栏的左方。如果左方有明细表(续),则注在明细表(续)上方。若图纸目录大于10项,应单独编写图纸目录,形成独立的技术文件,与图纸一并发送。

设备施工所需的全套设计图纸,均需列入图纸目录。

图纸目录的顺序,应考虑图号顺序,依次按装配图、部件图、零件图等排列,包括管口方位图、焊接图等。

通用图应以一套设计文件为单位,列入图纸目录。

技术文件以一个技术文件组成为单位列入图纸目录。其排列顺序为技术要求(单独编写时)、说明书、计算书等。工程中统一发送的"通用技术条件"或通用图,应注明"统一发送"字样。国家标准、部颁标准的零部件及外购件图样不列入图纸目录。

(6)技术要求

化工设备图技术要求是用文字说明图中不能(或没有)表示出来的内容,包括对材料、制造、装配、验收、表面处理及涂饰、润滑、包装、保管和运输等方面的特殊要求,作为制造、装配、验收等过程中的技术依据。各类化工设备的技术条件,内容较多,从安全角度出发,要求也较严格。这些技术条件在图中规定的空白处用长仿宋字书写,以阿拉伯数字 1,2,3,……的顺序依次编号书写。

化工设备的类型很多,应该遵守和达到的技术指标要求不一,填写的技术要求内容也不相同。一般应包括以下几方面的内容:

① 通用技术条件

通用技术条件是同类化工设备在加工、制造、焊接、装配、检验、包装、防腐、运输等方面较详尽的技术规范,已形成标准,在技术要求中直接引用。

在技术要求中书写时,只需注写"本设备按××××(具体写上述某标准名称及代号)制造、试验和验收"即可。

② 焊接要求

化工设备的焊接工艺繁多,在技术要求中,通常对焊接接头型式、焊接方法、焊条(焊丝)选择、焊前预热、焊后热处理的选择等提出要求。通常应遵守 HGJ15−1989、HGJ17−1989、GB895−1989、GB896−1981、GB324−1988 等标准。

③ 设备的检验要求

检验要求包括设备整体检验和焊缝质量检验两类。对设备整体有水压和气密性试验,对焊缝有射线探伤、超声波探伤、磁粉探伤等检验方法,这些项目都有相应的试验规范和技术指标。通常遵守的标准是 GB11345−1989、GB3329−1989。

④ 设备在保温、防腐蚀、运输等方面的特殊要求

技术要求中一般还对设备的油漆、防腐、保温(冷)、运输和安装等提出要求,如"设备制造完毕后,外涂红丹及灰漆各一层"这样的说明。可遵循 JB2536−1980《压力容器油漆、包装、运输》的规定。

可将技术要求与技术特性表的内容合并成为设计数据表,见表 1−12。

表 1−12 换热器设计数据表

设计数据表				
规范				
	壳程	管程	压力容器类别	
介质			焊条型号	按 JB/T4709 规定
介质特性			焊条规程	按 JB/T4709 规定

（续表）

规范					
	壳程	管程	压力容器类别		
工作温度，℃			焊缝结构		除注明外选择 全焊透结构
工作压力，MPa			除注明外角焊缝腰高		
设计温度，℃			管法兰与接管焊接标准		按相应法律标准
设计压力，MPa			管板与筒体连接应采用		
金属温度，℃			管子与管板连接		
腐蚀裕量，mm			无损检测	焊接接头类别	方法-检测率	标准-级别
焊接接头系数				A、B	壳程	
程数					管程	
热处理				C、D	壳程	
水压试验压力 卧式/立式，MPa					管程	
气密性试验压力， MPa			管板密封面与壳体轴线垂直 度公差，mm		
保温层厚度/ 防火墙厚度，mm					
换热面积，m²			其他（按需填写）		
表面防腐要求			管口方位		

（7）注意事项

不属于技术要求，用来补充说明技术要求范围外必须表达的内容，如"除已注明外，其余接管伸出长度为 120 mm"等，可以"注"的形式写在技术要求的下方。

第 2 章　化工设备图

本章导读

　　本章主要介绍化工设备的结构特点、图示表达特点、识读方法、化工设备装配图及零部件图的绘制。由于化工生产的要求特殊,化工设备的结构、形状具有自身的特点。因此,化工设备除采用机械装配图的表达方法外,还采用了一些特殊的、习惯的表达方法。本章着重讨论化工设备装配图,简称为化工设备图。

教学目标

　　1. 了解化工设备的种类、结构特点和常用的标准化零部件,掌握绘图要点。

　　2. 熟悉化工设备图的内容和表达特点,掌握化工设备图的表达方法和画法。

　　3. 掌握化工设备图的尺寸标注内容和方法。

　　4. 掌握阅读化工设备图的方法,能够读懂化工设备图。

　　化工设备是指用于化工产品生产过程中各种化工单元操作的装置和设备。化工设备的种类繁多,按使用场合及其功能分为:容器、反应罐、换热器和塔。常见的典型化工设备的直观图如图 2-1 所示。

　　化工设备图是表达化工设备的结构形状、尺寸大小、装配关系、性能和制造、安装等技术要求的工程图样,图 2-2 是一张储罐装配图。

　　与一般机械装配图相同,化工设备图也是按正投影法和机械制图国家标准而绘制的一组视图,包括必要的尺寸、技术要求、明细表和标题栏等。除此之外,化工设备图还包括技术特性表、管口表、修改表、选用表及图纸目录等,以满足化工设备图样特定的技术要求和严格的图样管理的需要。本章着重介绍化工设备的图示特点、尺寸标准及技术要求等内容。

2.1　化工设备的图示特点

　　化工设备的图示主要反映了化工设备的结构特点。化工设备的视图表达方法要适应化工设备的结构特点。因此,通过了解化工设备的基本结构特点,可进一步掌握化工设备的图示特点。

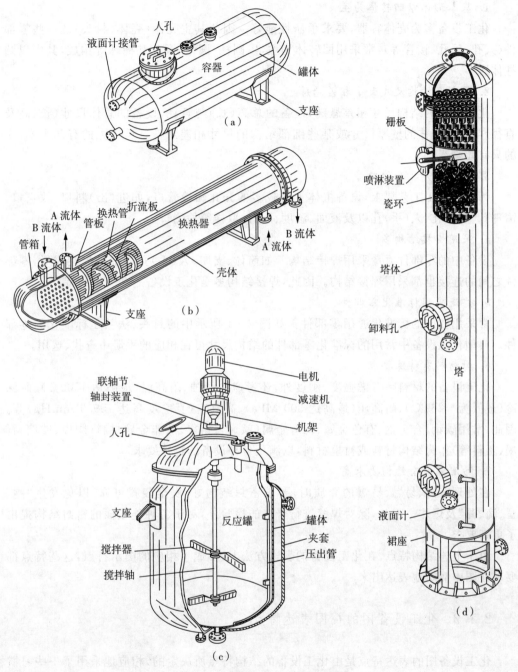

图 2-1 常见的化工设备直观图

2.1.1 化工设备的基本结构特点

不同种类的化工设备虽然结构形状、尺寸大小以及安装方式各不相同,但构成设备的基本形体以及所采用的许多通用零部件却有共同的特点。

1. 基本形体以回转体为主

化工设备多为壳体容器，要求承压性能好。因此其主壳体(壳体、封头)及一些零部件(人孔、手孔、接管等)，常采用回转体为主，以圆柱、圆锥、圆球和椭球等构成，其中以圆柱体居多。

2. 各部分结构尺寸大小相差悬殊

化工设备的结构尺寸相差悬殊，设备的总高(长)与直径、设备的总体尺寸(长、高及直径)与设备壳体的壁厚尺寸或某些细部结构的尺寸相差悬殊。尺寸大的有几十米，小的只有几毫米。

3. 壳体上开孔和管口多

为满足化工工艺要求，设备主体上有较多的开孔和接管口，如进(出)料口、放空口、清理孔、观察孔、人(手)孔以及液面、温度、压力、取样等检测口。

4. 采用焊接结构多

设备中的零部件大量采用焊接结构。如筒体、支座、人(手)孔等都是焊接成形，零部件之间的连接也都采用焊接结构。因此，焊接结构多是化工设备一个突出的特点。

5. 广泛采用标准化零部件

常采用较多的标准化通用零部件。如图 2-1 所示中的封头、法兰是标准化的零部件。典型化工设备中常用的标准化零部件的结构尺寸可在相应的手册中查找、选用。

6. 对材料有特殊要求

化工设备的材料除考虑强度、刚度外，还考虑耐腐蚀、耐高温(最高达 1500℃)、耐深冷(最低为 −269℃)、耐高压(最高达 300 MPa)、高真空(真空度高达 759.9 mmHg)等。因此，常用碳钢、合金钢、有色金属、稀有金属(钛、钽、锆等)及非金属材料(陶瓷、玻璃、石墨、塑料等)作为结构材料或衬里材料，以满足各种设备的特殊要求。

7. 防泄漏安全结构要求高

在处理有毒、易燃、易爆的介质时，要求密封结构好，安全装置可靠，以免发生"跑、冒、滴、漏"及爆炸。因此，除对焊缝进行严格的检验外，对于各种连接面的密封结构提出了更高要求。

由于上述结构特点，在化工设备的表达方法上，形成了相应的图示特点，这些特点都要求在图中清晰地表达出来。

2.1.2　化工设备图的视图表达特点

化工设备图的表达特点是由化工设备的结构特点所决定的，相应地采用了一些习惯的表达方法。

1. 视图配置灵活

化工设备的主体结构较为简单，且以回转体居多，通常选择两个基本视图来表达。立式设备一般用主视图、俯视图，卧式设备一般用主视图、左(右)视图来表达设备的主体结构，其视图可参考图 2-2 所示的贮罐装配图。

主视图表达设备的工作原理、主要结构和各部分的装配关系，一般按设备的工作位

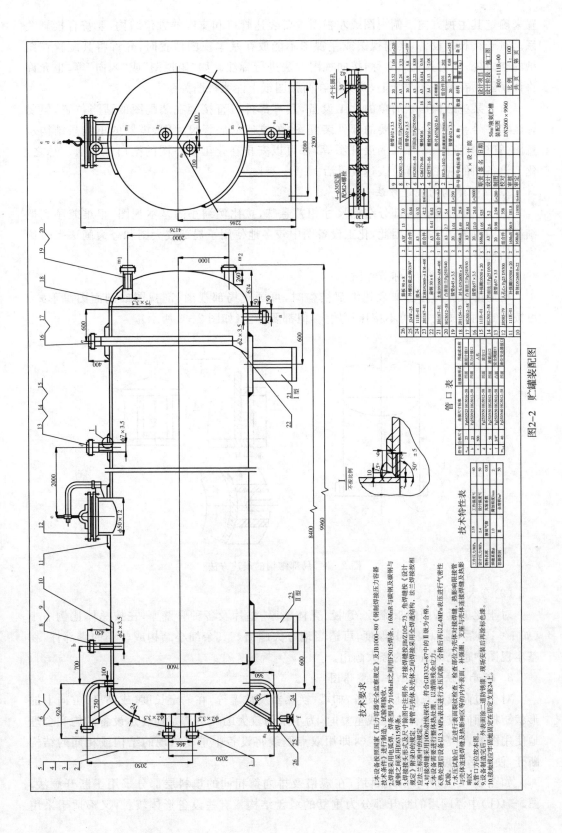

图2-2　贮罐装配图

置来确定其主视方向。俯视图或左视图主要表达管口和支座的方位结构,要符合投影关系。对于狭长的设备,其俯视图或左视图不能放在基本视图位置时,允许将其配置在图纸的空白处,注明其视图名称,按向视图方法进行标注。如"俯视图"或"×向"等,也允许将该视图画在另一张图纸上,并分别在两张图纸上注明视图关系。

对于某些结构形状简单的化工设备,其零部件可直接画在装配图的适当位置,但要标注零件号。另外一些必要的部件装配图,如支座的底板尺寸图、塔器的单线条结构示意图、管口方位图、零部件的展开图等,都可以安排在化工设备图的空白位置上。总之,化工设备图的视图配置及表达较灵活。

2. 细部结构的表达方法

由于化工设备的各部分结构尺寸相差悬殊,按比例缩小的基本视图,很难兼顾到把细部结构也表达清楚。因此,化工设备图中较多地使用了局部放大图和夸大画法来表达细部结构并标注尺寸。

(1)局部放大图(也称节点图)

用局部放大的方法来表达细部结构时,可画成局部视图、剖视图或剖面图等形式。可按规定比例放大,也可不按比例放大,但都要标注(如图 2-3 所示)。

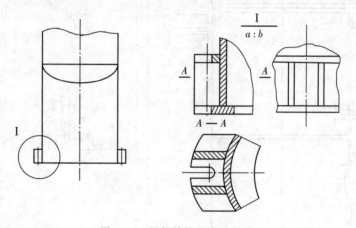

图 2-3　局部结构的表达方法

(2)夸大画法

对于化工设备中的折流板、管板、壳体壁厚、垫片及各种管壁厚,在按总体比例缩小(如 1:10)后,难以表达其厚度,可适当地夸大画出。其余细小结构或较小的零部件,在基本视图中也允许适当的夸大画出。

3. 断开画法、分层画法及整体图

对于过高或过长的化工设备,如塔、换热器及贮罐等,在一定长度(或高度)方向上的形状结构相同或按规律变化或重复时,为了采用较大的比例清楚地表达设备结构和合理地使用图幅,常常使用断开画法,即用双点画线将设备中重复出现的结构或相同的结构断开,使图形缩短,简化作图。

如图 2-4(a)所示的填料塔,在规格及排列都相同的填料层部分采用了断开画法。图 2-4(b)中浮阀塔的断开部分为重复的塔盘结构。有些设备形体较长,又不适于采用断开画法,则可采用分段表示的方法画出,如图 2-4(c)所示的填料塔是分两段画出。

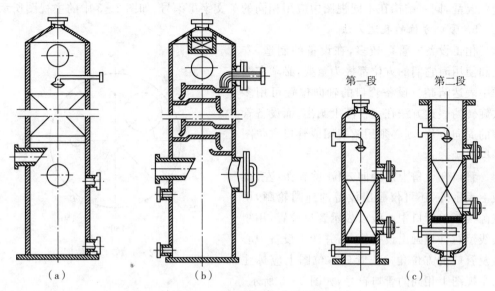

图 2-4　断开画法和分段画法

4. 多次旋转表达法

由于化工设备多为回转体,设备壳体周围分布着各种管口或零部件,为在主视图上清楚地表达它们的结构形状、装配关系和轴向位置,常采用多次旋转的表达方法,即假想将设备上处于不同周向方位的一些接管、孔口或其他结构,分别旋转到与主视图所在的投影面平行的位置,然后画出其视图或剖视图。如图 2-5 所示,人孔 b 是假想按逆时针方向旋转 45°之后在主视图上画出的,而液面计 a 是假想按顺时针方向旋转 45°后在主视图上画出来的。

需要注意的是,对接管口旋转方向的选择,应避免各零部件的投影在主视图上造成重叠现象。对于采用多次旋转后在主视图上未能表达的结构,如图 2-5 所示接管 d,无论顺时针或逆时针旋转到与正投影面平行时,都将与人孔 b 或接管口 c 的结构相重叠,因此,只能用其他的局部剖视图来表示,如图 2-5 中 A—A 旋转的局部剖视。

另外,在基本视图上采用多次旋转的表达方法时,表示剖切位置的剖切符号及剖视

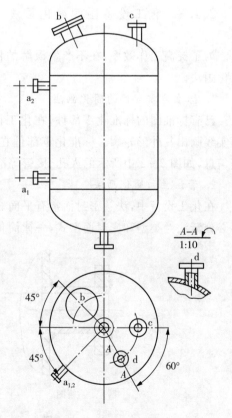

图 2-5　多次旋转的表达方法

图的名称都允许不予标注。但这些结构的周向方位要以俯视图或管口方位图为准,为了避免混乱,同一结构在不同视图中应用相同的英文字母编号,如图 2-5 中的主视图所示。

5. 管口方位的表达方法

化工设备的管口较多,在设备的制造、安装和使用时它们的方位都极为重要,必须在图样中表达清楚。设备管口的轴向位置可用多次旋转的表达方法在主视图上画出,而设备管口的周向方位,则必须用俯视图或管口方位图予以正确表达。

管口在设备上的径向方位,除在俯(左)视图上表示外,还可仅画出设备的外圆轮廓,用点画线画出管口中心线以表示管口位置,用粗实线示意性地画出设备管口,并注出设备中心线及管口的方位角度。管口方位图上应标注与主视图上相同的管口符号,如图 2-6 所示。

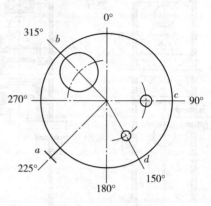

图 2-6　管口方位图

如果俯视图已将各管口方位表达清楚,可不必另画管口方位图。

2.1.3　化工设备图的简化画法

为了提高工作效率,在不产生误解的情况下,化工设备图大量采用具有行业特色的简化画法。

1. 标准件零部件的简化画法

已有标准图的标准化零部件,在化工设备图中不必再详细画出,一般只需按比例用粗实线画出其外形轮廓。标准化零部件在明细栏中则要详细注明其名称、规格、标准号等信息,如图 2-2 中所示的人孔、接管等部件的画法。

2. 管法兰的简化画法

在化工设备中,法兰密封面常有平面、凹凸、榫槽等型式,对一般连接型式的管法兰,不必分清法兰类型和密封面型式,一律简化成如图 2-7 所示的形式。管法兰的类型、密

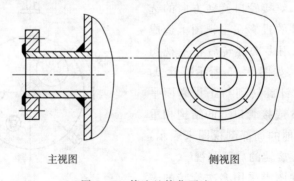

主视图　　　　　　　　　侧视图

图 2-7　管法兰简化画法

封面型式、焊接型式等均在明细表和管口表中标出。

对于特殊型式的接管法兰(如带有薄衬层的接管法兰),需以局部剖视图表示,如图2-8所示。

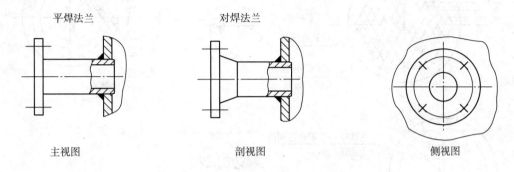

平焊法兰　　　　对焊法兰

主视图　　　　　剖视图　　　　　侧视图

图2-8　带有薄衬层的接管法兰简化画法

3. 螺栓孔及螺栓连接的简化画法

螺栓孔和螺栓连接均可以用其中心线表示位置,可省略圆孔的投影,如图2-9(a)所示。螺栓连接用粗实线画出简化符号"×"表示,如图2-9(b)所示。

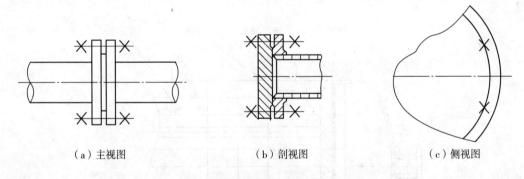

(a)主视图　　　　　(b)剖视图　　　　　(c)侧视图

图2-9　螺栓及螺栓连接的简化画法

4. 按规则排列孔的简化画法

换热器中按规则排列的管板、折流板或塔板上的孔,可按如图2-10所示的简化方法画出。图2-10(a)为筛板塔盘的简化画法,可以只画几个,注上孔径、孔数和间距尺寸,其余用细实线的交点表示各孔的中心线位置分布即可,但需注明总数,其分布范围(外框线)用粗实线表示。如图2-10(b)所示为圆孔按同心圆均匀分布的管板;如图2-10(c)所示对孔数要求不严的多孔板(如隔板、筛板等),不必画出孔眼连心线,只画出钻孔范围,用局部放大图表达孔的分布情况,并标注孔眼的尺寸、排列方法和间距;如图2-10(d)所示在剖视图中多孔板眼的轮廓线可不画出,仅用中心线表示其位置。

5. 按规律排列的管束的简化画法

按规则排列的管束中密集的管子,在装配图中可只画出其中的一根或几根管子,其余的管子用中心线表示。如图2-11所示热交换器中的管子就是按此画法画出的。

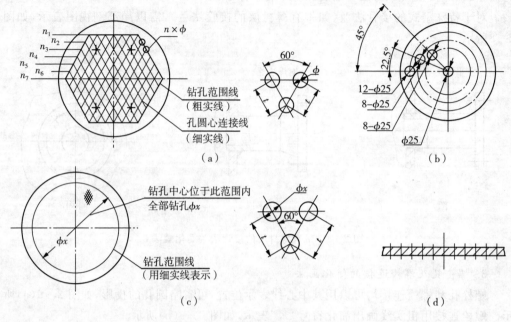

图 2-10　多孔板孔眼简单画法

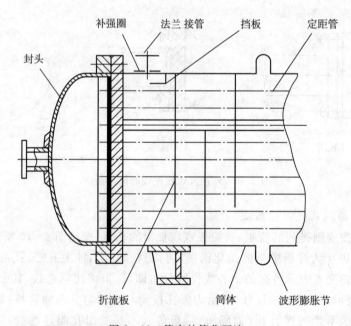

图 2-11　管束的简化画法

6. 剖视图中填料、填充物的画法

当设备（主要是塔器）中装有同种材料、同一规格和同一堆放方法的填充物时，如磁环、木格条、玻璃棉、卵石和沙砾等，均可在堆放范围内，在其剖视图中以交叉的细实线表示，同时用文字加以注解说明（规格和堆放方法），如图 2-12(a)所示；不同性质的填充物应分层表示,如图 2 - 12(b)所示。

7. 装配图中带有两个接管的液面计的简化画法

化工设备图中的液面计,如玻璃管、双面板式、磁性液面计等,可用点画线表达,并用粗实线画出"＋"符号以表示其安装位置。如图 2 - 13 所示,其中图(a)为单组液面计的简化画法,图(b)为带有两组和两组以上液面计的画法。按要求在明细栏中注明液面计的名称、规格、数量及标准号。

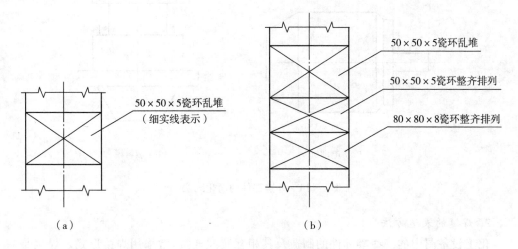

图 2 - 12　填充物的简化画法

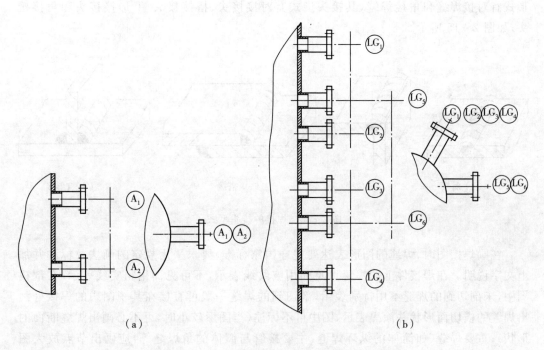

图 2 - 13　液面计的简化画法

8. 外购部件的简化画法

在化工设备图中,外购部件如电机、联轴器等可以只画其外形轮廓简图(如图 2-14 所示),但要求在明细栏中注写名称、规格、主要性能参数及"外购"字样等。

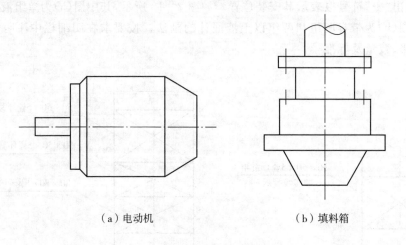

(a)电动机　　　　　　　　　　　　(b)填料箱

图 2-14　外购部件的简化画法

9. 焊缝的表达方法

化工设备图中的一些零部件的制造及其相互装配连接,常采用焊接形式。焊接是一种不可拆卸的连接形式,具有工艺简单、连接强度高、可靠、重量轻等特点。常见的焊接形式有对接焊缝和角接焊缝,其接头型式有对接接头、搭接接头、T 形接接头和角接接头,如图 2-15 所示。

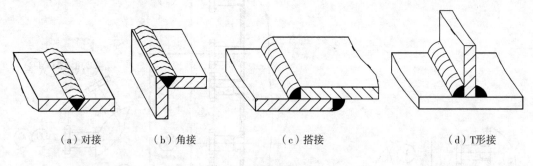

(a)对接　　　　　(b)角接　　　　　(c)搭接　　　　　(d)T形接

图 2-15　焊接的接头型式

在画焊接图时,焊缝的图形表达要遵守国家标准,要求采用规定的画法及标注并加上文字说明。在焊接件上的焊缝可见面用波纹线表示,不可见面用粗实线表示;在剖视图中,未剖切到的焊缝不用特别表示,剖切到的焊缝一般可直接在其视图中的焊接处画出焊缝的横切面形状并涂黑表示,图中可不标注(当图形较小时,可不必画出焊缝断面的形状);重要焊缝(如筒体的纵环焊缝、主要接管与筒体的角焊缝等)应画出节点放大图(如图 2-16 所示)详细表示,并加以标注;其余焊缝形式可在技术要求中统一注明。

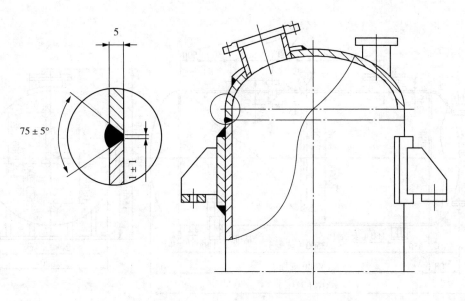

图 2-16 焊缝的节点放大图

2.2 化工设备图的尺寸分类及基准

化工设备图的尺寸标注与一般机械装配图相同,但仍需标注一组必要的尺寸,反映设备的大小规格、装配关系、主要零部件的结构形状及设备的安装定位,以满足化工设备制造、安装、检验的需要。化工设备图的尺寸数量较多,有的尺寸较大,尺寸精度要求低,允许标注成尺寸链(加近似符号~)。化工设备的尺寸标注,除了要遵守《机械制图》GB4458.4—1984 中的规定外,还可结合化工设备的特点,使尺寸标注完整、清晰、合理。

2.2.1 尺寸分类

化工设备需要标注的尺寸有以下几类(图 2-17):

1. 规格性能尺寸

其反映化工设备的规格、性能、特征及生产能力的尺寸。如贮罐、反应罐内腔容积尺寸(筒体的内径、高或长度尺寸),换热器传热面积尺寸(列管长度、直径及数量)等。

2. 装配尺寸

其反映零部件间的相对位置尺寸,它们是制造化工设备的重要依据。如设备图中接管间的定位尺寸和对各接管口的定位尺寸,一般只标注从管口至壳体表面的距离即接管的伸出长度(图 2-18),罐体与支座的定位尺寸,塔器的塔板间距、换热器的折流板、管板间的定位尺寸等。

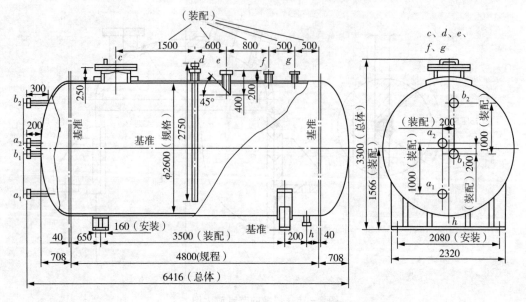

图 2-17 化工设备的尺寸标注

3. 外形尺寸

指设备的总长、总高、总宽(或外径)尺寸。这类尺寸较大,是设备的包装、运输及厂房设计的重要依据。

4. 安装尺寸

指化工设备安装在基础或其他构件上所需要的尺寸,如支座、裙座上的地脚螺栓的孔径及孔间距定位尺寸。

5. 其他尺寸

(1)设备上零部件的规格尺寸,如接管尺寸、瓷环尺寸、液面计接管尺寸等。

(2)不另行绘图的零部件的结构尺寸或某些重要尺寸。

(3)设计计算确定的尺寸,如经过强度校核的壁厚尺寸、搅拌轴直径等。

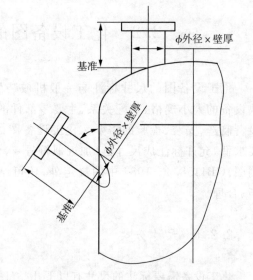

图 2-18 接管尺寸标注方法

(4)焊缝的结构型式尺寸,一些重要的焊缝在其局部放大图中,应标注横截面的形状尺寸。

2.2.2 化工设备图的尺寸基准

化工设备图的尺寸标注,首先应正确选择尺寸基准,然后从尺寸基准出发,完整、清晰、合理地标注上述各类尺寸。

化工设备图的尺寸基准(见图2-17)一般包括:设备筒体和封头的轴线,设备筒体和封头的环焊缝,设备法兰的加工表面,设备支座、裙座的底面,接管轴线与设备表面的交点。

2.3 化工设备的标准化零部件

化工设备的零部件种类和规格较多,工艺要求不同,结构形状也各有差异,但总体可分为两类:一类是通用零部件,另一类是各种典型化工设备的常用零部件。

2.3.1 化工设备的标准化通用零部件

化工设备的标准化通用零部件有筒体、封头、人孔、法兰、支座、液面计、补强圈等,如图2-19所示。为了便于设计、制造和检验,这些零部件大都已经标准化、系列化,并且通用。

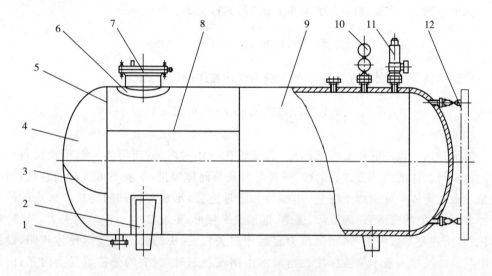

图 2-19 化工设备图
1—法兰;2—支座;3—封头拼接焊缝;4—封头;5—环焊缝;6—补强圈;
7—人孔;8—纵焊缝;9—筒体;10—压力表;11—安全阀;12—液面计

1. 筒体

筒体是化工设备的主体部分,以圆柱形筒体应用最广。筒体一般由钢板卷焊而成,其大小由工艺要求确定。筒体的主要尺寸包括公称直径、高度(或长度)和壁厚。当公称直径 $DN \leqslant 500$ mm 时,可直接使用无缝钢管作筒体。直径和高度(或长度)根据工艺要求确定,壁厚由强度计算决定,筒体直径应符合 GB/T 9019—2001《压力容器公称直径》中所规定的尺寸系列。筒体的公称直径一般指筒体的内径。采用无缝钢管作筒体时,其公称直径指钢管的外径,见表 2-1。

表 2-1　压力容器的公称直径　　　　　　　　　　单位:mm

钢板卷焊(内径)

300	400	500	600	700	800	900	1000
1200	1400	1600	1800	2000	2200	2400	2600
2800	3000	3200	3400	3600	3800	4000	

无缝钢管(外径)

159	219	273	325	377	426

规定标记:名称,公称直径,标准号。

标记示例 1。当圆筒内径为 1000 mm 时,其标记为:

　　筒体　DN1000 GB/T 9019—2001

标记示例 2。用外径 159 mm 的无缝钢管作筒体时,其标记为:

　　筒体　DN159 GB/T 9019—2001

2. 封头

封头是化工设备的重要组成部分,它安装在筒体的两端,与筒体一起构成设备的壳体。封头与筒体的连接方式有两种:一种是封头与筒体焊接,形成不可拆卸的连接;另一种是封头与筒体上分别焊上法兰,用螺栓和螺母连接,形成可拆卸的连接。封头的形式多种多样,常见的有球形、椭圆形、碟形、锥形及平板形,见表 2-2。设备封头大多已经标准化,其型式与参数可参考《钢制压力容器用封头》。封头的公称直径与筒体相同,设备图中封头的尺寸一般不单独标注。当筒体由钢板卷制时,封头的公称直径为内径;由无缝钢管作筒体时,封头的公称直径为外径。

规定标记:名称　类型代号　公称直径×名义厚度—材料牌号　标准号

标记示例 1。公称直径　1600、名义厚度 18 mm、材质为 16 MnR、以内径为基准的椭圆形封头标记如下:

　　封头　EHA 1600×18—16MnR JB/T 4746—2002

标记示例 2。公称直径 2400、名义厚度 20 mm、R=1.0D、r=0.15D、材质为 0Cr18Ni9 的碟形封头标记如下:

　　封头　DHA 2400×20—0Cr18Ni9 JB/T 4746—2002

表 2-2　封头的名称、断面形状、类型代号及型式参数关系

名　称		断面形状	类型代号	型式参数关系
椭圆形封头	以内径为基准	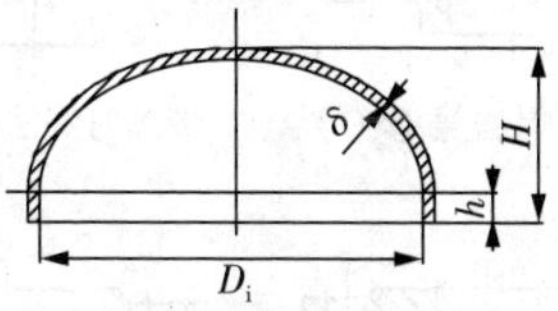	EHA	$\dfrac{D_i}{2(H-h)}=2$ $DN=D_i$
	以外径为基准	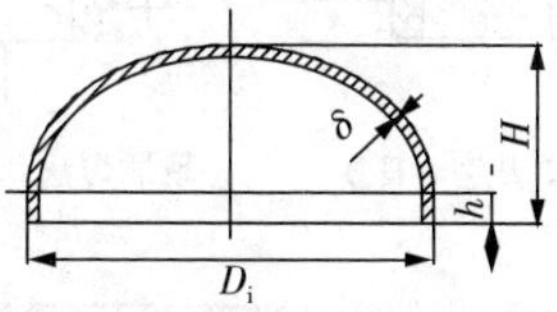	EHB	$\dfrac{D_o}{2(H-h)}=2$ $DN=D_o$
碟形封头		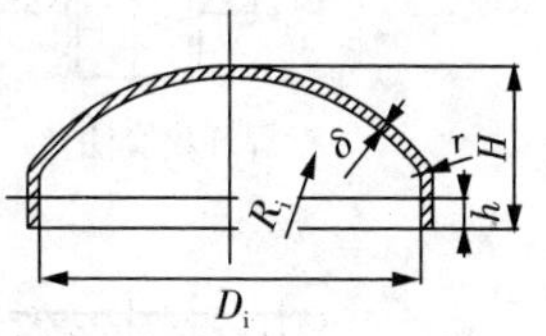	DHA	$R_i=1.0D_i$ $r=0.15D_i$ $DN=D_i$
			DHB	$R_i=1.0D_i$ $r=0.10D_i$ $DN=D_i$
折边锥形封头		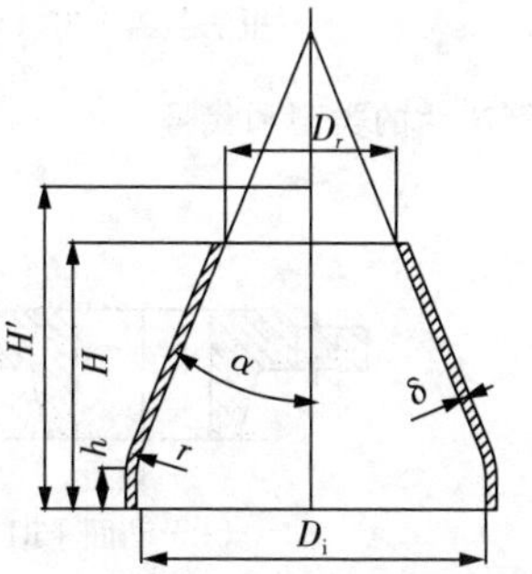	CHA	$r=0.15D_i$ $\alpha=30°$ $DN=D_i$
			CHB	$r=0.15D_i$ $\alpha=45°$ $DN=D_i$

3. 法兰

法兰是法兰连接中的一种主要零件。法兰连接是由一对法兰、一个密封垫片和数对螺栓、螺母、垫圈等零件组成的一种可拆卸连接。

化工设备用的标准法兰有两类:管法兰和压力容器法兰(又称设备法兰)。标准法兰的主要参数是公称直径(DN)、公称压力(PN)和密封面型式,管法兰的公称直径为所连接管子的外径,压力容器法兰的公称直径为所连接筒体(或封头)的内径。

(1)管法兰

管法兰主要用于管道之间或设备上的接管与管道之间的连接。根据法兰与管子的连接方式管法兰分为七种类型:平焊法兰、对焊法兰、插焊法兰、螺纹法兰、活动法兰、整体法兰和法兰盖等,如图 2-20 所示。管法兰的密封面型式则分为全平面、凸面、凹凸面、榫槽面和环连接面五种,如图 2-21 所示。凸面和全平面型的密封面上制有若干圈三角形小沟(俗称水线),以增加密封效果;凹凸型的密封面由一凸面和一凹面配对,凹面内放置垫片,密封效果比全平面好;榫槽面型的密封面由一榫形面和一槽形面配对,垫片放置在榫槽中,密封效果最好,但加工和更换要困难些。

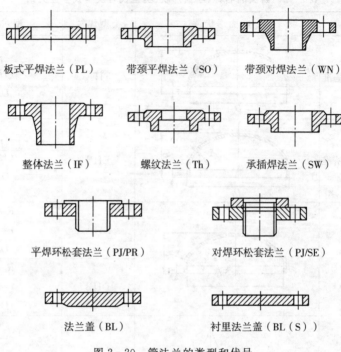

图 2-20　管法兰的类型和代号

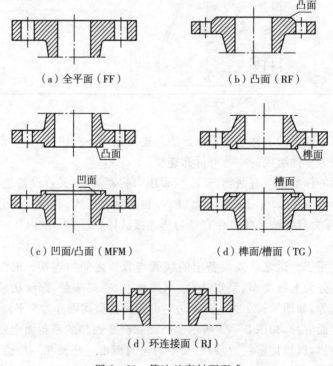

图 2-21　管法兰密封面型式

管法兰的规格和尺寸系列可参见 HG/T20592—2009。该标准适用的钢管外径包括 A、B 两个系列,A 系列为国际通用系列(俗称英制管),B 系列为国内沿用系列(俗称公制管)。管法兰的主要特性参数为公称压力、公称直径、密封面型式和法兰型式等。法兰形状有圆形、方形和椭圆形,如图 2-22 所示。管法兰在化工设备图中一般都采用简化画法。

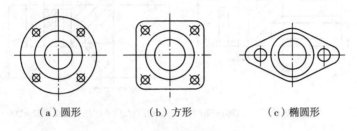

(a) 圆形   (b) 方形   (c) 椭圆形

图 2-22 法兰形状

规定标记:标准号 名称 法兰类型代号 法兰公称直径—公称压力 法兰材料

标记示例 1。公称直径 1200 mm、公称压力 0.25 MPa、材料为 20 钢、配用公制管的凸面板式平焊管法兰,其标记为:

HG/T20592 法兰 PL1200(B)—0.25 RF 20

标记示例 2。公称直径 100 mm、公称压力 10.0 MPa、材料为 16 Mn、采用凹面带颈对焊钢制管法兰,钢管壁厚为 8 mm,其标记为:

HG/T20592 法兰 WN100—10.0 FM S=8 mm 16 Mn

标记示例 3。公称直径 400 mm、公称压力 1.6 MPa、材料为衬里 321、法兰盖体 20 钢的凸面衬里钢制管法兰盖,其标记为:

HG/T20592 法兰盖 BL(S)400—1.6 RF 20/321

规定标记:标准号 法兰名称及代号—密封面型式代号 公称直径—公称压力/法兰厚度—法兰总高

标记示例 4。公称压力 1.60 MPa,公称直径 800 mm 的榫槽密封面乙型平焊法兰的榫面,其标记为:

JB/T4702—2000 法兰 T 800—1.6

(2)压力容器法兰

压力容器法兰用于设备筒体与封头的可拆连接,分为甲型平焊法兰、乙型平焊法兰和长颈对焊法兰三种,如图 2-23 所示。压力容器法兰密封面的型式有平面、凹凸面和榫槽面三种,如图 2-24 所示。法兰的规格和尺寸系列可参见 JB/T4700~4708—2000《压力容器法兰》,要根据介质和操作条件按设计规定选用。

压力容器法兰的主要性能参数为公称压力、公称直径、密封面型式、材料和法兰结构型式等。

容器法兰类型分为一般法兰和衬环法兰(满足法兰的防腐要求),一般法兰的法兰类型代号为"法兰",衬环法兰的代号为"法兰 C"。法兰密封面型式代号见表 2 - 3。

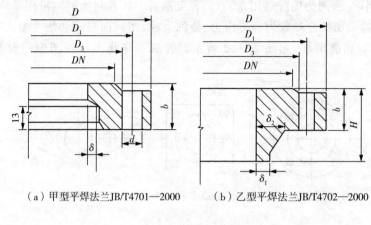

（a）甲型平焊法兰JB/T4701—2000　　（b）乙型平焊法兰JB/T4702—2000

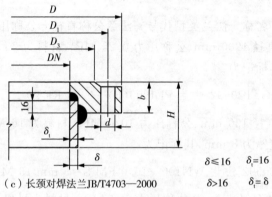

（c）长颈对焊法兰JB/T4703—2000　　$\delta \leqslant 16$　$\delta_1 = 16$
　　$\delta > 16$　$\delta_1 = \delta$

图 2 - 23　压力容器法兰结构

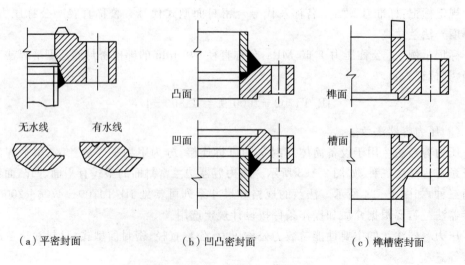

（a）平密封面　　　　（b）凹凸密封面　　　　（c）榫槽密封面

图 2 - 24　压力法兰密封面型式

表 2-3　法兰密封面的形式代号

密封面的型式		代号
平密封面	密封面上不开水线	PⅠ
	密封面上开两个同心圆水线	PⅡ
	密封面上开同心圆或螺旋线的密纹水线	PⅢ
凹凸密封面	凹密封面	A
	凸密封面	T
榫槽密封面	榫密封面	S
	槽密封面	C

规定标记:名称　密封面型式　公称直径-公称压力　标准号

标记示例 1。公称直径 600 mm、公称压力 1.6 MPa 衬环榫槽面密封面乙型平焊法兰的榫面法兰,且考虑腐蚀裕量为 3 mm(即应增加短节厚度 2 mm,δt 改为 18 mm),其标记为:

法兰　C—T 600—1.6 JB/T 4702—2000

并在图样明细表备注栏中注明:$\delta t = 18$ mm

标记示例 2。公称直径 1000 mm、公称压力 2.5 MPa 的 PⅠ 型平面密封面长颈对焊法兰,其中法兰厚度为 78 mm 法兰总高度为 155 mm,其标记为:

法兰　PⅠ 1000—2.5/78—155 JB/T 4703—2000

4. 手孔和人孔

在设备上设置手孔和人孔是为了安装、拆卸、清洗和检修设备内部。手孔和人孔的结构基本相同,是在容器上接一短管并焊上法兰,外面盖上一盲板构成,如图 2-25 所示。手孔直径大小应考虑使工人戴上手套,并使握有工具的手能顺利通过,有 DN150 与 DN250 两种标准。当设备直径超过 900 mm 时,应开设人孔。人孔有圆形和椭圆形两种形状,圆形孔制造方便,应用较为广泛;椭圆形人孔制造较困难,但对壳体强度削弱较小。人孔的开孔尺寸尽量要小,以减少密封面和减小对壳体强度的削弱。人孔的开孔位置和大小应以工人进出设备方便为原则。常用人孔的公称直径有 450 mm 和 500 mm 两种,有圆形和椭圆形两种形状。碳钢和低合金钢人孔标准应符合 HG/T 21515～21527—2005,手孔标准应符合 HG/T 21528～21535—2005。

人孔的主要性能参数为公称压力、公称直径、密封面型式及人手孔结构型式等。

规定标记:名称　密封面代号　材料代

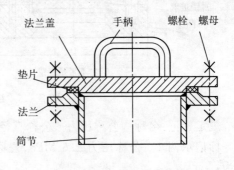

图 2-25　人孔的基本结构

号　垫片(圈)代号　公称直径　标准号

标记示例1。按照 HG/T 21515 中规定，公称直径 DN450、H1＝160、采用石棉橡胶板垫片的常压人孔，其标记为：

人孔(A—XB350)450 HG/T 21515—2005

H1＝190(非标准尺寸)的上例人孔，其标记符号为：

人孔(A—XB350)450 H1＝190 HG/T 21515—2005

标记示例2。公称直径 DN450 mm、采用 2707 耐酸、碱橡胶垫片的常压人孔标记为：

人孔(R·A—2707)450 JB 577—79

标记示例3。公称直径 400 mm 的常压人孔，标记为：

人孔　400 HG/T21515—2005

不锈钢人孔应符合有 HG/T 21595～21600—1999 标准，手孔应符合有 HG/T 21601～21604—1999 标准。人孔和手孔标记的内容和方式完全一样。

5．视镜

视镜主要用来观察设备内部的操作工况，其基本结构是供观察用的视镜玻璃被夹在特别设计的接缘和压紧环之间，并用双头螺栓紧固，使之连接在一起构成视镜装置，如图2-26所示。

常用视镜有不带颈视镜、带颈视镜、衬里视镜、压力容器视镜(分别有不带颈视镜和带颈视镜两种)和带灯视镜。压力容器视镜适用最高压力为 2.5 MPa，温度为 0～200℃的场合。视镜玻璃的材质为钢化硼硅玻璃，耐热急变温度为 180℃。

视镜类型应当在名称中注明，如果采用的非标准高度也应加以标记。视镜材料是碳素钢(Q235—A)用代号 Ⅰ 表示，不锈钢(1Cr18Ni9Ti)用代号 Ⅱ 表示，碳钢和不锈钢混合材料用代号 Ⅲ 表示。分为带灯视镜 A，有冲洗孔带灯视镜 B，有颈带灯视镜 C，有冲洗孔带灯视镜 D。视镜灯的代号有两种：BJd——防爆型，F2——防腐型。

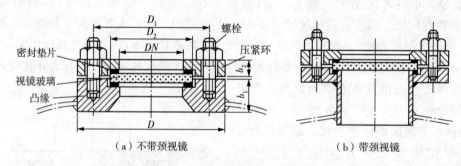

图 2-26　视镜的基本结构

规定标记：名称　公称压力　公称直径　标准号

标记示例1。公称压力 1.6 MPa、公称直径 100 mm、材料为不锈钢的标准视镜标记为：

视镜Ⅱ PNl.0,DNl00 HG/T 21619—1986

标记示例 2。公称压力 1.6 MPa,公称直径 100 mm、视镜高度 h＝100 mm、材料为碳素钢的带颈视镜,标记为:

带颈视镜Ⅰ PN1.6,DN100,h＝100 HG/T21620—1986

标记示例 3。公称压力 1.0 MPa,公称直径 150 mm、材料为碳素钢、无冲洗孔的带灯防爆视镜,标记为:

AⅠ PN1.6,DN150—BJd

6. 液面计

液面计是用来观察设备内部液面位置的装置。液面计结构有多种型式,其中部分已经标准化,现有标准分为玻璃板式液面计、玻璃管式液面计(HG21588～21592—1995)、磁性液位计(HG/T 21584—1995)和用于低温设备的防霜液面计(HG/T 21550—1993)。液面计与设备的连接形式如图 2-27 所示。主要性能参数有公称压力、材料、结构型式等。

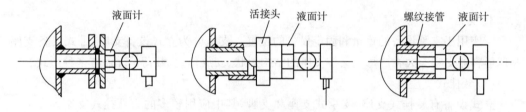

图 2-27　液面计与设备的连接

法兰连接处的密封面形式分为:A—平面型,B—凹凸型;主体零部件用材料类别分为:Ⅰ—碳钢,Ⅱ—不锈钢,它决定着液面计的最大工作压力;结构形式分为:D—不保温型,W—保温型。

规定标记:名称　法兰密封、材料、结构型式　公称压力　标准号

标记示例 1。碳钢制保温型具有凹凸密封面、公称压力 1.6 MPa、长度为 1000 mm 的玻璃板液面计,标记为:

液面计　BⅠW PN1.6,L＝1000 HG 21588—1995。

标记示例 2。公称压力 25 MPa,碳钢,普通型,凸面法兰连接的反射式(R)玻璃板液面计,标记为:

液面计　BR25—Ⅰ,HG 21588—1995。

7. 补强圈

补强圈用来弥补设备壳体因开孔过大而造成的强度损失。补强圈的材料和厚度通常与设备的壳体一致,补强圈与设备壳体结构如图 2-28 所示,其形状应与被补强部分相符,使之与设备壳体密切贴合,焊接后能与壳体同时受力。补强圈上有一小螺纹孔,焊后通入压缩空气,以检查焊接缝的气密性。补强圈厚度随设备厚度不同而异,由设计者决

定,一般要求补强圈的厚度和材料均与设备壳体相同。按照补强圈焊接接头结构的要求,补强圈坡口型式分为 A、B、C、D、E 五种,设计者也可根据结构要求自行设计坡口型式。补强圈的标准为 JB/T 4736—2002、JB/T4746—2002。

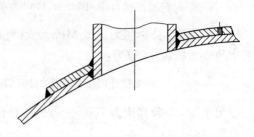

图 2-28　补强圈与设备壳体结构

规定标记:名称　接管公称直径×厚度－坡口型式－材料　标准号

标记示例 1。公称直径 DN100 mm、厚度 8 mm、坡口型式为 B 型,材质为 16MnR 的补强圈,标记为:

$$补强圈　DN100×8—B—16MnR　JB/T 4736—2002$$

标记示例 2。接管公称直径 DN100 mm、厚度 8 mm、坡口型式为 D 型、材料 Q235—B 的补强圈,标记为:

$$补强圈　DN100×8—D—Q235—B　JB/T4736—2002$$

8. 支座

支座用于支承设备的重量和固定设备的位置。支座分为立式设备支座、卧式设备支座和球形容器支座三大类。每类又按支座的结构形状、安放位置、载荷情况而有多种形式。

(1)悬挂式支座

立式设备有悬挂式支座、支承式支座和支脚,其中应用较多的为悬挂式支座。

悬挂式支座又称耳式支座,它是由两块筋板、一块支脚板焊接而成,如图 2-29 所示,在筋板与筒体之间加一垫板以改善支承的局部应力情况,支脚板搁在楼板或钢梁等基础上,支脚板上有螺栓孔用螺栓固定设备。在设备周围一般均匀分布四个耳式支座,安装后使设备成悬挂状。小型设备也可用三个或两个支座。

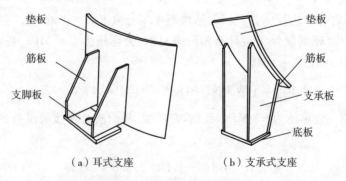

(a) 耳式支座　　　　　　(b) 支承式支座

图 2-29　立式容器支座

耳座有 A 型、AN 型(不带垫板)、B 型、BN 型(不带垫板)四种类型。前两种适合一般立式设备,后两种有较宽的安装尺寸,适合带保温层的立式设备。支座筋板和底板材料的代号为 Ⅰ—Q235A,Ⅱ—16MnR,Ⅲ—0Cr18Ni9,Ⅳ—15CrMoR。

规定标记:标准号　名称　类型　支座号－材料代号

标记示例 1。A 型带垫板、3 号耳式支座,支座材料为 Q235A,垫板材料为 Q235A,标记为:

$$JB4712.3—2007,耳座 A3-I$$

标记示例 2。B 型不带垫板 5 号悬挂式支座,标记为:

$$JB/T4725—1992　悬挂式支座　B5$$

(2)鞍式支座

卧式设备有鞍式支座、圈式支座和支脚三种,如图 2-30 所示,其中应用较多的为鞍式支座。

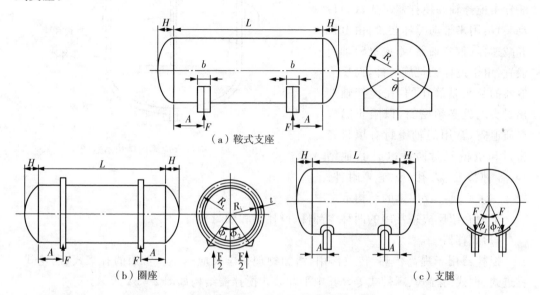

（a）鞍式支座

（b）圈座　　　　　　　　　　　　（c）支腿

图 2-30　卧式容器支座

鞍式支座分为 A 型(轻型)和 B 型(重型),重型按包角、制作方式及附带垫板情况又分五种型号,其代号为 BⅠ～BⅤ)两种,每种类型又分为固定式(代号为 F)和活动式(代号为 S)。固定式与活动式的主要区别在底板的螺栓孔,固定式为圆孔,活动式为长圆孔,其目的是在容器因温差膨胀或收缩时,可以滑动调节两支座间距,而不致使容器受附加应力作用,F 型和 S 型常配对使用。

规定标记:标准号　名称　类型　公称直径-地脚螺栓类型

标记示例 1。公称直径为 800 mm,重型带垫板的固定式鞍式支座,标记为:

$$JB4712.2—2007　鞍座 B 800-F$$

2.3.2　典型化工设备的常用零部件

在化工设备中,除了上述标准化通用零部件外,还有一些典型设备常用零部件。

1. 反应罐中常用零部件

反应罐是典型化工设备之一,是原料进行化学反应的场所。

搅拌反应罐通常由几部分组成：(1)罐体部分：由筒体和上下封头组成，是物料的反应空间；(2)传热装置：用以提供化学反应所需的热量或带走化学反应生成的热量，其结构通常有夹套和蛇管两种；(3)搅拌装置：为了使参与化学反应的各种物料混合均匀，加速反应进行，需要在容器内设置搅拌装置。搅拌装置由搅拌轴和搅拌器组成；(4)传动装置：用来带动搅拌装置，由电机和减速器(带联轴器)组成；(5)轴封装置：由于搅拌轴是旋转件，而反应容器的封头是静止的，在搅拌轴伸出封头之处必须密封，以阻止罐内介质泄露，常用的轴密封有填料箱密封和机械密封两种；(6)其他结构：各种接管、人孔、支座等附件。图 2-31 为搅拌反应罐的结构示意图。

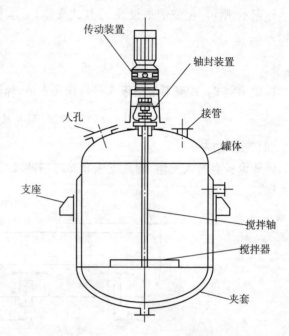

图 2-31　搅拌反应罐的结构示意图

下面介绍反应罐常用的两种零部件、搅拌器和轴封装置。

(1)搅拌器

搅拌器用于提高传热、传质作用，增加物理化学反应速率。常用的有桨式、涡轮式、推进式、框式与锚式、螺带式等。其中平叶桨式搅拌器结构如图 2-32 所示。

这些搅拌器大多已经标准化，搅拌器主要性能参数有搅拌装置直径(350～2100 共16 种)和轴径(30,40,50,65,80,95 和 110)两种。

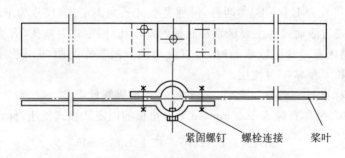

图 2-32　平叶桨式搅拌器结构

规定标记：名称　公称直径－轴径　标准号

标记示例 1。公称直径 DN600,轴径 d40 mm 的桨式搅拌器,标记为：

搅拌器　600－40,HG5－220－65－5

（2）轴封装置

反应罐的密封形式有两种：一种是静密封，如法兰连接的密封；另一种是动密封，轴封即属于动密封。反应罐中应用的轴封结构有两大类：填料箱密封和机械密封。

填料箱密封的结构简单，制造、安装、检修方便，应用较为广泛。如图 2-33 所示，依据 HG/T21537—1992 标准。

机械密封结构如图 2-34 所示，它是非标准件。机械密封一般有四个密封处，A 处是静环座与设备间的密封（属静密封），通常采用凹凸密封面加垫片的方法处理；B

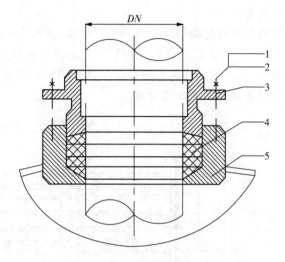

图 2-33　填料箱密封结构
1—螺柱；2—螺母；3—压盖；4—填料；5—箱体

处是静环与静环座间的密封（属静密封），通常采用各种形状的弹性密封圈来防止泄漏；C 处是动环与静环的密封，是机械密封的关键部分（动密封），动静环接触面靠弹簧给予合适的压紧力，使这两个磨合端面紧密贴合，达到密封效果。这样可以将原来极易泄漏的轴向密封，改变为不易泄漏的端面密封；D 处是动环与轴（或轴套）的密封（静密封），常用的密封元件是 O 形环。为适应不同条件，机械密封有多种结构型式，但其主要元件和工作原理是基本相同的。

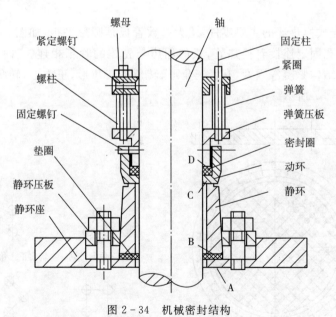

图 2-34　机械密封结构

2. 换热器中的常用零部件

换热器是石油、化工生产中重要的化工设备之一。它是用来完成各种不同的换热过程的设备。

管壳式换热器处理能力和适应性强,能承受高温、高压,易于制造,生产成本低,清洗方便,是目前在工业中应用最为广泛的一种换热器。管壳式换热器有固定管板式(BEM)、浮头式(AES、BES)、U 形管式(BIU)、填料函式(AFP)等多种形式。图 2-35 为固定管板式换热器的结构图。

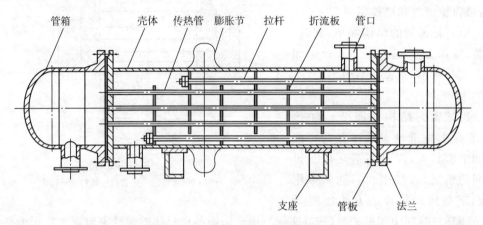

图 2-35　固定管板式换热器的结构图

管壳式换热器的设计、制造、检验等标准应符合《管壳式换热器》国家标准GB151—1999。

下面对管壳式换热器中的管板、折流板、拉杆、定距管以及膨胀节等常用零部件做介绍。

(1)管板

管板是管壳式换热器的主要零件,绝大多数管板是圆形平板,如图 2-36 所示,板上开有管孔,每个孔固定连接着换热管,板的周边与壳体的管箱相连。管孔的排列形式应考虑流体性质、结构紧凑等因素,有正三角形、转角正三角形、正方形、转角正方形四种排列形式,如图 2-37 所示。

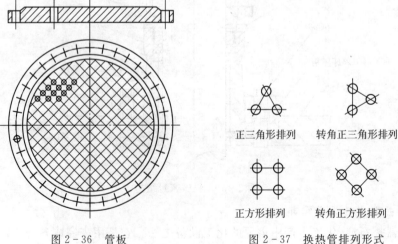

图 2-36　管板　　　　　图 2-37　换热管排列形式

换热管与管板的连接应保证充分的密封性能和足够的紧固强度,常用胀接、焊接或胀焊并用等方法,其中焊接方式的密封性最可靠,结构型式如图 2-38a 所示;采用胀接方法,当公称压力 $PN>0.6$ MPa 时,应在管孔中开环形槽,如图 2-38b 所示;当管板厚度 >25 mm 时,可开两个环形槽,如图 2-38c 所示。

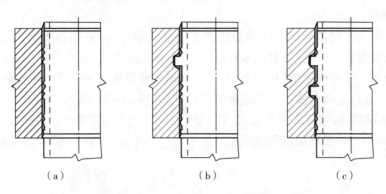

（a） （b） （c）

图 2-38 换热管与管板的连接型式

管板与壳体的连接有可拆式和不可拆式两类,固定管板式采用不可拆的焊接连接。浮头式、填函式、U 形管式均采用可拆连接,通常是把固定端管板夹在壳体法兰和管箱法兰之间。管板上有四个螺纹孔,是拉杆的旋入孔。

（2）折流板

折流板设置在壳程内,它可以提高传热效果,还起到支撑管束的作用。其结构型式有弓形和圆盘-圆环形两种,如图 2-39 所示。圆盘-圆环形折流板如图 2-40 所示。

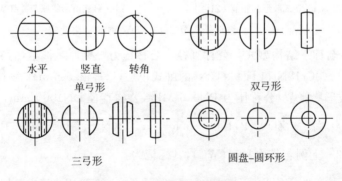

水平 竖直 转角

单弓形 双弓形

三弓形 圆盘-圆环形

图 2-39 折流板结构型式

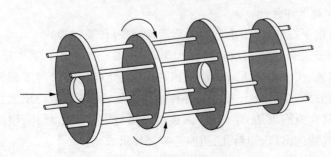

图 2-40 圆盘-圆环形折流板结构图

目前应用最广泛的是弓形折流板。弓形折流板的缺圆高度一般为壳体内径的 20%～25%。弓形折流板在卧式换热器中的排列分为圆缺口在上下方向和左右方向两种。折流板下部开有小缺口,是为了检修时能完全排除卧式换热器壳体内的残液,立式换热器不开此口。

3. 膨胀节

膨胀节是装在固定管板式换热器壳体上的挠性部件,以补偿由于温差引起的变形。最常用的为波形膨胀节,应符合国家标准 GB 16749—1997《波形膨胀节》。波形膨胀节可分为整体成形小波高膨胀节(代号 ZX)、整体成形大波高膨胀节(ZD)、两半波零件焊接膨胀节(HF)和带直边两半波零件焊接膨胀节(HZ)等四类,使用时分为立式(L 型)和卧式(W 型)两类,若带内衬套又分为立式(LC 型)和卧式(WC 型)两种。卧式波形膨胀节又分为带丝堵(A 型)、无丝堵(B 型)两种。如图 2-41 所示为 ZDA、ZDW 型结构型式。

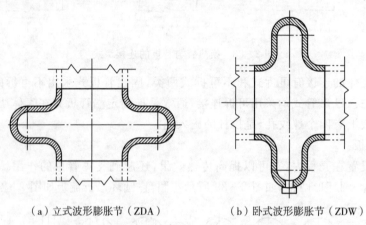

（a）立式波形膨胀节（ZDA）　　　　（b）卧式波形膨胀节（ZDW）

图 2-41　波形膨胀节 ZDA、ZDW 型的结构型式

规定标记:名称　结构型式　公称直径－公称压力－壁厚×波数(材料代号)标准号

标记示例 1。0Cr18Ni11Ti 材料(N)的卧式单层(壁厚 2.5 mm)2 波整体成形无丝堵(B)的大波高波形膨胀节,公称压力 PN0.6 MPa,公称直径 DN1000 mm,其标记为:

波形膨胀节 ZDW(B)1000－0.6－2.5×2(N)　GB 16749—1997

标记示例 2。上例若带内衬套(WC),其标记为:

波形膨胀节 ZDWC(B)1000－0.6－2.5×2(N)GB 16749—1997

4. 塔设备常用零部件

塔设备广泛用于石油、化工生产中的蒸馏、吸收等传质过程。

塔设备通常分为板式塔和填料塔两大类,如图 2-42 所示。板式塔主要由塔体、塔盘、裙座、除沫装置、气液相进出口、人孔、吊柱、液面计(温度计)等零部件组成。为了改善气液相接触的效果,在塔盘上采用了各种结构措施,当塔盘上传质元件为泡罩、浮阀、筛孔时,则分别其称为泡罩塔、浮阀塔、筛板塔。填料塔主要由塔体、喷淋装置、填料、再分布器、栅板及气液进出口、卸料孔、裙座等零部件组成。

塔设备标准应符合 JB 4710—1992《钢制塔式容器》。

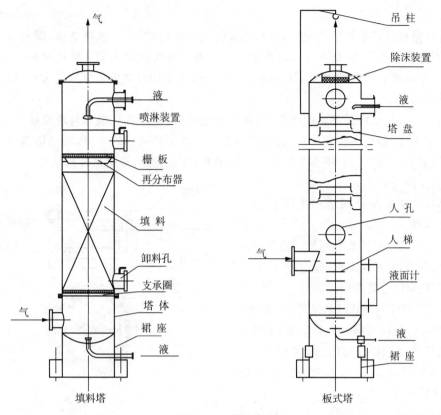

图 2-42　塔设备

下面介绍塔设备中栅板、塔盘、浮阀、泡帽、裙座几种常用零部件。

（1）栅板

栅板是填料塔中的主要零件之一，它起着支承填料环的作用。栅板分为整块式和分块式，如图 2-43、图 2-44 所示。当直径小于 500 mm 时，一般使用整块式；直径为 900～1200 mm 时，可分成三块，直径再大可分成宽 300～400 mm 的更多块，以便装拆及进出人孔。

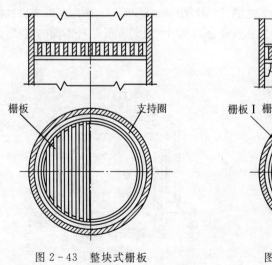

图 2-43　整块式栅板　　　　　图 2-44　分块式栅板

(2)塔盘

塔盘是板式塔主要部件之一,它是实现传热传质的结构,它包括塔板、降液管及溢流堰、紧固件和支承件等,如图 2-45 所示。塔盘可以分为整块式与分块式两种,一般塔径为 300~800 mm,采用整块式;塔径大于 800 mm 可采用分块式。分块的大小,以能在人孔中进出为限。

图 2-45 是整块式塔盘的结构,塔盘板为整块(板上开有孔眼),与塔盘圈组成盘形。盘的一端为降液管,一般成弓形,也有用圆形管。弓形降液管的平壁,伸出塔盘板若干高度,以构成溢流堰。每层塔盘与塔壁之间用填料、压板、螺栓等组成密封结构。

(3)浮阀与泡帽

浮阀和泡帽是浮阀塔和泡罩塔的主要传质零件。

浮阀有圆盘形和条形两种。最常用的为 F1 型浮阀,它结构简单、制造方便、省材料,被广泛应用。其结构如图 2-46 所示,应符合 JB 1118—1981《F1 型浮阀》标准。F1 型浮阀分为 Q 型(轻阀)和 Z 型(重阀),材料规格为 A(1Cr13)、B(1Cr18Ni9Ti)、C(1Cr17Ni13M02Ti),主要性能参数还有塔板厚度(系列为 2、3、4)。

规定标记:名称 类型-板厚 材质代号 标准号

标记示例。用于塔盘板厚度为 3 mm,由 1Cr18Ni9Ti 钢(B)制成的 F1 型重阀(Z),其标记为:

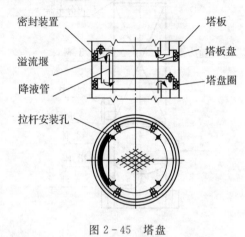

图 2-45 塔盘

$$浮阀\ F1Z-3B,JB1181-1981$$

泡帽有圆泡帽和条形泡帽两种。圆泡帽已标准化,应符合 JB1212—1973《圆泡帽》标准,其结构如图 2-47 所示,使用材料分为 I 类(A3F)、II 类(1Cr18Ni9Ti)。圆泡帽的主要性能参数有公称直径(外径)、齿缝高、材料等,其公称直径分为 80、100、150 mm 三种不同的直径。

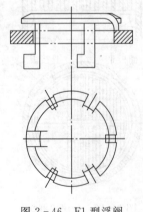

图 2-46 F1 型浮阀

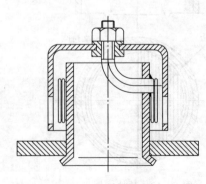

图 2-47 圆泡帽

规定标记:名称 公称直径-齿缝高-材料类型 标准号

标记示例。圆泡帽外径 DN80 mm,齿缝高 $h=25$ mm,材料为 I 类,其标记为:

$$圆泡帽 \, DN80—25— \text{I} \, JB \, 1212—1973$$

(4)裙式支座

裙式支座简称裙座是塔设备的主要支承形式。裙座有两种型式:圆筒形和圆锥形。圆筒形裙座的内径与塔体封头内径相等,制造方便,应用较为广泛;圆锥形承载能力强、稳定性好,适用于塔高与塔径比较大的塔。如图 2-48 所示为一圆筒形裙座的大致结构,其中人孔(检查孔)的形状有圆孔和长圆孔两种,其数量和尺寸可查经验数据;排气管的数量、引出管的结构及尺寸有参考数据可查;螺栓座的结构形状如放大图 2-49 所示。当螺栓数目较多时,可采用整圈盖板。

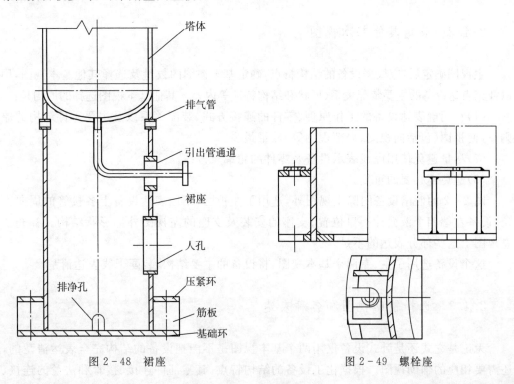

图 2-48　裙座　　　　　　　　　　　图 2-49　螺栓座

2.4　化工设备图的视图选择

化工设备分为立式和卧式两种。卧式设备(如卧式换热器、卧式储罐等)一般采用主视图和左视图(或右视图)两个基本视图,左视图用来表达封头及筒体上布管方位及支座结构形状;立式设备(如塔、立式冷凝器、反应釜、立式储罐等)一般采用主视图和俯视图两个基本视图,俯视图主要用来表达封头及筒体接管方位的。

2.4.1　选择主视图

首先确定主视图,一般按设备的工作位置选择,使装配体的主要轴线、主要安装面呈水平或铅垂位置。并使主视图能够充分表达其工作原理、主要装配关系及主要零部件的形状结构。

主视图一般采用沿主要轴线全剖视的表达方法。并用多次旋转剖的画法,将管口等零部件的轴向位置及装配关系表达出来。图 2-2 的贮槽的主视图依据化工设备的图示特点,选择了设备主体轴线水平放置、采用全剖视、将筒体与封头、设备主体与各接管的内在装配关系及设备壁厚等情况表达清楚,在接管及人孔保留局部外形以表达其外部结构。

2.4.2　确定其他基本视图

主视图确定后,应根据设备的结构特点,确定基本视图的数量及选择其他基本视图,用以补充表达设备的主要装配关系、形状和结构特征等内容。其他基本视图选择的原则是:

(1)在明确表达设备的工作原理、零件的连接方式、装配关系以及主要零件结构的原则下,使视图(包括向视图、局部视图等)数量最少。

(2)尽量避免使用虚线表示设备及零件的轮廓及棱线。

(3)避免不必要的重复。

图 2-2 的贮槽设备图除主视图外,选用了左视图,用以表达设备上各接管的周向方位,设备左端四个液面计接口位置、支座的安装及支座的左视图外部形状结构。补充了左视图上这些部分表达的不足。

这个设备选用了主、左两个基本视图,将设备的主要结构、装配干线表达清楚。

2.4.3　选择辅助视图和各种表达

无论是立式还是卧式设备仅用两个基本视图是不能把设备的结构完全表达清楚的,还需要相应的辅助视图。根据化工设备的结构特点,其零部件连接、接管和法兰的连接、焊缝结构以及尺寸过小的结构等无法用基本视图表达清楚的地方,多采用局部放大图、局部视图及剖视图、剖面等的表达方法来补充基本视图的不足,将设备各部分的形状表达清楚。图 2-2 采用四个局部放大图分别表达几个接管口与筒体连接情况及焊缝结构。支座的断面结构及安装孔的形状、位置则采用剖视图表达清楚。

2.5　化工设备图的绘制方法及步骤

视图方案确定后,就可以按下述步骤进行化工设备图的绘制。

2.5.1　确定绘图比例、选择图幅、布图

1. 合理选择绘图比例

根据设备的总体尺寸及其他视图的复杂程度选择绘图比例。绘图比例应选用国家标准(GB/T 14690—1993)规定的比例。

2. 确定幅面大小

化工设备图样的图幅,按国家标准《技术制图图纸幅面和格式》(GB/T 14689—2008)的规定选用。幅面大小根据视图数量、尺寸配置、明细表大小,技术要求等内容多少、所占范围,并照顾到布图均匀美观等因素来确定。还要注意幅面大小与比例选择同时考虑。依据设备的特点,可选用加长 A2 等图幅。

3. 布图

化工设备图的图面布置,除了图中留有视图位置外,从右下角的标题栏开始,上方为明细表,另在适当位置留有管口表、技术特性表及书写技术要求。

将所有表的具体位置确定好后,再根据选定的视图表达方案来布置视图。根据各视图大小范围,定出各视图主要轴线(如对称中心线)和绘图基准线位置,及其他辅助视图的基准线。使主视图和局部视图等处于合适的位置,除图形外、还要照顾到标注尺寸,编写件号所需位置,视图之间、视图与边框之间均要留有余地,做到图面整体协调美观,避免图面疏密不匀。

然后按照图层、线型绘制视图,全部视图绘制完成后,标注尺寸,编排标引零部件件号和管口符号等。最后填写主标题栏、明细栏、管口表和技术特性表,编写技术要求(或填写设计数据表和编写文字条款)。

如图 2-50 所示为卧式化工设备图样在图纸中的布置情况,如图 2-51 所示为立式化工设备图样在纸中的布置情况。

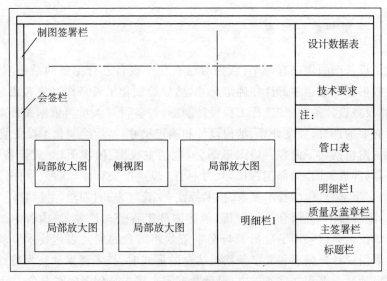

图 2-50　卧式化工设备图样在图纸中的布置图情况

若卧式(或立式)化工设备较长,致使左视图(或俯视图)难以在图幅内按投影关系配置时,可画于图纸空白处,但须在视图的上方标注图名,如"A 向",并在视图上用箭头注明投射方向及图名如图 2-52 所示。同时根据需要可另确定绘图比例,但需标注所选用比例的大小。化工设备图中其他辅助视图常采用多个局部放大图、剖视图等表达方法。

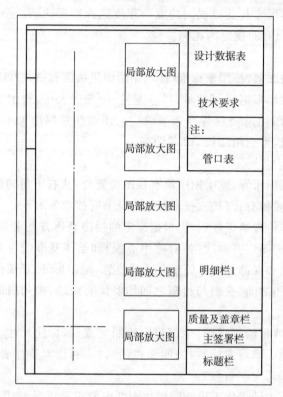

图 2-51   立式化工设备图样在图纸中的布置图情况

2.5.2   视图的绘制步骤

绘制化工设备图的依据有两个:依据对已有化工设备进行测绘的结果制图,根据测绘的简图及数据选用通用零部件并确定尺寸,然后绘制化工设备图。或者依据化工工艺人员提供的"设备设计条件单"进行工程设计制图,设备设计人员再依据条件单选用通用零部件进行必要的选材、强度计算、结构设计和确定尺寸,然后绘制化工设备装配图。

化工设备图包括如下内容:(1)图形部分,包括主视图、俯视图(立式设备)或侧视图(卧式设备),局部放大图,局部剖视图,尺寸标注,焊接接头标注,零部件件号、管口符号标注等。(2)文字部分,包括技术要求、技术特性表、管口表、明细栏、主标题栏等。

近年来,随着技术引进、合作与交流,借鉴国外工程公司经验,国内各主要化工工程公司和设计单位大多数采用了数据表与文字条款相结合的形式表达技术要求和技术特性等内容。采用设计数据表和文字条款相结合的形式时,技术要求和技术特性表的内容全部汇集到设计数据表和文字条款中,设计数据表布置在装配图的右上角。

化工设备图的绘制步骤如下:

(1)依据校定的视图表达方案,先画出主要基准线,使主视图和局部视图等处于合适的位置,做到图面整体协调美观,避免疏密不匀。图 2-2 中要先画出主视图中的筒体与封头的中心线及左视图的中心线。

(2)绘制视图应先从主视图画起,左(俯)视图配合一起画,一般是沿着装配干线,按照先定位置,后画形状;先画主视图,后画左(俯)视图;先画主体,后画附件;先画外件,后画内件的原则进行。基本视图、向视图绘制完成后,再画剖视图、局部放大图等辅助视图。图 2-2 的贮罐就是先依次画出筒体、封头、支座等主要部件,再将人孔、接管、法兰及设备内部零部件等依次画出,再根据投影关系绘制其他基本视图及向视图。在有关视图上画好剖面符号、焊缝符号等。

(3)各视图画好后,应按照"设备设计条件单"认真校核。最后检查无误后填充剖面线。

2.5.3　化工设备图的标注

视图绘制完成后,要进行标注。应标注的主要有尺寸、局部放大图符号、管口符号、件号、焊缝符号等,如图 2-52 所示。

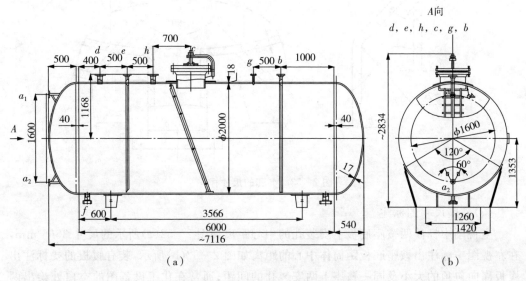

图 2-52　储罐部分尺寸标注示例

1. 对尺寸标注的要求

化工设备图要求尺寸标注应正确、完整、清晰、合理。

(1)筒体尺寸的标注

对于钢板卷焊成型的筒体,一般标注内径、壁厚和筒体长度,如图 2-52(a)所示的尺寸为 $\phi2000$ mm、18 mm、6000 mm。当使用无缝钢管作筒体时,应标注外径、壁厚和筒体长度。

(2) 封头尺寸的标注

① 椭圆封头一般应注出内直径、壁厚、直边高度、总高，如图2-52(a)所示，椭圆封头的内直径、壁厚、直边高度、总高的尺寸分别为 2000 mm、17 mm、40 mm、540 mm。

② 碟形封头一般应注出内直径、壁厚、直边高度、总高。

③ 大端折边锥形封头，应标注锥壳大端直径、厚度、直边高度、总高、锥壳小端直径。

④ 半球形封头应标注内直径和厚度。

(3) 接管尺寸的标注

接管尺寸应标注管口的直径和壁厚。若是无缝钢管，在图上一般不予以标注，而在管口表的名称栏中注明公称直径×壁厚；若是卷制钢管则标注内径和壁厚，还应标注接管的外伸长度。若设备上多个接管外伸长度相等，接管间又没有其他结构隔开，可用一条细实线将几个法兰的密封面连接起来作为公共尺寸界线，只需标注一次即可，如图2-52(a)所示的接管 d、e、h 接管伸长长度 1168 mm。

(4) 夹套尺寸的标注

带夹套的化工设备，要标注夹套的直径、壁厚、弯边的圆角半径、弯边的角度等，如图2-53 所示。

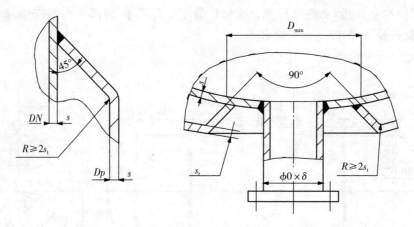

图2-53 夹套的尺寸标注

(5) 鞍座尺寸的标注

主视图中标注两鞍座底板上安装孔的中心距离如图2-52(a)所示的尺寸3566 mm，在左视图中标注出鞍座底板距筒体中心的距离如图2-52(b)所示，装有腹板的要标注出腹板周向包角的大小及同一鞍座上两安装孔的间距；通常在化工设备图的空白处绘出两鞍座底板的局部放大图，如图2-54以便标注出鞍座的具体尺寸，方便设备的安装。

(6) 放大图在视图中的标注

① 局部放大图在视图中的标注

如图2-55(a)(b)所示，标记由范围线、引线、序号及序号线组成，线型均为细实线，序号字体尺寸为5号，范围放大处的范围可以为圆形、方形、长方形等。

② 焊缝放大图的标注

焊接放大图的标注如图2-56(a)、(b)所示。标记符号由 3.5 mm×3.5 mm 方框线注数字焊缝序号和有箭头的引线组成。箭头应指向焊缝的正表面(非背面),其字体尺寸为 3 号。

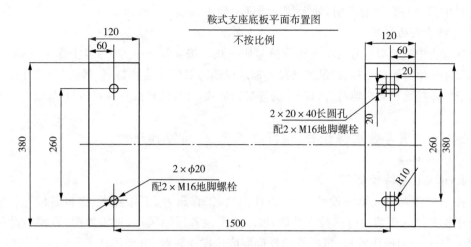

图 2-54　鞍座的局部放大中尺寸的标注

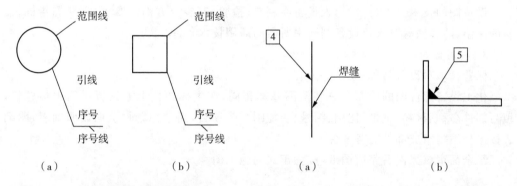

图 2-55　局部放大图在视图中的标记　　　图 2-56　焊缝放大图在视图中的标记

2.5.4　编写零部件序号和管口符号

组成设备的各零部件(包括薄衬层、厚衬层、厚涂层)均需编号。设备中同一零部件编成同一件号,组合件编为一个件号。零部件件号用阿拉伯数字编写,尽量编排在主视图上,一般由主视图的左下方开始,按顺时针连续注出,在垂直和水平方向排列整齐。

设备上的管口一律按汉语拼音字母小写编写管口符号。同一接管在主、左(俯)视图上应重复注写。规格、用途及连接面形式完全相同的管口编为同一号,但须在符号的右下角加注阿拉伯数字以示区别,如 a_1、a_2……。

2.5.5　填写明细栏和接管表

1. 明细栏的填写

明细栏的零部件件号应与图中零部件件号一致,按规定由下向上顺序填写。图号或标准号栏填写零部件的图号(无图零件此栏不必填写),如系标准件,则填写标准号,组合体应注明,另注明器部件装配图图号。按要求填写名称、规格、数量和材料等各栏目。在备注栏中只填写必要的说明,如无须说明则一般不必填写。

2. 接管表的编写

接管表中的管口符号与图中接管符号应一致。按 a、b、c……顺序自上而下逐一填写。公称尺寸栏填写管口公称直径,连接尺寸标准栏填写对外连接管口(包括法兰)的有关尺寸和标准。连接面形式栏填写管口法兰的连接面形式,如果用螺纹连接则填写"螺纹"。

2.5.6 填写技术特性表、编写技术要求、填写标题栏

1. 填写技术特性表

技术特性表中应填写设计压力、设计温度、工作压力、工作温度、物料名称等。另依各专用设备填入所需的特殊技术性能,如塔器类设备需填风压、地震烈度;容器类设备需填写容积(m^3)和操作容积;带搅拌的反应器应填搅拌转数、电动机功率等。

2. 编写技术要求

设备图的技术要求,一般填入设备在制造、检验、安装等方面的要求、方法和指标,设备的保温、防腐蚀等要求及设备制造中所需的通用技术条件。

3. 填写标题栏

标题栏填写设备名称、规格等内容。

化工设备部件图的绘制与总装配图基本相同,在主标题栏上方设置一简单标题栏,填写部件名称、材料、重量、比例、图号、装配图号等项目,简单标题栏上面设明细表,明细表按序号填写组成部件的各零件。

经全面审核无误后完成图纸,成为正式的施工图。

2.6 化工设备图的阅读举例

阅读化工设备图应了解设备的用途、结构特点和技术要求,各主要零部件的结构形状,及各零部件间的装配连接关系,还应了解设备在制造、检验、安装等方面的技术要求以及化工设备图的表达特点。

2.6.1 阅读化工设备图的基本要求

化工设备图是化工生产中设备设计、制造、安装、使用和维修的重要技术文件,从事化工生产的专业技术人员,都必须具备熟练阅读化工设备图的能力。

通过阅读化工设备图样,应达到以下基本要求:

(1)了解设备的名称、用途、性能和主要技术特性。

(2)了解各零部件的材料、结构形状、尺寸以及零部件间的装配关系,装拆顺序。

(3)根据设备中各零部件的主要形状、结构和作用,进而了解整个设备的结构特征和工作原理。

(4)了解设备上的开口方位和管口数量。

(5)了解设备在设计、制造、检验和安装等方面的技术要求。

阅读化工设备图的方法和步骤,基本上与阅读机械装配图一样,应从概括了解开始,分析视图、分析零部件及设备的结构。在读图过程中,应注意化工设备图独特的内容和图示特点。在阅读前,如果具有一定的化工设备基础知识,并初步了解典型设备的基本结构,将会提高读图的速度和效率。

2.6.2　阅读化工设备图的一般方法

1. 概括了解

(1)看标题栏　了解设备的名称、规格、材料、重量、绘图比例、图纸张数等内容。

(2)粗看视图　了解表达设备所采用的视图数量和表达方法,找出各视图、剖视图的位置和各自的表达重点。

(3)看明细栏　概括了解设备中各零部件和接管的名称和数量以及哪些绘制了零部件图,哪些是标准件和外购件。

(4)看设备的管口表、设计数据表及技术要求　概括了解设备的压力、温度、物料、焊缝探伤要求、设备类别及设备在设计、制造、检验等方面的其他技术要求。

2. 详细分析

(1)视图分析　从设备图的主视图入手,结合其他基本视图,详细了解设备图的装配关系、形状、结构、各接管及零部件方位,并结合辅助视图,了解各局部相应部位的形状、结构的细节等。

(2)零部件分析　按明细表中的序号,将零部件逐一从视图中找出,了解其主要结构、形状、尺寸、与主体或其他零部件的装配关系等。零部件分析的内容包括:①结构分析,搞清该零部件的型式和结构特征,想象出其形状;②尺寸分析,包括规格尺寸、定位尺寸及注出的定形尺寸和各种代(符)号;③功能分析,清楚它在设备中所起的作用;④装配关系分析,即它在设备上的位置及与主体或其他零部件的连接装配关系。对标准化零部件,还可根据其标准号和规格查阅相应的标准进行进一步的分析。对组合件,可以从部件图中了解相应内容。分析接管时,应根据管口符号把主视图和其他视图结合起来,分别找出其轴向和径向位置,并从管口表中了解其用途。管口分析实际上是设备的工作原理分析的主要方面。

化工设备的零部件一般较多,一定要分清主次,对于主要的、较复杂的零部件及其装配关系要重点分析。此外,零部件分析最好按一定的顺序有条不紊地进行,一般按先大后小、先主后次、先易后难的步骤,也可按序号顺序逐一地进行分析。

(3)工作原理分析　结合管口表,分析每一管口的用途及其在设备的轴向和径向位置,从而搞清各种物料在设备内的进出流向,这即是化工设备的主要工作原理。

(4)技术特性和技术要求分析　通过技术特性表和技术要求,明确该设备的性能、主要技术指标和在制造、检验、安装等过程中的技术要求。

3. 归纳总结

在零部件分析的基础上,经过对设备的详细阅读后,可以将各零部件的形状以及在设备中的位置和装配关系,加以综合,并分析设备的整体结构特征,从而想象出设备的整体形象。进一步对设备的结构特点、用途、技术特性、主要零部件的作用、各种物料的进出流向即设备的工作原理和工作过程等进行归纳和总结,最后对该设备获得一个全面的、清晰的认识。

在阅读化工设备图的时候,适当地了解该设备的有关设计资料,了解设备在工艺过程中的作用和地位,将有助于对设备设计结构的理解。如果能熟悉各类化工设备典型结构的有关知识,熟悉化工设备的常用零部件的结构和有关标准,熟悉化工设备的表达方法和图示特点,必将大大提高读图的速度、深度和广度。

2.6.3 典型化工设备图样的阅读举例

以如图 2-57 所示浮头式换热器为例来分别说明化工设备图的阅读方法和步骤。

1. 概括了解

(1)从标题栏中了解该图样为浮头式换热器装配图。该浮头式换热器的规格是 DN400,传热面积为 17 m^2,图样采用 1:5 的比例缩小绘制。整套图纸共有 6 张,这是第 1 张,另有部件装配图 5 张。

(2)由明细表了解到该设备有 18 种零部件,编有 18 个件号,其中 11 个组合件,另有部件图详细表达。从管口表了解到该设备有 6 个接管口。从设计数据表解到该设备工作压力:管程内为 0.57 MPa,壳程内为 2.38 MPa。管程内设计温度≤40℃、壳程≤200℃。设备壳程内物料为热油,管程内物料为水。从技术特性表中还可了解到设备的焊缝系数、探伤比例、腐蚀裕度、容器类别、水压试验等指标。在技术要求中,对焊接方法、焊缝接头形式、焊缝检验要求、管板与列管的连接方式等都提出了相应的要求。整个换热器装配后的总长为 3903 mm、净重 1215 kg。

该设备的总装配图采用了主视图、左视图两个基本视图、一个剖视图以及一个局部剖视图的设备整体示意图表达。

2. 详细分析

(1)分析视图表达方案

主视图采用局部剖视,表达了浮头式热交换器的主要结构、各管口和零部件在设备上的轴向位置及装配关系。主视图还采用了断开画法,省略了中间重复结构,简化了作图;换热器管束采用了简化画法,仅画一根,其余用中心线表示。

A 向视图为左视图,表达设备左端外形,同时表达油进出口处管口布置,隔板槽位置以及平盖和管箱法兰的螺栓分布等。局部剖视图表达了壳体及管箱法兰与管板间连接的带肩双头螺柱形式。该设备卧放,故采用鞍式支座,其中一个为固定支座,另一个为活动支座,以便于消除热应力和安装定位,该图样中用剖视图表达了两个鞍式支座的结构及其上安装孔的位置(两个支座地脚螺栓的中心孔距为 1700)。B-B 剖视图补充表达了

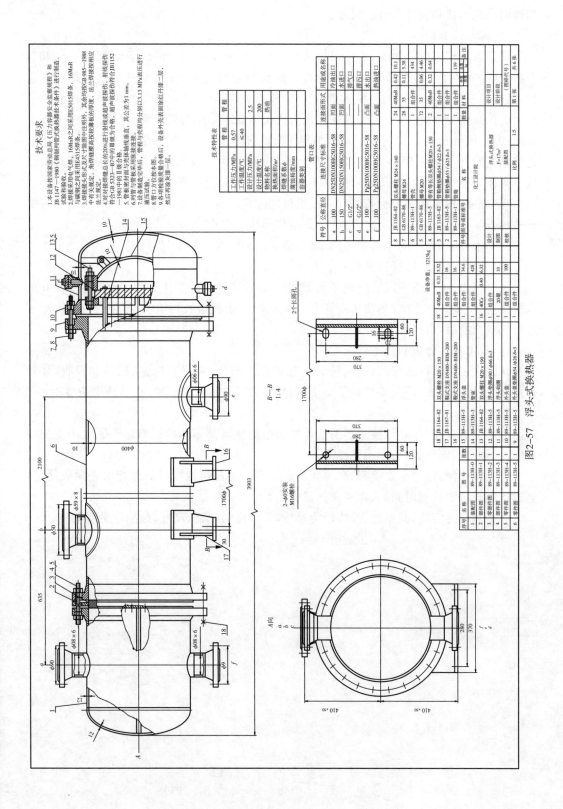

图2-57 浮头式换热器

鞍座的结构形状和安装等有关尺寸。

(2)零部件分析

该设备由管箱(件 1)、管束(件 14)、管壳(件 6)、外头盖(件 10)、浮头盖(件 15)和容器法兰(件 4)组成,其大都采用焊接连接。浮头与管箱之间、管箱与管箱之间用法兰连接,其间由管箱垫圈(件 2)、浮头钩圈(件 11)和浮头垫圈(件 12)形成密封,防止泄漏。

壳体是组合件,由图 2-57 可知该浮头式换热器装配图为圆筒形,壳体是内径为 400 mm,壁厚 10 mm 的无缝钢管。壳体左端的凸面对焊法兰(件 1)与管箱的凹面对焊法兰连接,管箱(件 1)也系组合件,其部件装配图表示管箱由一段圆筒形短壳和椭球形封头组成。壳体右端用法兰与外头盖(件 10)连接,列管与管板采用胀接连接。

零部件结构形状的分析与阅读一般机械装配图一样,应结合明细栏的序号逐个将零部件的投影从视图中分离出来,再弄清其结构形状和大小。

对标准化零部件,应查阅相关标准,弄清它们的结构形状及尺寸。

(3)分析工作原理(管口分析)

从管口表、主视图可以清楚地了解设备的工艺过程。设备工作时,冷水自接管 b 进入换热管,由接管 e 流出;热油从接管 f 进入壳体,经折流板转折流动,与管程内的冷却水进行热量交换后,由接管 a 流出。

(4)技术特性分析和技术要求

从图中可知该设备按《钢制列管式换热器技术条件》等进行制造、试验和验收,并对焊接方法、焊接形式、质量检验提了要求,制造完成后进行液压试验,设备外涂防腐漆。

3. 归纳总结

由前面的分析可知,该换热器的主体结构由圆柱形筒体和椭圆形封头通过法兰连接构成,一端是固定管板,另一端是浮头。

设备工作时,冷却水走管程,高温物料走壳程。物料与管程内的冷却水逆向流动,并通过折流板增加接触时间,从而实现热量交换。

设备是压力容器,其制造、验收较为严格,零部件的规格、尺寸、标准等见明细表。

第 3 章　化工工艺图

本章导读

化工工艺图包括化工工艺流程图、设备布置图和管道布置图,本章主要介绍这三种图样的内容、作用、绘制要求和阅读方法。

教学目标

1. 了解化工工艺流程图的内容、作用和表达方法,掌握化工工艺流程图的画法和阅读方法。

2. 了解厂房建筑图基本知识,了解化工设备布置图的作用和内容,掌握化工设备布置图的画法和读图方法。

3. 了解管路布置图的作用和内容,掌握管道和管道附件的表达方法,掌握管道布置图的画法和阅读方法。

化工工艺图的设计绘制是化工工艺专业人员进行工艺设计的主要内容。同时,化工工艺图也是进行工艺安装和指导生产的重要技术文件。

化工工艺图主要包括化工工艺流程图、化工设备布置图和化工管路布置图。化工工艺流程图是把各个化工生产单元按照一定的要求,有机组合在一起,形成一个完整的生产工艺过程,并用图样表达出来,它是表达化工生产过程与联系的图样。化工设备布置图是表达一个车间或一个工段的设备在厂房建筑内外安装布置的图样,是车间建筑施工和设备安装的重要依据,也为后续的管路布置设计提供设计基础。化工工艺流程图和车间布置图是化工工艺图的两个主要内容,是决定工厂设计的工艺计算、车间组成、生产设备及其布置的关键。管路布置图也叫作管道安装图或配管图,它是在设备布置图的基础上画出管路、阀门及控制点布置情况,用来表示厂房建筑内外各设备之间的管道连接走向和位置以及阀门、仪表控制点的安装位置的图样,是车间或工段管道安装施工的依据。

3.1　化工工艺流程图

化工工艺流程图是一种表达化工生产全过程的示意性图样。化工生产工艺流程设计包括两个方面:其一是确定由原料到成品的各个生产过程及顺序,即说明生产过程中物料和能量发生的变化及流向,应用了哪些化学反应或化工过程及设备;其二是绘制工艺流程图。化工工艺流程的设计往往经历三个阶段,即:工艺流程示意图→工艺流程草图→工艺流程图。在不同的设计阶段,化工工艺流程图表达的内容、重点和深度不同,但这些图样之间是有密切联系。常用的化工工艺流程图包括工艺方案流程图和施工流程图。

3.1.1　工艺方案流程图

工艺方案流程图又称原理流程图或物料流程图,是用来表达整个工厂或车间生产流程的图样。

1. 工艺方案流程图的作用和内容

工艺方案流程图是按照化工生产流程的顺序,将设备和工艺流程管线从左至右展开在同一平面上,并附以必要标注和说明。它是一种示意性的展开图,以表示化工生产中由原料转化为成品或半成品的来龙去脉和采用的设备。

图 3-1 为某化工厂空压站的工艺方案流程图,空气经过空压机压缩后进入冷却器降温,然后通过气液分离器排出气体中的冷凝杂质,再进入干燥器和除尘器,进一步除去空气中的各种杂质,最后送入储气罐以供仪表和装置使用。

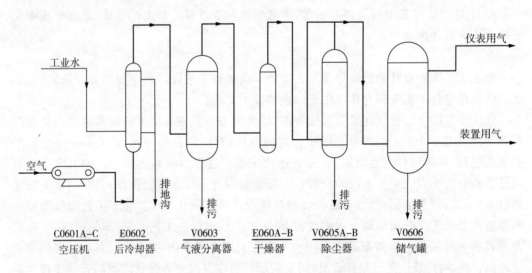

图 3-1　某化工厂空压站的工艺方案流程图

从图 3-1 可以看出,工艺方案流程图由主要设备和主要工艺管线组成。一般包括设备示意图、设备名称和位号、物料和动力管道的流程线、必要的文字注解等内容。

2. 工艺方案流程图的画法

(1)设备的画法

① 用细实线画出显示设备形状特征的主要轮廓,一般不按比例绘制,但应保持设备的相对大小。常用化工标准"管道及仪表流程图上的设备、机器图例"见表 3-1。

表 3-1 管道及仪表流程图上的设备、机器图例

设备类别	代号	图 例
塔	T	填料塔　筛板塔　浮阀塔　泡罩塔　喷洒塔
反应器	R	固定床反应器　管式反应器　聚合釜
泵	P	离心泵　液下泵　旋转泵齿轮泵　水环式真空泵纳氏泵　喷射泵 螺杆泵　活塞泵、比例泵　柱塞泵　离心泵
容器（槽、罐）	V	卧式槽　立式槽　锥顶罐　浮顶罐　除沫分离器　气液分离器　湿式气柜　球罐

（续表）

设备类别	代号	图　例
鼓风机 压缩机	C	鼓风机　　离心式压缩机　　旋转式压缩机（卧式）（立式） 四级往复式压缩机　　离心式压缩机　　单级往复式压缩机
换热器 冷却器 蒸发器	E	固定管板式　　U形管式 浮头式　　釜式　　平板式 换热器　　冷却器 空冷器　　蒸发器
工业炉	F	箱式炉　　圆筒炉
烟囱	S	烟囱　　火炬

（续表）

设备类别	代号	图例
起重运输机	L	桥式　单轨　斗式提升机　悬臂式　旋转式 刮板输送机　皮带输送机　手推车
其他机械	M	板框过滤机　回转过滤机　离心机

② 在方案流程图中,同样的设备可以只画一个,备用设备可以省略不画。

③ 各设备之间的高低位置和设备上重要接管口的位置,应大致与实际情况相符,各台设备之间应保留适当的距离,以布置流程线。

（2）工艺流程线的画法

① 用粗实线画出主要物料的工艺流程管线,用中粗实线画出部分动力管线(如水、蒸汽、压缩空气),在流程线上用箭头标明物料流向,在管线的上方或左方用文字注明物料的名称,并在流程线的起始和终了位置注明物料名称、来向或去向。

② 流程线要水平和垂直绘制,管道转弯处一般画成直角。如遇流程线之间或流程线与设备之间发生交错或重叠而实际并不相连时,应将其中一根线断开或示意绕过,以使各设备间流程线的表达清晰明了、排列整齐。

③ 在方案流程图中,一般只画出主要工艺流程线,其他辅助流程线不必一一画出。

④ 在两设备之间的流程线上,至少应有一个流向箭头。

（3）设备名称和位号注写

在流程图的上方或下方或靠近设备图形的显著位置,标出各设备的位号和名称,排成一排,并尽量与设备对齐,见图3-2。

① 设备分类代号:一般用该类设备的英文字头表示,常见的设备分类代号见表3-1。

② 车间或工段号:一般为设备所在车间或工段号,要求用两位数 01、02…表示。

③ 设备序号:是该车间或工段内设备的顺序号,要求用两位数表示,如 01、22 等。

④ 相同设备序号:表示同一设备位号下多台设备的顺序号,用大写英文字母表示,如 A、B、C 等。

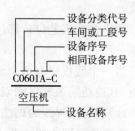

图 3-2　设备的标注

对于流程简单、设备较少的方案流程图,图中设备也可以不编号,而将设备名称直接写在设备图形上。

对于方案流程图的图幅一般不作规定,图框和标题栏也可省略。

3.1.2 工艺施工流程图

工艺施工流程图又称工艺管道及仪表流程图或带控制点的工艺流程图。它是在方案流程图的基础上设计绘制的内容较为详尽的一种工艺流程图。这种流程图应画出所有的生产设备和全部管道(包括辅助管道)、仪表、控制点和阀门等管件,是设备布置图和管道布置图的设计依据,并为施工安装、生产操作时提供参考。

1. 工艺施工流程图的内容

工艺施工流程图一般应包括下列几项内容:

(1)带标注设备位号、名称和接管口的各种设备示意图;

(2)带标注管道号、规格和阀门等管件及仪表控制点(测温、测压、测流量及分析取样点)的各种管道流程线;

(3)对阀门等管件和仪表控制点的图例符号说明。

(4)注写图名、图号和签名等的标题栏。

2. 工艺施工流程图的画法

工艺施工流程图的内容较为详尽和复杂,可以按主项、工段或工序为单元绘制,大的主项可按生产过程分别绘制。图3-3为氨合成工段管道和仪表工艺流程图。

(1)设备的画法

设备的画法与方案流程图基本相同,根据流程从左至右用细实线画出设备的简略外形和内部特征(如塔的填充物和塔板,容器的搅拌器和加热管等),设备的外形应按比例画出,如有可能应把设备、机器上的全部管口画出,管口一般用单细实线表示,也可以与所连管道线宽度相同,允许个别管口用双细实线绘制。设备图形一般不按比例绘制,对于外形过大或过小的设备,可适当缩小或放大,同类设备的外形要一致。与方案流程图不同的是,对于两个或两个以上的相同设备一般应全部画出,设备底座不表示。

图中设备位置一般考虑便于连接管线。设备间相对高度应与设备布置的实际情况一致。

图中每个工艺设备都应该编写设备位号及名称,其名称及位号的标注与方案流程图要求一致。

当一个流程中有两个或两个以上完全相同的局部系统时,可以只绘出一个系统的流程图,其他相同系统以细双点划线的方框表示,框内注明系统名称及其编号。

(2)管道流程线的画法

施工流程图中的主要工艺管道流程线均用粗实线画出,与工艺有关的辅助物料管道用中粗实线画出,其他用细实线画,管道的图例见表3-2。每根管道都要用箭头标出物料的流向(箭头画在管线上)。

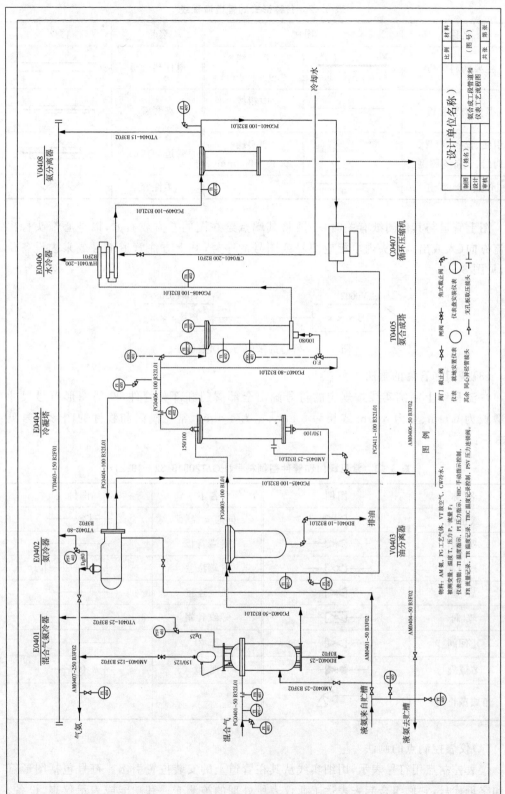

图3-3 氨合成工段管道和仪表工艺流程图

表 3-2　各种形式的管道流程线

名称	图例		名称	图例
主要物料管道	▬▬▬▬	粗实线 0.9～1.2mm	电伴热管道	──·──·──
其他物料管道	────	中粗线 0.5～0.7mm	夹套管	
引线、设备、管件、阀门、设备等图例	────	细实线 0.15～0.3mm	管道隔热层	
伴热(冷)管道	═ ═ ═ ═		柔性管	∧∧∧∧

图上管道与其他图纸有关时,一般将其端点绘在图的左方或右方,以空心箭头标出物流方向(入或出),箭头内填相应图号或图号的序号,其上方注管道编号或来去设备位号,见图 3-4。

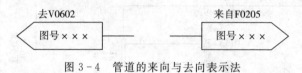

图 3-4　管道的来向与去向表示法

(3)阀门和管件的画法

在流程线上用细实线按规定的符号画出全部阀门和部分管件,阀门图形符号尺寸一般长为 6 mm、宽为 3 mm 或长为 8 mm、宽为 4 mm。常见阀门和管件的图形符号见表 3-3。

表 3-3　常见阀门和管件图例符号(HG/T20519.32－1992)

名称	图例	名称	图例
截止阀	─▷◁─	同心异径管	─▷─
闸阀	─▷◁─	管端盲板	──┃
球阀	─◁▷─	管端法兰	──┤├
旋塞	─▷●◁─	法兰连接	──┤├──
蝶阀	─◁●─	螺纹管帽	──┤
止回阀	─▷◁─	管帽	──D
节流阀	─▶◀─	视镜	─◎─
角式截止阀			

(4)仪表控制点的画法

仪表控制点用符号表示,用细实线从其在管道上的安装位置引出。符号包括图形符号和字母代号,它们组合起来表达工业仪表所处理的被测变量和功能或表示仪表、设备、元件、管线的名称。

① 图形符号　仪表（检测、显示、控制等）的图形符号是一个细实线圆圈，其直径约为 10 mm。必要时，检测仪表和检出元件也可以用象形或图形符号表示。如图 3-5 所示。

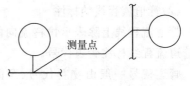

图 3-5　仪表的图形符号

表示不同安装位置的图形符号见表 3-4。

表 3-4　仪表安装位置的图形符号

序号	安装位置	图形符号	序号	安装位置	图形符号
1	就地安装仪表	◯	4	嵌在管道中的就地安装仪表	—◯—
2	集中仪表盘面安装仪表	⊖	5	集中仪表盘后面安装仪表	⊝
3	就地仪表盘面安装仪表	⊜	6	就地仪表表盘后面安装仪表	⊜

② 字母代号　表示被测变量和仪表功能的字母代号见表 3-5。第一位表示被测变量代号，后面的一个或几个字母表示该仪表的功能。

表 3-5　常见仪表参量及功能字母代号

被测变量 ＼ 仪表功能	温度 T	温差 TD	压力或真空 P	压差 PD	流量 F	分析 A	密度 D	位置 Z	速率或频率 S	粘度 V
指示	TI	TdI	PI	PdI	FI	AI	DI	ZI	SI	VI
指示、控制	TIC	TdIC	PIC	PdIC	FIC	AIC	DIC	ZIC	SIC	VIC
指示、报警	TIA	TdIA	PIA	PdIA	FIA	AIA	DIA	ZIA	SIA	VIA
指示、开关	TIS	TdIS	PIS	PdIS	FIS	AIS	DIS	ZIS	SIS	VIS
记录	TR	TdR	PR	PdR	FR	AR	DR	ZR	SR	VR
记录、控制	TRC	TdRC	PRC	PdRC	FRC	ARC	DRC	ZRC	SRC	VRC
记录、报警	TRA	TdRA	PRA	PdRA	FRA	ARA	DRA	ZRA	SRA	VRA
记录开关	TRS	TdRS	PRS	PdRS	FRS	ARS	DRS	ZRS	SRS	VRS
控制	TC	Tdc	PC	PdC	FC	AC	DC	ZC	SC	VC
控制、变送	TCT	TdCT	PCT	PdCT	FCT	ACT	DCT	ZCT	SCT	VCT
报警	TA	TdA	PA	PdA	FA	AA	DA	ZA	SA	VA
开关	TS	Tds	PS	PdS	FS	AS	DS	ZS	SS	VS
指示灯	TL	TdL	PL	PdL	FL	AL	DL	ZL	SL	VL

3. 工艺施工流程图的标注

(1)设备的标注

工艺施工流程图中每个设备都应编写设备位号并注写设备名称，其标注方法与

3.1.1方案流程图规定相同,注意要与方案流程图中的设备位号保持一致。

(2)管道流程线的标注

管道流程线上除表示物料流向的箭头,并用文字表明物料来源和去向外,还要对每条管道流程线标注管道代号。

管道代号一般由物料代号、车间或工段号、管段号、管径、壁厚、公称压力等内容组成,如图 3-6 所示。

物料代号一般按物料名称和状态取其英文字头,常用的物料代号按 HG20519.36—1992 中规定,见表 3-6。

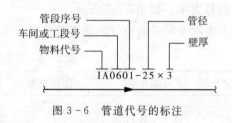

图 3-6　管道代号的标注

表 3-6　常用物料代号

代号	物料名称	代号	物料名称	代号	物料名称	代号	物料名称
A	空气	DR	排液、排水	IA	仪表空气	PW	工艺水
AM	氨	DW	饮用水	IG	惰性气体	R	冷却剂
BD	排污	F	火炬排放气	LO	润滑油	RO	原料油
BF	锅炉给水	FG	燃料气	LS	低压蒸汽	RW	原水
BR	盐水	FO	燃料油	MS	中压蒸汽	SC	蒸汽冷凝水
CA	压缩空气	FS	熔盐	NG	天然气	SL	泥浆
CS	化学污水	GO	填料油	N	氮	SO	密封油
CW	循环冷却水上水	H	氢	O	氧	SW	软水
CWR	冷却盐水回水	HM	载热体	PA	工艺空气	TS	伴热蒸汽
CWS	冷却盐水上水	HS	高压蒸汽	PG	工艺气体	VE	真空排放气
DM	脱盐水	HW	循环冷却水回水	PL	工艺液体	VT	放空气

管段号常用两位数字,从 01 开始,到 99 为止,按工艺生产流向依次编号。

管径一律注写公称直径,公制管以 mm 为单位,只注写数字,不注写单位,如 80、150、300 等。英制管径以英寸为单位,需注写英寸的符号。如 1/2″、4″、12″等,对英制加厚管,则在公称直径后面加注“×S”,如 4″×S、6″×S 等。

(3)仪表控制点的标注

在施工流程图的检测、控制系统中,构成一个回路的每台仪表(或元件)都要进行标注和编号,一般以仪表位号形式标注在仪表图形符号内。仪表位号由英文字母代号和阿拉伯数字编号组成,见图 3-7。其中,英文字母代号第一位表示被测变量代号,后面的一个或几个字母表示该仪表的功能,数字表示工段代号和仪表顺序号。

通常在施工流程图中仪表位号的标注方法是,在圆的上半部填写字母组合,表示仪表的功能,下半部填写数字,表示仪表序号,如图 3-8 所示。

编制仪表位号时,应与仪表专业配合,一般按仪表专业编号为准。

图 3-7　仪表位号的组成　　　　　图 3-8　仪表位号的标注方法

3.2　设备布置图

设备布置图是表达一个车间或一个工段的设备在厂房建筑内外安装布置的图样。它是车间建筑施工和设备安装的重要依据,也是后续管路布置设计的基础。

化工生产工艺流程图设计时所确定的全部设备、管道等装置,必须在厂房内外合理布置。设备布置图表达设备与建筑物、设备与设备之间的相对位置关系,以便设备安装,保证操作条件良好、生产安全。因此,首先介绍厂房建筑知识。

3.2.1　厂房建筑图简介

厂房建筑图是按照正投影原理绘制的。但由于建筑物的形状、大小、结构以及材料的独特性,在表达方式上与机械或设备不同。

1. 建筑图的形成及作用

厂房建筑图表达了厂房建筑内部和外部的结构形状,按照建筑制图标准规定,建筑图包括平面图、立面图、剖面图等,设备布置图一般只画平面图,必要时画剖面图。

(1)平面图

建筑平面图是假想用一水平的剖切面沿门窗洞的位置将房屋剖切后,将留下的部分按俯视方向在水平投影面上作正投影所得到的图样。它主要用来表示房屋的平面布置情况,简称平面图。

建筑平面图反映了厂房的平面形状、大小和厂房内部的布置及朝向,包括各种房间的布置及相互关系,墙或柱的位置,门窗的类型和位置,走道、楼梯的位置等。

平面图除了表明建筑物的尺寸,用轴线和尺寸线表示各部分的长宽尺寸和准确位置外,还表明建筑物的结构形式及主要材料、各层地面的标高等,是施工图中最基本的图样之一。

一般来说,对于多层楼房,有几层就画几个平面图,并在图下方注明相应的图名,例如:底层平面图、二层、三层……平面图;也可以用标高形式表示,例如:±0.00 平面图,10.20 平面图。

(2)立面图

建筑物的立面图就是在与房屋立面平行的投影面上所作的房屋的正立投影图和侧立投影图。其内容包括建筑物外形、门窗、台阶、阳台等位置,用标高表示建筑物的总高度、各楼层的高度、室内外地坪标高等,有定位轴线的建筑物要根据两端定位轴线号编注立面图名称,如图 3-9 所示。

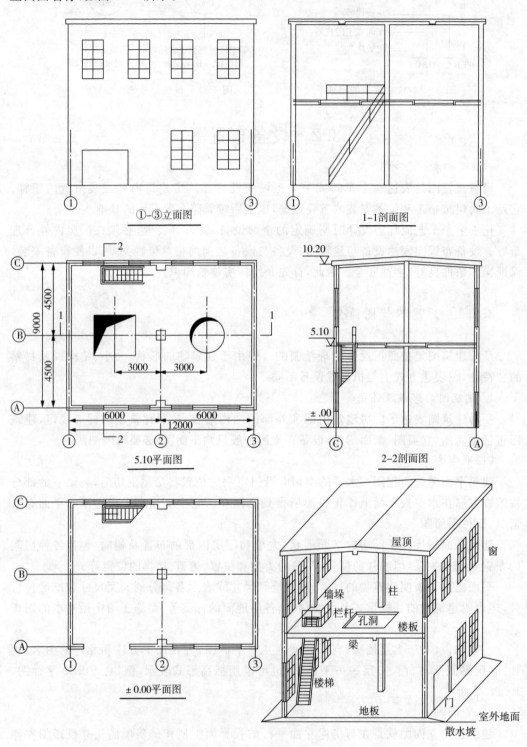

图 3-9　房屋建筑图

(3)剖面图

如图 3-9 所示,假想用一平面把建筑物沿垂直方向切开,将处于观察者和剖切面之间的部分移去,而将切开后的其余部分做正投影得到的图形就叫作剖面图。剖面图用来表达建筑物内部在高度方向上的结构形状或构造形式、分层情况和各部位的联系及高度等。其剖切位置一般选择能够显示房屋内部主要的、构造复杂的地方,通常选择通过门、窗、洞位置剖切,若为多层楼房,应选择在楼梯间处剖切。剖面图的内容包括建筑物各部位的高度、剖面图中要用标高和尺寸线表明建筑总高、室内外地坪标高、各层标高、门窗和窗台高度等,以及建筑物的主要承重件的相互关系。

2. 建筑物的构件与结构的规定画法

建筑物构件的组成包括地基、基础、墙、柱、梁、楼板、屋顶、隔墙、楼梯、门、窗及天窗等。建筑物的结构有砖木结构、混合结构、钢筋混凝土结构和钢结构等,其规定的画法见表 3-7。

表 3-7 建筑物的构件与结构的规定画法

名　称	图　例	名　称	图　例
建筑材料 自然土壤		建筑构件及配件 楼梯	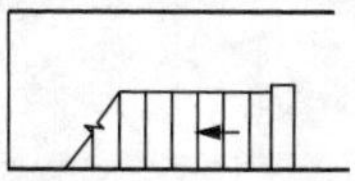
夯实土壤		孔洞	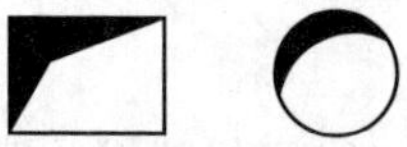
普通砖	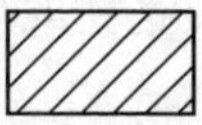	坑槽	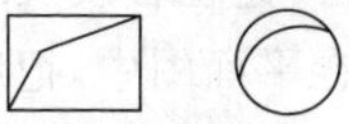
混凝土	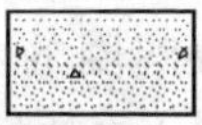	单扇门	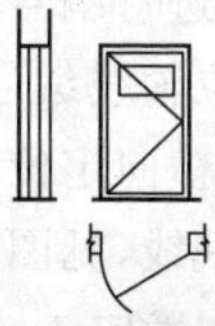
钢筋混凝土		单层外开窗	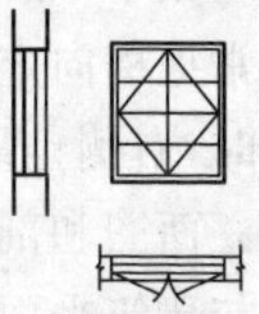
金属 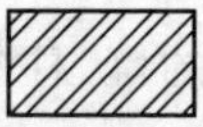			

3. 厂房建筑图的画法及标注

(1)厂房建筑图画法

厂房建筑一般采用 1∶50 或 1∶100 缩小的比例绘制,有些结构通常采用国家标准规定的有关图例来表达各种建筑构件和建筑材料。对比例小于或等于 1∶50 的平面图、剖面图,砖墙的剖面符号可不画 45°斜线;对比例小于或等于 1∶100 的平面图、剖面图,钢筋混凝土构件可不必画出剖面符号。

在画平面图时,先用细点画线画出墙和柱的定位轴线,用粗实线画出墙和柱,用细实线画出门窗和孔洞的平面轮廓,最后用细实线画楼梯的平面图。

在画立面图时,先用特粗实线画出地平线,然后用粗实线依次画出散水坡、墙和屋顶,最后用细实线画出门窗。

在画剖面图时,先用细点画线画出墙和柱的定位轴线,再画出墙、柱、梁、楼板和屋顶,最后画出楼梯。剖到的部位用粗实线表示,未剖到的用中粗实线表示。

(2)厂房建筑图的尺寸及标高标注

厂房建筑图应标注定位轴线间的尺寸和各楼层地面的高度。在平面图中,以 mm 为单位注出定位轴线的间距尺寸,并标注门窗洞口等定位尺寸。对于设备安装定位关系不大的门窗结构,一般只在平面图中画出它们的位置、门窗开启方向等,在剖视图中一律不画,露天设备一般只画在底层平面图中。

在建筑剖面图中,对楼板、梁、屋面、门窗等配件的高度位置,规定以标高形式标注,以 m 为单位标注建筑物的标高尺寸,其标高的单位在图中不必注明,数字标注到小数点后第三位。通常以底层室内地面为零点标高,零点标高以上为正,数字前可省略符号"+",零点以下为负值,数字前面必须加符号"−",如图 3-10 所示。

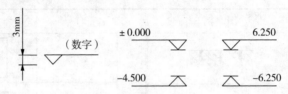

图 3-10 标高尺寸标注方法

(3)定位轴线及编号

在平面图中,把房屋的主要承重构件处,如墙壁、立柱或墙垛等的轴线,用细点画线画出,并进行编号称为定位轴线。

定位轴线编号方法:水平方向编号从左到右,用带圆圈(直径 8mm)的阿拉伯数字编写,称为横向定位轴线;竖直方向编号从下到上,用带圆圈的大写拉丁字母编写,称为纵向定位轴线,见图 3-9 中的 ±0.00 平面和 5.10 平面的定位轴线编号。因 I、O、Z 三个字母容易与数字 1、0、2 混淆,所以不可编号。

通常把横向定位轴线标注在图形的下方,纵向定位轴线标注在图形的左侧(当房屋不对称时,右侧也需标注)。

在立面图和剖面图中一般只画出建筑物最外侧的墙、柱的定位轴线并注出其编号,编号应与建筑平面图的该轴线编号一致。

3.2.2 设备布置图

设备布置图是化工设计、施工、设备安装的重要技术文件。它指导设备的安装、布置,并作为厂房建筑、管道布置的重要依据。

在工艺流程图中所确定的全部设备,必须在车间内合理布置与安装。设备布置图是在简化了的厂房建筑图的基础上,增加了设备布置的内容。设备布置图是设备布置设计的主要图样,因此,一般用粗实线表示设备,用细实线表达其他内容。如图 3-11 为空压站车间设备布置图。

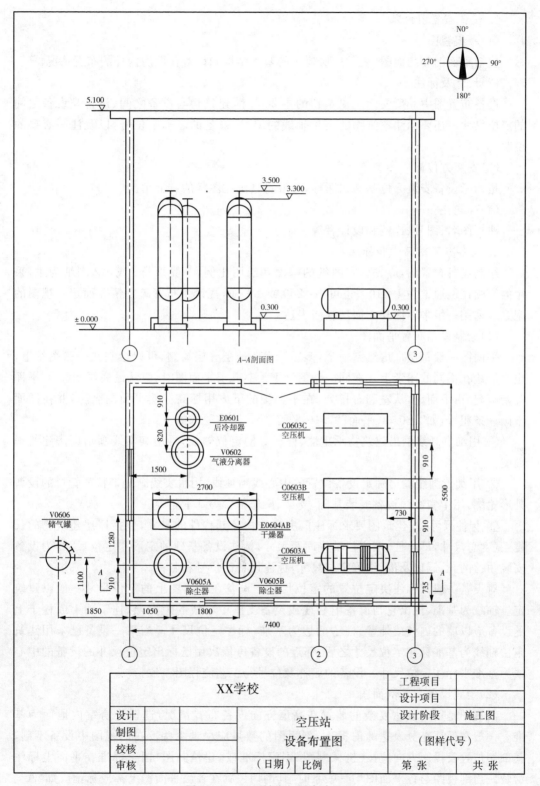

图 3-11 空压站车间设备布置图

1. 设备布置图内容

（1）一组视图

包括平面图和剖面图，表示厂房建筑的基本结构和设备在厂房内外的布置情况。

（2）尺寸及标注

设备布置图中一般要标注建筑物的主要尺寸，建筑物与设备之间、设备与设备之间的定位尺寸。还要标注建筑物的定位轴线的编号、设备的名称及位号，以及注写必要的说明。

（3）安装方位标

是指示设备安装方位基准的图标，一般将其画在图样的右上角。

（4）标题栏

注写图名、图号、比例和设计者等。

2. 设备布置图画法和标注

绘制设备布置图，应先确定图纸的幅面和绘图比例，一般以 A1 或 A2 图纸为主，采用的绘图比例通常为 1∶100，也可 1∶200 或 1∶50，视设备布置疏密情况而定。视图的配置多采用一组平面图和立面剖视图表达。

（1）绘制设备布置平面图

平面图一般每层厂房绘制一个，多层厂房按楼层分层绘制，可以绘制在一张图纸上，也可以绘在不同的图纸上。在同一张图纸上绘制几层平面图时，应从最底层±0.00 平面开始画起，由下而上，从左到右排列，在平面图的下方用标高注明平面图名称，并在图面下画一条粗线，如"±0.00 平面""5.10 平面"等。具体要求如下：

① 用细点画线画出建筑物承重墙、柱子等的定位轴线，再用细实线画出厂房建筑平面图。

② 用细点画线画出确定设备位置的中心线和轴线，用粗实线画出带特征管口的设备外形轮廓，用中实线画设备安装基础、支架、操作平台等基本轮廓。

③ 标注尺寸：按建筑图要求标注厂房建筑物及其构件的尺寸，包括厂房建筑物的长度、宽度总尺寸，厂房柱、墙定位轴线间距尺寸；标注设备基础的定形和定位尺寸；为设备安装预留的孔、洞以及沟、坑等定位尺寸；标注设备的位号和名称。

对设备一般只标注决定位置的定位尺寸。设备在平面图上的定位尺寸一般以建筑定位轴线为基准，注出它与设备中心线或设备支座中心线的距离，悬挂于墙上或柱子上的设备应以墙的内壁或外壁、柱子的边为基准，标注定位尺寸。当某一设备已采用建筑定位轴线为基准标注定位尺寸之后，邻近的设备可依次用已标出定位尺寸的设备的中心线为基准来标注定位尺寸。设备的名称及位号与工艺流程图一致。

（2）绘制设备布置剖面图

剖视图是用来表达复杂的装置在高度方向设备布置情况，选择厂房室内地面为基准。一般在保证充分表达的前提下，剖视图的数量应尽量少些。在剖视图中设备不剖，其剖切位置及投影方向应按《机械制图》国家标准或《建筑制图》国家标准在平面上标注清楚。当剖视图与各平面图均有联系时，其剖切位置在各层平面图上都应标记。如"A—A 剖视""B—B 剖视"或"I—I 剖视""II—II 剖视"等。如图 3-12 所示。

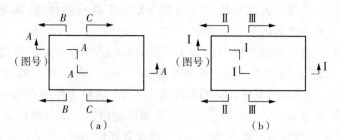

图 3 - 12　平面图上剖切位置及投影方向的标注方法

绘图具体要求如下：

① 用细实线画出厂房建筑剖面图。

② 画出设备的中心线，用粗实线画设备的立面基本轮廓，被遮挡的设备轮廓一般不画，标注设备的位号和名称。

③ 按建筑图要求标注厂房定位轴线尺寸和标高尺寸；标注设备基础的标高尺寸；标注地面、楼板、平台、屋面的主要高度尺寸及其他与设备安装定位有关的建筑构件高度尺寸。

（3）绘制安装方位标

在设备布置图的右上角画出安装方位标，符号是由粗实线画出直径为 20mm 的圆圈、水平和垂直的两细点画线组成，分别在四个方位注以 0°、90°、180°、270°字样。一般采用圆圈内箭头表示北向(以 N 表示)，如图 3 - 13 所示。

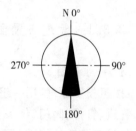

图 3 - 13　安装方位标

（4）完成全图

注出必要的文字说明，填写标题栏，检查、校核，完成全图。

3. 设备布置图的阅读

设备布置图主要是确定设备与建筑物结构、设备间的定位问题，以如图 3 - 11 所示的空压站的设备布置图为例，阅读设备布置图的步骤如下：

（1）概括了解，明确视图关系

由标题栏可知图样是空压站的设备布置图。看图时，先浏览视图，明确视图的配置，浏览此图，其设备布置图是由一个"±0.00 平面图"和一个"A－A 剖视图"组成，分析立面图在平面图中的剖切位置，弄清楚视图之间的关系。如图 3 - 11 所示，图中有 10 台设备，其中厂房内布置了 3 台动设备空压机，6 台静设备，有 2 台除尘器，2 台干燥器，1 台气液分离器，1 台冷却器。厂房外露天布置了 1 台静设备储气罐。

（2）了解建筑物尺寸

从图中可以看出，厂房建筑横向轴线间距为 7.4m，纵向轴线间距为 5.5m，厂房地坪标高为 ±0.00，厂房总高为 5.10m。

（3）分析设备位置情况

从设备一览表中了解有多少种设备、设备的名称和位号、数量等。从平面图中分析设备与建筑结构、设备与设备的相对位置，从立面图中了解设备的标高。根据设备在平面图和立面图中的投影关系和设备位号，明确平面和立面的定位尺寸。平面定位尺寸一般是建筑定位轴线,高度方向的定位尺寸基准一般是厂房室内地面,从而确定了设备与建筑结构、设备与设备之间的相互位置。

从图中可知,三台空压机横向定位为 1.55m,纵向定位为 1.1m,系统设备的间距为 1.64m,基础尺寸为 1.4m×0.73m,基础高度为 0.3m。两台除尘器之间横向定位为 1.08m,纵向定位为 0.91m,系统设备的间距为 1.8m。两台干燥器布置在除尘器的正北 1.28m,其基础尺寸为 2.7m×0.73m,后冷却器横向定位为 1.5m,纵向定位为 0.91mm。气液分离器布置在后冷却器正南 0.82m,储气罐布置在厂房外,其横向定位为 1.85m,纵向定位为 1.1m。

3.3　管道布置图

管道布置图又称管系图或配管图,是用来表达机器设备间管道连接和空间走向以及主要管道配件、仪表控制点等安装位置的详图。管道设计中根据带控制点的工艺流程图、设备布置图及有关的土建、仪表、电气等方面的图纸和资料为依据,对管道进行布置。

3.3.1　管道布置图的内容

1. 一组视图

按正投影原理,用一组平面、立面视图表示整个车间建筑物的基本结构,设备简单外形、管道、管件、阀门、仪表控制点的安装、布置情况。要按比例标明一定区域的所有设备、与设备相连的管道、平台、容器支座和钢结构的位置。管路布置图的一组视图主要包括管路平面图和剖视图。

2. 尺寸和标注

标出建筑物的主要尺寸,管道和部分管件、阀门、控制点的平面位置尺寸和标高,建筑物的定位轴线编号、设备位号、管段序号、仪表控制点代号等以及必要的说明。

3. 方位标

表示管道安装方位基准的图标,放在图样的右上角,与设备布置图一致。

4. 标题栏

注写图名、图号、比例和设计者、设计阶段等。

3.3.2　管道布置图的常用画法

1. 管道的规定画法

(1)管道的单、双线的画法

管道是管道布置图的主要表达内容,为突出管道,主要物料线用粗实线单线画出,其他管道用中粗线画出,对于大直径(≥400mm 或 16″)或重要管道,可以用中粗线双线绘制。管道的断开处应画断裂符号,单线或双线的断裂符号如图 3-14 所示。

（a）单线　　　　　　　　　　（b）双线

图 3-14　管道的单、双线画法

（2）管道转折的表示法

管道一般经过 90°弯头转折，在反映转折的投影中，管道转折处用圆弧表示，而其他位置的投影图用一个实线小圆表示。管道的转折方向朝向观察者时，管线画到小圆外，并在小圆内画一圆点；当转折方向背对观察者时，管线画到小圆的圆心处。如图 3-15 所示的是单、双线管路的转折画法。

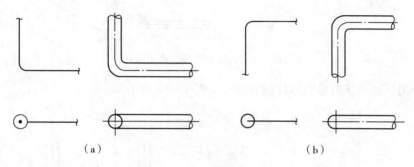

（a）　　　　　　　　　　　　（b）

图 3-15　管道转折的表示法

管道二次转折的表示法如图 3-16 所示。

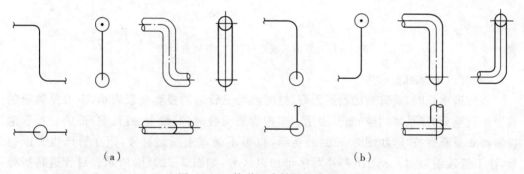

（a）　　　　　　　　　　　　（b）

图 3-16　管道二次转折的表示法

（3）管道交叉的表示法

当管道交叉时，一般表示法如图 3-17（a）所示。若要表示两条管道的相对位置时，将下面（后面）被遮盖部分的投影断开如图 3-17（b）所示，也可将上面的管道投影断开，但必须画断裂符号，如图 3-17（c）所示。

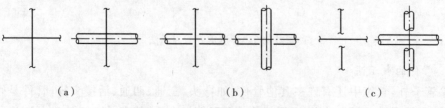

（a）　　　　　　　　（b）　　　　　　　　（c）

图 3-17　管道交叉表示法

(4)管道连接表示法

管道连接形式不同,画法也不同,如图 3-18 所示,是各种不同管道连接的表示法。

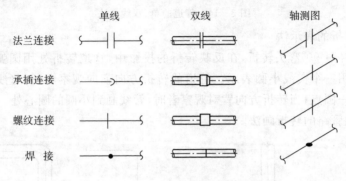

图 3-18　管道连接的表示法

管道用三通连接的单线、双线表示法,如图 3-19 所示。

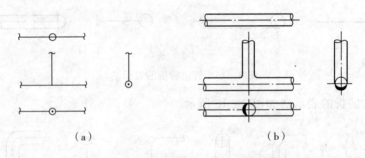

图 3-19　管道三通连接的单、双线表示法

(5)管道重叠的表示法

当管道重叠时,其管道的投影重合,这时将可见管道的投影断裂表示,不可见管道的投影画到重叠处(稍留间隙)断开表示。多根管道重叠时,其最上(或最前)面的一根管道投影画双重断裂符号,如图 3-20(a)所示,也可不画双重断裂符号,而在管道投影断裂处,注上管段编号如 a、a,b、b 等小写字母加以区分,如图 3-20(b)所示。对管道转折处发生投影重合时,采用备遮挡的管道画至重影处,并稍留间隙的表示方法,如图 3-20(c)所示。

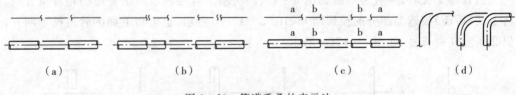

（a）　　　　　　（b）　　　　　　（c）　　　　　　（d）

图 3-20　管道重叠的表示法

3. 管件的表示法

除管子外,管道中还有许多其他管件,如弯头、三通、四通、活接头等,管件是管道的连接件,一般不画出真实投影,而用简单的图形符号表示,其表示法如图 3-21 所示。

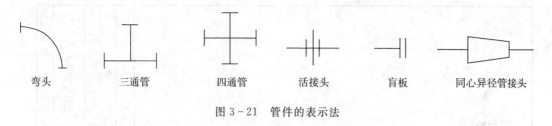

图 3 - 21　管件的表示法

4. 管架的表示法

各种形式的管架安装并固定在地面或建筑物上,用来支承和固定管道。管架的形式和位置在管道布置图中常用图形符号表示,如图 3 - 22 所示。

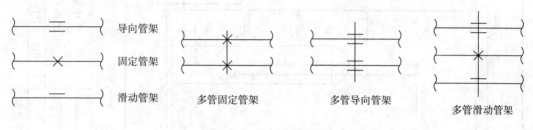

图 3 - 22　管架的表示法

3.3.3　管道布置图的绘制

1. 确定表达方案

管道布置图通常以车间(装置)或工段为单元进行绘制。绘制管道布置图时,应以工艺施工流程图和设备布置图为依据。管道布置图一般只绘制平面图和剖面图,并以平面图为主,要求将楼板以下与管道布置安装有关的建筑物、设备、管道全部画出。平面图的配置,一般应与设备布置图中的平面图一致,即多层建筑按楼层绘制管道布置图。如果在同一张图纸上绘制几层平面图时,应从最低层起,在图纸上由下至上或由左至右依次排列,并在各平面图下方分别注明。平面图上不能表达清楚的部分,可按需要采用剖面图或轴测图。如图 3 - 23 空压站管道布置图所示,其中采用了±0.00 平面图和 I—I 剖面图。

2. 确定比例、选择图幅、合理布局

管道布置图通常采用的比例为 1∶50 和 1∶100,如果管道复杂也可采用 1∶20 或 1∶25 比例。管道布置图一般采用 A0,比较简单的用 A1 或 A2 图纸绘制。选择恰当的比例和合适的图幅后,便可进行视图的布置,应与设备布置图的配置相一致。

3. 绘制视图

(1)为突出管道的布置情况,用细实线按比例画出厂房建筑的平面图和剖面图。画法同设备布置图。

(2)用细实线按比例并以设备布置图所确定的位置,画出所有带管口设备的简单外形轮廓,以及基础、平台、梯子等。动设备可只画基础、驱动机位置及特征管口。

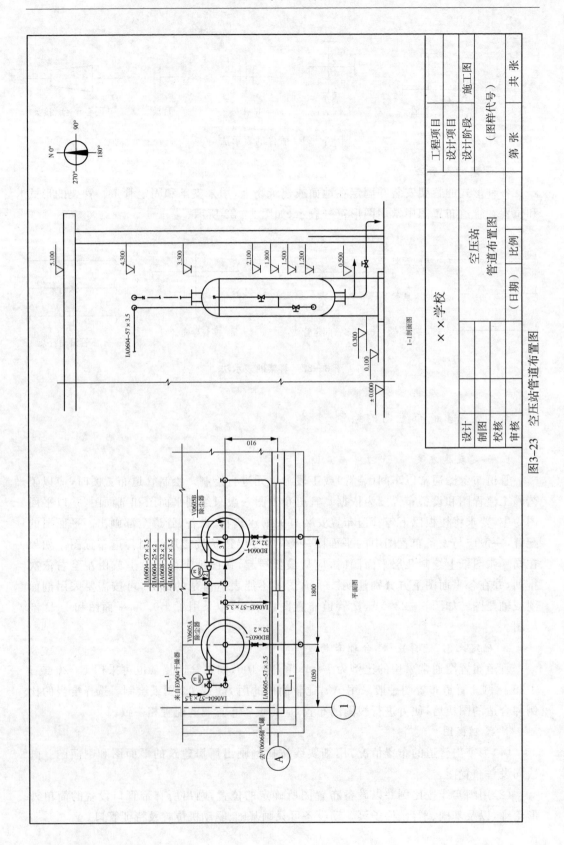

图3-23 空压站管道布置图

（3）按流程顺序和管道图示方法及线型的规定,用粗实线绘制所有工艺物料管道,用中实线画辅助物料的管道流程线。管道直径 $DN \leqslant 50mm(2'')$ 的弯头用直角表示。

（4）用规定的符号、图示法及细实线画出管道上的阀门、管件、管道附件和仪表控制元件。所用符号、编号与工艺流程图中的画法一致。

几套设备和管道布置完全相同时,允许只画一套设备的管道。

4. 标注图样

在管道布置图中需标注设备的位置、管道的标高及建筑物的尺寸。

（1）标注建筑物、构筑物的定位轴线编号和定位轴线间尺寸,注出地面、楼板、平台及构筑物的标高。

（2）在剖面图上标注设备的定位尺寸、设备管口符号,在设备上方标注与流程图一致的设备位号,设备下方标注支承点的标高。

（3）在管道上方标注与流程图一致的管道编号,下方标注管道标高,以平面图为主,标注所有管道的定位尺寸及标高。对每一管段用箭头指明物料流向,并以规定的代号注明各管段的物料名称、管道编号及规格等。管道的定位尺寸以建筑定位轴线、设备中心线、设备管口法兰等为基准标注。

（4）标注管架的编号、定位尺寸、标高。

（5）标注各视图的名称。

5. 绘制方向标、填写标题栏、完成全图。

在图样的右上角画出方位标,作为管道安装的定向基准;最后填写标题栏,完成全图。

3.3.4 管道布置图的阅读

管道布置图是在设备布置图的基础上增加了管道布置的图样。识读管道布置图,需要了解如何用管道将设备连接起来以及每条管道及管件、阀门、控制点等的具体布置情况。读图前需要通过带控制点的工艺流程图、设备布置图了解生产工艺过程及设备配置情况。读图时以平面布置图为主,配以剖面图,逐一了解管道的空间走向。以图 3-23 空压站管道布置图为例,说明管道布置图读图的大致步骤。

1. 概括了解

首先明确视图关系,了解图中平面图、剖面图的配置情况,视图数量等。图 3-23 是空压站的局部管道布置图,图中仅表示了与除尘器有关的管道布置情况,用了两个视图,一个 ±0.00 平面的平面图和 I—I 剖面图。

2. 了解厂房构造尺寸及设备布置情况

并结合设备布置图可知,厂房横向定位轴线①,纵向定位轴线 A,两台除尘器离轴线 A 距离为 900mm,离轴线①距离分别为 1250mm 和 3250mm,基础标高 0.1m。

3. 分析管道走向

参考工艺施工流程图和设备布置图,找到起点设备和终点设备,以设备管口为主,按管道编号,逐条明确走向,遇到管道转弯和分支情况,对照平面图和剖面图将其投影关系搞清楚。从图 3-23 的平面图和 I-I 剖面图中可见，来自 E0602 的干燥器的管路 IA0604-57×3.5 到达除尘器 V0605A 左侧时分成两路：一路向右至另一台除尘器 V0605B；另一路向下至标高 1.500m 处，经过截止阀，至标高 1.200m 处向右拐弯，经同心异径接头后与除尘器 V0602A 的管口相接。此外，这一路在标高 1.800m 处分出另一支向前、向上、经过截止阀到达标高 4.300m 时向右拐，至除尘器 V0605A 顶端与除尘器接管口相连，并继续向右、向下，与来自除尘器 V0605B 的管道 IA0605-57×3.5 相接。该管路最后向左穿过墙去储气罐 V0606。

除尘器底部的排污管至标高 0.300m 时拐弯向前，经过截止阀再穿过南墙后排入地沟。

4. 了解管道上的阀门、管件安装情况。

每台除尘器入口、出口处，安装有 4 个阀门，共 8 个阀门；在每台除尘器进口阀门后的管道上，还装有同心异径管接头。

5. 了解仪表、取样口、分析点的安装情况

本段管道中没有仪表控制点元件和分析取样点。

6. 检查总结

所有管道分析完毕，进行综合归纳整理，从而建立一个完整的空间概念。如图 3-23 所示为空压站岗位（除尘器部分）的管道布置轴测图（立体图）。

第 4 章　AutoCAD 的快速入门

本章导读

本章主要介绍 AutoCAD2019 的操作界面和功能,文件操作与命令执行,视图和坐标系等。读者通过学习 AutoCAD 绘图的方法与步骤,会使用 AutoCAD 绘图时的定点、定距和方向控制,图层的使用,视图调整方法,快捷键与鼠标的使用,命令的终止与重复,对象夹点的使用等内容。使用户对 AutoCAD 有一个全面的认识,并通过练习掌握绘图技巧,为以后的学习打下良好的基础。

教学目标

1. 熟悉 AutoCAD 2019 的操作界面和功能,掌握使用 AutoCAD 2019 画图的步骤。
2. 掌握使用 AutoCAD 画图时的比例与单位的设置。
3. 掌握如何规划与创建图层,改变对象所在图层,图层隔离与合并以及图层的清理。
4. 掌握定位点的方法——坐标与对象捕捉,掌握画图时的距离与方向控制方法。
5. 掌握缩放和平移视图的方法。

AutoCAD 是 Autodesk 公司开发的计算机辅助绘图和设计软件,是工程设计领域应用最广泛的计算机辅助设计软件之一。AutoCAD 作为当前最流行的图形辅助设计软件,具有强大的平面绘图功能,能以多种方式创建直线、圆、椭圆、多边形、样条曲线等基本图形对象,利用辅助工具精确绘图;AutoCAD 强大的编辑图形功能可以移动、复制、旋转、阵列、拉伸、延长、修剪、缩放对象,并标注尺寸和书写文字。其三维绘图可创建 3D 实体及表面模型,还能对实体本身进行编辑。AutoCAD 完善的图形绘制功能和强大的图形编辑功能,加上简便快捷的操作,吸引了越来越多的用户学习和使用它。

4.1　了解 AutoCAD 2019 软件

作为一款广受欢迎的电脑辅助设计(Computer Aided Design,CAD)软件,AutoCAD 2019 的功能更加丰富、实用,新增了一些较为常用的功能,如参数化绘图功能,动态块对几何及尺寸约束的支持,PDF 输出和覆盖,能够夹点编辑非关联填充对象,可以对多重引线的不同部分设置属性,增强了尺寸功能,可以在图层下拉列表中直接改变图层的颜色,样条曲线和多段线编辑工具可以把样条曲线转换为多段线等等。AutoCAD 2019 具有更强大的图形绘制和编辑功能，更具有通用性和易用性。本节将介绍 AutoCAD 2019 常用的启动与退出方法，通过本节的学习，初步了解 AutoCAD 2019 的工作界面。

4.1.1　AutoCAD 2019 的启动

常用的启动方法有四种：

◇ 成功安装好 AutoCAD 2019 应用程序后，双击桌面上的快捷图标**A**，即可快速启动 AutoCAD 2019。

◇ 将鼠标箭头指向快捷图标并单击右键，在弹出的快捷菜单中选择【打开】，可启动 AutoCAD 2019。

◇ 单击【开始】→【所有程序】→【Autodesk】→【AutoCAD2019－简体中文(Simplified Chinese)】，即可启动 AutoCAD 2019。

◇ 鼠标双击已经存在的文件，也可启动 AutoCAD 2019。

4.1.2　AutoCAD 2019 的退出

常用的退出方法有四种：

◇ 单击标题栏右上角的关闭按钮 ✕ 。

◇ 单击下拉菜单【文件】→【退出】。

◇ 单击下拉菜单 **A** → 退出 。

◇ 在命令行输入 Quit 或 Exit，按下回车键即可退出 AutoCAD 2019。

4.2　AutoCAD 2019 的工作界面

启动 AutoCAD 2019 后，即进入工作界面，如图 4-1 所示。

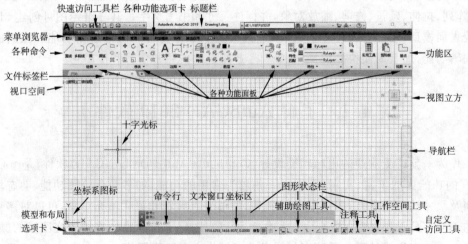

图 4-1　AutoCAD 2019 默认工作界面

AutoCAD 2019 提供了【草图与注释】、【三维基础】和【三维建模】三种工作空间,默认情况下使用的是【草图与注释】工作空间,该空间提供了十分强大的【功能区】,方便使用,下面具体了解该空间对应的工作界面。

工作界面主要由菜单浏览器按钮、绘图窗口、标题栏、菜单栏、工具栏、状态栏、命令行和文本窗口等部分组成。

4.2.1　菜单浏览器

【菜单浏览器】按钮位于界面左上角。单击该按钮,系统弹出用于管理 AutoCAD 图形文件的命令列表,包括【新建】【打开】【保存】【另存为】【输入】【输出】【发布】【打印】及【图形实用工具】等命令。

4.2.2　菜单栏

菜单栏由【文件】【编辑】【视图】等菜单项组成。单击主菜单项,可弹出相应的子菜单(又称下拉菜单),如图 4 - 2 所示。

图 4 - 2　下拉菜单

按【Alt+主菜单快捷键】(如【视图】后面的"V"),可打开主菜单项对应的下拉菜单。菜单名后跟有"▶"符号,表示该菜单下还有子菜单。菜单名后跟有"…"符号,表示单击该菜单名将打开一个对话框。

每个菜单名后的括号中都有一个快捷键,表示打开下拉菜单后,直接按该快捷键即可执行菜单命令。若菜单名右侧带有组合键(Ctrl+字母),表示无须打开主菜单,直接按组合键即可执行菜单命令。

菜单名呈灰色,表示在当前状态下该命令不可用。

除菜单栏外,在绘图区域、工具栏、面板、工具选项板、状态栏、模型与布局选项卡等位置单击鼠标右键,还将弹出相应的快捷菜单,如图 4-3 所示。该菜单中的菜单项与 AutoCAD 当前状态相关,使用它们可以快速完成某些操作。

4.2.3 标题栏

标题栏位于应用程序窗口的最上面,用于显示当前正在运行的程序名(AutoCAD 2019)及文件名(Drawing1.dwg)。单击标题栏右端的 ─ □ ✕ 按钮,可以最小化、最大化或关闭程序窗口。

图 4-3 绘图区域快捷菜单

除此之外,如果当前程序窗口未处于最大化或最小化状态,用鼠标在标题栏区域单击并拖动还可以在屏幕上移动程序窗口的位置。

4.2.4 工具栏

工具栏是一种启动 AutoCAD 命令的简便工具,包含许多功能不同的图标按钮,只需单击某个图标按钮,就可以执行相应的命令。使用它们可以完成绝大部分的绘图工作。

在绘图时需要调用其他工具栏,但界面又没有该工具栏时,或隐藏不需要的工具栏时,可在任意工具栏单击右键,出现一个"自定义"快捷菜单。选择相应选项,在该选项前面出现√号,即可在工作界面显示对应的工具栏,若要隐藏,取消前面的√号,如图 4-4 所示。

4.2.5 工具选项板

工具选项板中保存了一组标准图块、图案和命令工具,如图 4-5 所示。要打开工具选项板,可选择【工具】→【选项板】→【工具选项板】菜单。

按【Ctrl+3】快捷键,可打开或隐藏工具选项板。

绘图窗口右下角,状态栏最右边:自定义按钮

图 4-4 自定义工具栏

要使用工具选项板中的符号,应首先在工具选项板中单击选取图案或符号,然后在绘图区单击或拖动。

单击选项卡名称,可以在各选项板之间切换。

4.2.6 绘图区

绘图区是用户绘图的工作区域,用于显示绘制及编辑图形与文字。除图形外,在绘图窗口还显示了当前使用的坐标系图标,它反映了当前坐标系的原点和 X、Y、Z 轴正向。

在绘图区的下方,单击【模型】或【布局】选项卡,可以在模型空间或图纸空间之间切换。通常情况下,用户总是先在模型空间中绘制图形,绘图结束后再转至图纸空间安排图纸输出布局并输出图形。

4.2.7 命令行和文本窗口

命令行是供用户通过键盘输入命令及参数的地方,并显示 AutoCAD 的提示信息,它位于图形窗口的下方,如图 4-6 所示。可通过鼠标拖动上边界线来放大或缩小它。

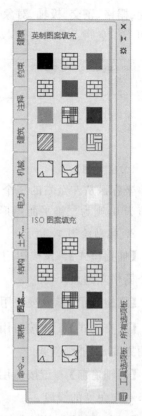

图 4-5 工具选项板

文本窗口是记录曾经执行的 AutoCAD 命令的窗口,它是放大的命令行窗口。可通过按【F2】键、选择【视图】→【显示】→【文本窗口】菜单,或者在命令行中输入 TEXTSCR 命令来打开它。

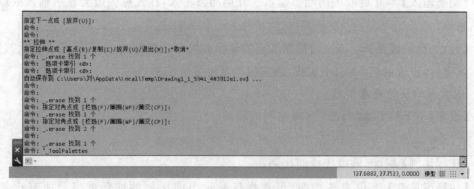

图 4-6 命令行和文本窗口

4.2.8 状态栏

状态栏位于用户界面的最下面,主要用于显示当前光标的坐标位置,并包含了一组捕捉、栅格、正交、极轴、对象捕捉、对象追踪等辅助绘图工具开关,快速查看工具,注释工具和工作空间工具等按钮,如图 4-7 所示。

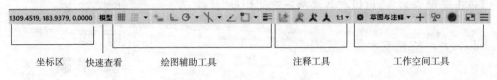

坐标区　快速查看　绘图辅助工具　注释工具　工作空间工具

图 4-7　状态栏

1. 坐标区

坐标区从左至右的三个数值是十字光标所在 X、Y、Z 轴的坐标数据。如果当前的 Z 数值为 0,则为二维平面图形。

2. 辅助绘图工具

【捕捉模式】该按钮用于开启和关闭捕捉。捕捉模式可以使光标能够容易抓取每一个栅格上的点。

【栅格显示】该按钮用于开启或关闭栅格的显示,栅格即图幅的显示范围。

【正交模式】该按钮用于开启或关闭正交模式。正交即光标只能走与 X 或 Y 轴平行的方向,不能画斜线。

【极轴追踪】该按钮用于开启或关闭极轴追踪模式。用于捕捉和绘制与起点水平线呈一定角度的线段。

【对象捕捉】该按钮用于开启或关闭对象捕捉。对象捕捉即能使光标在接近某些特殊点的时候能够自动指引到那些特殊的点,如中点、垂足等。

【对象捕捉追踪】该按钮用于开启或关闭对象捕捉追踪。该功能和对象捕捉功能一起使用,用于追踪捕捉点在线性方向上与其他对象的特殊点的交叉。

【动态输入】开启或关闭动态输入。开启动态输入,在光标旁边会显示输入框或坐标信息等。

【显示/隐藏线宽】该按钮控制线宽的显示或隐藏。隐藏时,所有线宽不显示差别;显示线宽时,设置的粗实线、中实线、细实线的宽度显示出来。

3. 常用的快速查看工具

【模型】用于模型 模型 与图样 图纸 空间的转换。

4. 注释工具

【注释比例】 1:1 ▾ 调整注释的比例。

【注释可见性】单击该按钮,可选择仅显示当前比例的注释或显示所有比例的注释。

5. 常用的工作空间工具

【切换工作空间按钮】切换绘图空间。

【全屏显示】用于开启或退出 AutoCAD 2019 的全屏显示。

4.2.9　设置个性化绘图界面

要重新设置工作空间的颜色,可选择【工具】→【选项】菜单,打开【选项】对话框,如图 4-8 所示,单击【显示】选项卡。然后单击【窗口元素】区域内的【颜色】按钮,打开【图形窗口颜色】对话框,在【颜色】下拉列表框中选择"白"或"黑",如图 4-9 所示,最后单击应用并关闭按钮即可。

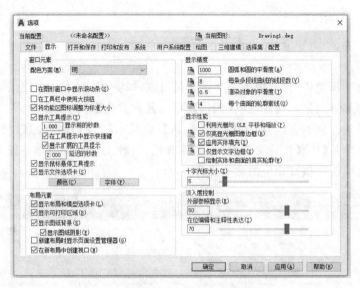

图 4-8　【选项】菜单打开"显示"选项卡

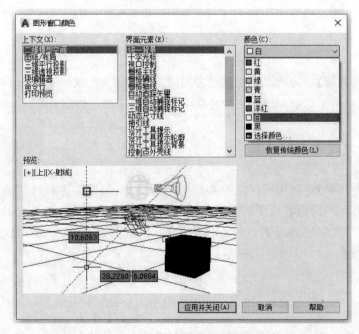

图 4-9　颜色下拉菜单选择"白"

4.3 AutoCAD 2019 执行命令的方式

AutoCAD 调用命令的方式非常灵活,主要采用键盘和鼠标结合的命令输入方式,提供键盘输入命令和参数,通过鼠标执行工具栏中的命令、选择对象、捕捉关键点以及拾取点等。

4.3.1 通过功能区执行命令

功能区位于标题栏下方,由多个功能面板组成,如图 4-10 所示列出了 AutoCAD 绝大多数常用的工具按钮。功能区有【默认】【插入】【参数化】等功能菜单,每个功能菜单下又有很多工具栏。例如在【功能区】单击【默认】,会显示【绘图】【修改】【注释】等工具栏;单击【插入】会显示【块】【块定义】【参照】等工具栏,每种工具栏都有很多工具按钮。单击功能区的工具按钮可执行相应的命令操作。

图 4-10 功能区工具栏按钮

4.3.2 通过工具栏执行命令

在【草图与注释】空间的工具栏显示常用的工具按钮,单击工具按钮即可执行相关的操作命令。如单击工具栏的绘制直线按钮,在绘图区即可绘制直线。

4.3.3 通过菜单栏执行命令

在【草图与注释】空间中可以通过菜单栏调用命令,如果要进行圆的绘制,可以执行【绘图】→【圆】命令,即可在绘图区根据命令行提示进行圆的绘制,如图 4-11 所示。

如果要进行文字样式设置,可单击【格式】下拉菜单选择【文字样式】,打开【文字样式】对话框进行设置,如图 4-12 所示。

4.3.4 通过键盘执行命令

在命令行输入对应的命令字符或是快捷命令,就可执行命令。如在命令行输入

"Line"或"L"并按回车键执行,即可在绘图区进行直线的绘制,如图 4-13 所示。

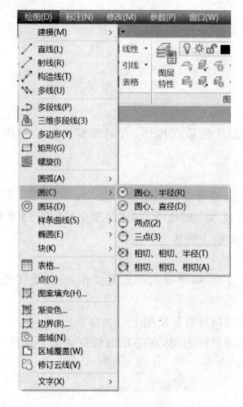

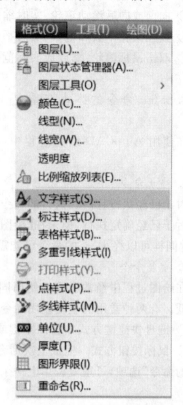

图 4-11　【绘图】下拉菜单画圆　　　　　图 4-12　通过下拉菜单执行命令

图 4-13　通过命令行执行命令

AutoCAD 还可以通过键盘执行 Windows 程序通用的一些快捷键命令,如使用"Ctrl＋O"组合键打开文件,"Alt＋F4"组合键关闭程序等。

4.3.5　通过鼠标按键执行命令

在 AutoCAD 中通过鼠标左、中、右三个按钮单独或配合键盘按键,可以执行一些常用的命令。

常用的鼠标按键与其对应的功能如下:

◇ 单击鼠标左键:拾取键。

◇ 双击鼠标左键:进入对象特性修改对话框。

◇ 单击鼠标右键:快捷菜单或者回车键功能。

◇ Shift＋右键:对象捕捉快捷菜单。

◇ 在工具栏中单击鼠标右键:快捷菜单。
◇ 向前或向后滚动滚轮:实时缩放。
◇ 按住滚轮不放和拖拽:实时平移。
◇ 双击鼠标滚轮:缩放成实际范围。

4.3.6 命令的终止与重复

在使用 AutoCAD 绘图过程中,有时会产生错误操作,有时则需要重复使用某项命令。

1. 终止命令

对于已经执行且尚在执行的命令,按 Esc 键可退出当前命令。

对于已经确定执行,但未在【绘图区】体现效果的命令,如比较复杂的【填充】效果,按 Esc 键同样可以终止,有的命令可能需要连续按下两次 Esc 键。

2. 重复命令

在绘图过程中经常会重复使用同一个命令,如果每次都重复操作,会使绘图效率大大降低。有两种常用的重复使用命令的方法:

◇ 键盘快捷键方式　按回车键或空格键均可重复使用上一个命令。
◇ 鼠标按钮方式　完成上次命令后单击鼠标右键,在弹出的快捷菜单中选择"最近使用的命令"选项,可重复调用上一个使用的命令。

4.3.7 放弃与重做

对于已经完成效果的命令,如果要取消其产生的效果,可以使用【放弃】操作,而对于错误的放弃操作,则又可以通过【重做】操作进行还原。

1. 放弃操作

AutoCAD 提供了以下几种常用方法执行放弃操作:

◇ 键盘快捷方式　按下 Ctrl＋Z 的组合键,这是最常用的方法。
◇ 快捷按钮方式　单击【快速访问工具栏】上的【放弃】按钮 。
◇ 下拉菜单方式　单击【编辑】菜单下的【放弃】。
◇ 快捷菜单方式　在绘图区空白处,单击鼠标右键,从弹出的快捷菜单中,单击【放弃】。

2. 重做操作

AutoCAD 提供了如下几种常用方法执行重做操作:

◇ 键盘快捷方式　按下 Ctrl＋Y 的组合键,这是最常用的方法。
◇ 快捷按钮方式　单击【快速访问工具栏】上的【重做】按钮 。
◇ 下拉菜单方式　单击【编辑】菜单下的【重做】。
◇ 快捷菜单方式　在绘图区空白处,单击鼠标右键,从弹出的快捷菜单中,单击【重做】。

4.4　AutoCAD 快速入门

4.4.1　新建图形文件

要新建图形文件,常用以下几种方法:

◇ 键盘快捷键方式　按下 Ctrl+N 组合键。

◇ 快速访问工具栏方式　可单击【快速访问】工具栏中的【新建】按钮。

◇ 菜单栏方式　选择【文件】→【新建】菜单。

执行上述任一命令,系统都将打开【选择样板】对话框。在其中选择合适的样板文件,单击打开按钮即可以样板文件打开一个新的图形文件,如图 4-14 所示。

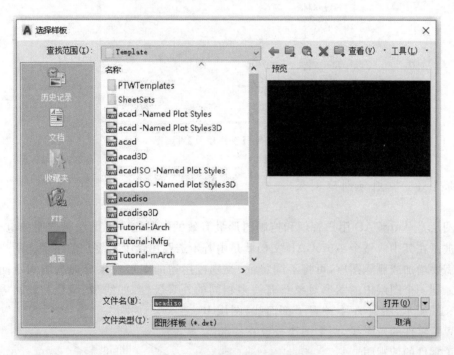

图 4-14　【选择样板】对话框

【打开】按钮下拉菜单可以选择打开样板文件的方式,有【打开】【无样板打开－英制(I)】【无样板打开－公制(M)】三种方式,通常选择默认的【打开】方式,或单击【无样板打开－公制(M)】,都可打开一个新空白文件。

4.4.2　使用 AutoCAD 画图时的比例设置

使用 AutoCAD 画图时,我们通常采用 1∶1 的比例,而在打印图形时再根据图纸尺寸设置合适的输出比例。需要按比例画图时,应尽可能使用 10：1、5：1、2：1、100：1、50：1、20：1 或 1：2、1：5、1：10、1：20、1：50、1：100 等比例缩放图形。

此外,要调整长度和角度的类型与精度,可选择【格式】→【单位】菜单,打开【图形单位】对话框,如图 4 - 15 所示,然后进行设置。

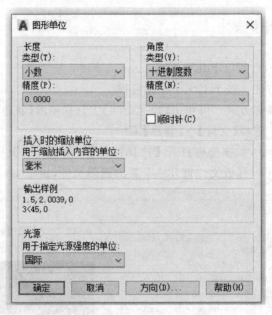

图 4 - 15　【图形单位】对话框

4.4.3　规划与创建图层

图层是 AutoCAD 用户管理和控制图形最有效的工具之一。图层是透明的电子纸,图形被画在其中。整个 AutoCAD 文档就是由若干透明图纸上下叠加的结果。用户可以根据需要增加或删除图层,可将不同特征、类别或用途的图形对象分类组织到不同的图层中。同一个图层中的图形对象具有许多相同的外观属性,如线型、颜色和线宽等。如图 4 - 16 所示,图层 A 上放置了剖面线,图层 B 上放置了零件的轮廓线,两个图层叠放在一起就形成了零件的俯视图。

1. 图层设置(LAYER)

图层的新建、设置、删除等操作通常在【图层特性管理器】中进行,此外,用户可以使用【图层】面板或【图层】工具栏快速管理图层。

用图层设置命令创建新的图层,命令格式:

◇ 命令行:LAYER/LA ↙。

◇ 工具栏:单击工具按钮 🔲。

◇ 下拉菜单:【格式】→【图层】。

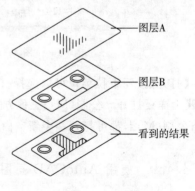

图 4 - 16　图层的叠放

图层A
图层B
看到的结果

启动命令后,弹出【图层特性管理器】,如图 4-17 所示,对图层进行设置操作。

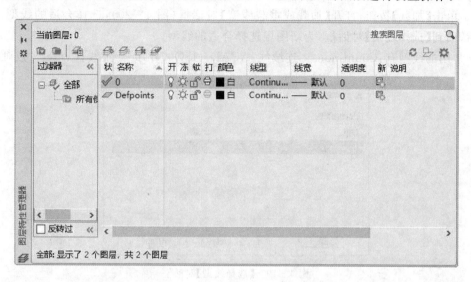

图 4-17 【图层特性管理器】对话框

创建图层的操作步骤如下:

(1)启动命令 单击打开【图层特性管理器】对话框。默认情况下,新建一幅图形文件时,系统会自动创建一个图层 0。因此,如果不对图层作任何设置,所有图形对象都被绘制在该图层中。

(2)新建图层 单击新建图层按钮，在 0 层下方显示一新层,系统默认第一个新层名为"图层 1",可对图层名称更改,如图 4-17 所示。

(3)设置图层颜色 在新建图层单击颜色对应项,弹出【选择颜色】对话框,如图 4-18 所示,根据需要进行颜色的选择。

图 4-18 【颜色选择】对话框

（4）设置图层线型　在新建图层单击线型对应项，弹出【选择线型】对话框（图4-19）。单击【加载】按钮，打开【加载或重载线型】对话框（图4-20），选择合适的线型。确定后，回到【选择线型】对话框，为新图层选择合适的线型。

常用的线型有：Countinous—连续线；ACAD—ISO02W100—虚线；Center—点画线。

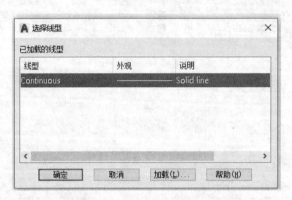

图4-19　【选择线型】对话框

图4-20　【加载或重载线型】对话框

（5）设置图层线宽　在新建图层单击线宽对应项，弹出【线宽】对话框（图4-21），根据需要选择合适的线宽并确定，退出该对话框。

每个图层都具有颜色、线型和线宽等属性，位于该图层上的图形对象会自动继承这些属性。如果需要的话，可打开【特性】工具栏来改变图层的颜色、线型、线宽等属性。

2. 控制图层状态

为了方便观察和编辑图形，我们还可以暂时隐藏或冻结图层，单击图层名称前面的各种符号，可以暂时隐藏或冻结位于该图层中的图形元素，如图4-22所示。

图4-21　【线宽】对话框

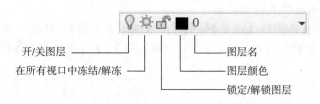

图 4-22　【图层】工具栏

【开/关图层】单击 💡 图标可控制图层的打开或关闭。当图层处于打开状态时,图层上的相应内容都是可见和可编辑的;反之,则不可见、不可编辑和不可打印。

【冻结/解冻】单击 ☼ 图标可在所有视口中冻结或解冻图层。冻结图层时,图层上的所有图形都不可见、不可编辑和不可打印。

【锁定/解锁图层】单击 🔓 图标可锁定或解锁某一图层。锁定图层时,图层上的图形对象可见且可打印,但不可编辑。

3. 设置当前图层与改变对象所在图层

切换图层　不选择任何对象,点击图层名称右边的箭头,打开【图层】工具栏的图层下拉列表,单击某个图层名称,可将目标图层切换为当前图层,如图 4-23 所示。

调出当前层　选择某一图形对象,然后单击【图层】工具栏中的【置为当前】按钮,可将该图形对象所在图层设置为当前图层。

改变图形所处的图层　如果不小心把图形画到了别的图层,可先选择图形对象,再打开图层下拉列表后单击某个图层名,可将所选对象移至所选图层上。按【Esc】键可取消对象选择。

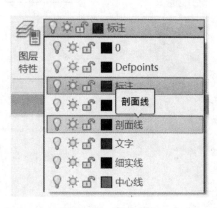

图 4-23　切换图层

2. 删除图层

如果新建了多余的图层,可打开【图层图形管理器】对话框,选中图层名,单击【删除】按钮 🗙 将其删除。但 AutoCAD 规定以下 5 类图层不能被删除:

◇ 0 层。

◇ Defpoints 图层。

◇ 当前层。要删除当前层,可以先改变当前层到其他图层。

◇ 插入了外部参照的图层。要删除该层,必须先删除外部参照。

◇ 包含了可见图形对象的图层。要删除该层,必须先删除该图层中所有的图形对象。

4.4.4　调整线型比例因子改变非连续线型外观

调整非连续线型(虚线、点画线、双点画线)的外观效果,有以下两种方法。

◇ 一种是直接修改系统变量值。

◇ 一种是选择【格式】→【线型】菜单，打开【线型管理器】对话框。如图 4 - 24 所示。单击【显示细节】按钮，然后修改【全局比例因子】或【当前对象缩放比例】。

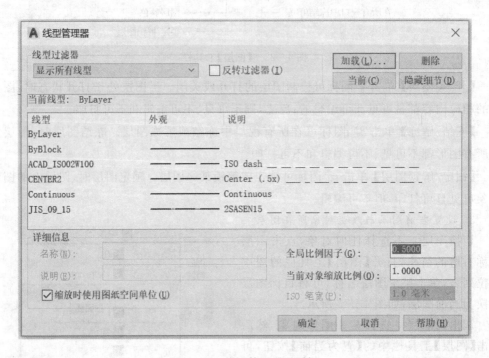

图 4 - 24　线型管理器对话框

4.4.5　规划图形输出布局并打印图形

在 AutoCAD 中，每个布局都代表一张单独的打印输出图样。在布局中可以创建浮动视口，并提供打印设置。根据需要，可以创建多个布局以显示不同的视图，并且可以对每个浮动视口中的视图设置不同的打印比例并控制其图层的可见性。

【模型】空间是图形的设计、绘图空间，可绘制多个图形以表达物体的具体结构，还可以添加标注、注释等内容完成全部的绘图操作；【布局】空间主要用于打印输出图样时对图样的排列和编辑。

在模型空间中直接打印图纸虽然简单，但不够灵活。在布局空间打印图纸不仅灵活而且出图效率更高。例如，我们可以将在布局空间规划好的图纸尺寸、图形输出布局、标题栏和图框的图形保存为图形样板，以后可以直接利用该图形样板新建图形，或者利用图形样板为其他图形创建布局图。

在布局空间设置浮动视口，确定图形的最终打印位置，然后通过创建打印样式表进行打印必要设置，决定打印的内容和图像在图样中的布置，执行【打印预览】命令查看布局无误后，即可执行打印图形操作。

4.4.6　保存、关闭和打开图形文件

要保存图形文件,可单击【保存】工具按钮 ■ 或选择【文件】→【保存】菜单,若不是新图形,则执行上述操作时系统将直接覆盖保存图形文件。否则,系统将打开"图形另存为"对话框,如图 4-25 所示。在此对话框中选择要保存文件的文件夹,输入文件名,然后单击【保存】按钮就可以保存文件了。

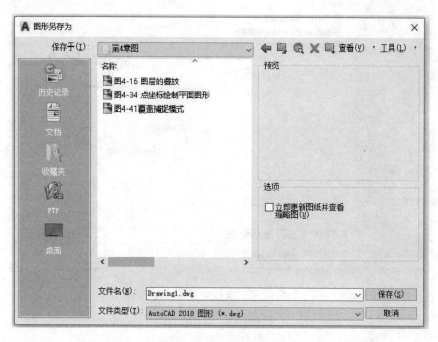

图 4-25　文件的保存

要关闭图形文件,可选择【文件】→【关闭】菜单或单击图形窗口中的关闭按钮 × 。其中,如果图形尚未保存,系统会弹出对话框(图 4-26),单击"是"表示保存并关闭文件,单击"否"表示不保存并关闭文件,单击"取消"表示取消关闭文件操作。

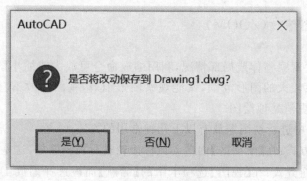

图 4-26　文件的保存

要打开图形文件,可以单击【打开】工具按钮 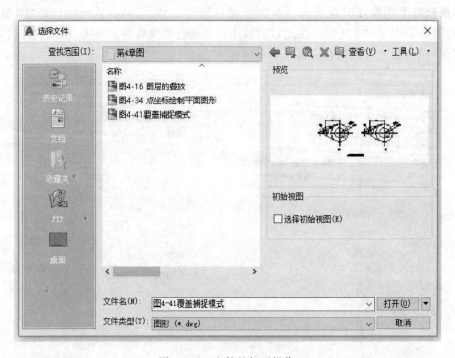,按【Ctrl＋O】组合键,或者选择【文件】→【打开】菜单,此时系统均会打开【选择样板】对话框。打开【搜索】下拉列表,找到图形文件所在文件夹,在文件列表区单击选择要打开的图形文件,单击【打开】按钮,即可打开图形文件,如图 4－27 所示。

图 4－27　文件的打开操作

4.5　AutoCAD 视图的控制

在使用 AutoCAD 绘图过程中,经常需要对视图进行缩放、平移等操作,以方便观察并保持绘图的准确性。

4.5.1　视图缩放(ZOOM)

绘图中常需要观察整体或局部情况,利用缩放命令可放大或缩小图形对象的屏幕显示尺寸。既能观察较大的图形范围,又能观察图形细节,视图缩放不会改变图形的实际大小,可更准确和更清楚地绘图。

在 AutoCAD 中进行视图缩放有以下几种常用的方法:

◇ 鼠标按钮方式:在【绘图区】内滚动鼠标滚轮进行视图缩放,这是最常用的方法。

◇ 工具栏按钮方式:在【视图】选项卡中的【导航】面板选择缩放工具进行视图缩放操作,如图 4－28 所示。

◇ 菜单命令方式:打开【视图】→【缩放】菜单,在下级菜单中选择相应的命令,如图4-29所示。

◇ 命令方式:在命令行输入 ZOOM/Z 并按回车键,根据命令行的提示,缩放图形。

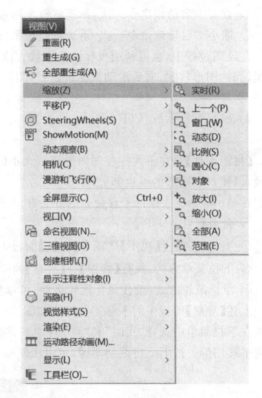

图 4-28 【导航栏】缩放按钮及菜单　　　图 4-29 【视图】菜单

缩放命令中各选项的含义和执行方法如下:

◇ 范围缩放　【范围缩放】能使所有图形对象最大化显示,充满整个视口。

◇ 窗口缩放　以矩形窗口指定的区域缩放视图,需要用鼠标在【绘图区】指定两个角点以确定一个矩形窗口,该窗口区域的图形将放大到整个视图范围。

◇ 缩放"上一个"　恢复上一次显示的图形。

◇ 实时缩放　【实时缩放】为默认选项,执行 ZOOM 命令后按回车键即可。

◇ 全部缩放　【全部缩放】将最大化显示整个模型空间所有图形对象(包括绘图界限范围内、外的所有对象)和视觉辅助工具(如栅格)。在【绘图区】快速双击鼠标滚轮也可完成视图【全部缩放】操作。

◇ 动态缩放　使用【动态缩放】时,绘图区将显示几个不同颜色的方框,拖动鼠标移动当前【视区框】到所需位置,然后单击鼠标左键调整方框大小,确定大小后按回车键即可将当前视区框内的图形最大化显示。

◇ 比例缩放　可以根据输入的值对视图进行比例缩放,输入方法有直接输入数值(相对于图形界限进行缩放),在数值后加 X(相对于当前视图进行缩放)、在数值后加 XP(相对于图样空间单位进行缩放)。在实际工作中,通常直接输入数值进行缩放。

◇ 中心缩放　【中心缩放】根据命令行的提示，首先在【绘图区】内指定一个点，然后设定整个图形的缩放比例，而这个点在缩放之后将成为新视图的圆心点。

◇ 对象缩放　【对象缩放】方式使选择的图形对象最大化显示在屏幕上。

◇ 放大　启动该命令一次，系统将整个图形放大一倍。

◇ 缩小　启动该命令一次，系统将整个图形缩小一倍。

在绘图过程中，也可利用鼠标滚轮来放大或缩小图形对象的屏幕尺寸。向前滑动鼠标滚轮时，图形放大，向后滑动鼠标滚轮时，图形对象缩小。

4.5.2　视图平移(PAN)

【视图平移】是在不改变视图图形显示大小的情况下移动全图，只改变视图内的图形区域，以便观察图形的组成部分。

在 AutoCAD 中执行平移命令的方法有以下几种：

◇ 命令行：PAN/P✓。

◇ 工具栏：单击【视图】选项卡【导航】面板中的【平移】按钮🖐。

◇ 下拉菜单方式：执行【视图】→【平移】命令，在弹出的子菜单中选择相应的命令。

◇ 鼠标滚轮方式：按住鼠标滚轮拖动，可以快速进行视图平移。

上述【导航】面板中的平移工具按钮如图 4-30 所示，视图平移菜单如图 4-31 所示。可以在下拉菜单中选择"实时"和"点"两种平移命令，同时还可以选择上、下、左、右四个方向平移图形。按 Esc 键或回车键，可退出平移模式。

图 4-30　【导航】面板中的平移工具按钮

图 4-31　视图平移菜单

4.6　AutoCAD 数据输入的方法

在执行 AutoCAD 命令时，大多数命令都需要通过选项指定命令所要完成工作的方式、确定位置、输入数据等。当系统提示输入确定位置或距离的参数信息时，用户必须输入相关的数据来响应。

4.6.1　点坐标的输入

1. 用键盘输入点的坐标

绝对直角坐标　是指相当于当前坐标原点的坐标值。输入格式为 X,Y,Z（为具体的直角坐标值）。在键盘上按顺序直接输入数值，各数值之间用","隔开，二维点可直接输入 X,Y 的数值，如（3，6）。

绝对极坐标　是指在 XOY 平面中通过输入某点与当前坐标原点（极点）连线的长度 $L(L>0)$ 及该连线与 X 轴正向（即极轴）夹角 θ 来确定点的位置。输入格式为：$L<\theta$，其中"$<$"表示距离与角度的分隔符号。该连线与极轴的夹角为极角，逆时针方向的角度为正值。如图 4-32 所示，A 点的极坐标为 $60<30$，表示该点到极点 O 的距离为 60，与极轴的夹角为 $30°$。

相对直角坐标　是指点相对于前一点沿 X 轴和 Y 轴的增量（$\Delta X,\Delta Y$），输入格式：$@X,Y$。$@$ 称为相对坐标符号，表示以前一点为相对原点，输入当前点的相对直角坐标值。

相对极坐标　是指通过定义某点与前一点之间的距离及两点之间连线与 X 轴正向的夹角来定位该点位置。输入格式：$@L<\theta$，表示以前一点为相对原点，输入当前点

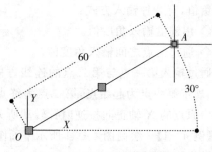

图 4-32　绝对极坐标

的相对坐标值。L 表示当前点与前一点连线的长度，θ 表示当前点绕相对原点转过的角度，逆时针为正，顺时针为负。例如图 4-33 中，B 点的极坐标为 $@50<30$，表示 B 点到前一点 A 的距离为 50，与极轴的夹角为 $30°$。

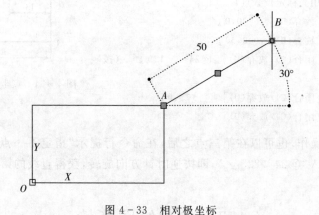

图 4-33　相对极坐标

2. 用鼠标输入点

当 AutoCAD 需要输入一个点时，也可以直接用鼠标在屏幕上指定，其操作是：把鼠标的十字光标移到所需的位置，按下鼠标左键，即表示拾取了该点，该点的坐标值（X,Y）被输入。

4.6.2　距离的输入

在 AutoCAD 系统中许多提示符后面要求输入距离的数值,如提示符【输入高度】【输入列数】【输入宽度】【输入半径】等,可以用下面 2 种方式输入:

◇ 从键盘直接输入数值并按回车键。

◇ 用鼠标指定一点的位置。当已知一基点时,用鼠标指定一点的位置,系统会自动算出基点到指定点的距离,并以该两点之间的距离作为输入的数值。

4.6.3　角度的输入

有些命令提示需要输入角度。一般规定,X 轴的正方向为 $0°$ 方向,逆时针为正,顺时针为负值,有 2 种输入方式:

◇ 用键盘输入角度值。

◇ 通过两点之间输入角度值。

通过输入第一点与第二点的连线方向确定角度(应注意其大小与输入点的顺序有关)。规定第一点为起始点,第二点为终点,角度数值是从起始点到终点的连线,与以起始点为原点的 X 轴正向按逆时针转动所夹的角度。

【例 4-1】　绘制图 4-34 所示平面图形。

操作步骤如下:

命令:L↙　(启动直线命令)

启动直线命令后,命令行提示信息如下:

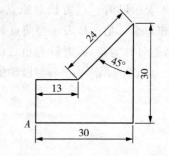

图 4-34　点坐标绘制平面图形

指定第一点:(用光标定位 A 点)

指定下一点或[放弃(U)]:@30,0↙

指定下一点或[放弃(U)]:@0,30↙

指定下一点或[闭合(C)/放弃(U)]:@24<-135↙　(按顺时针方向旋转 135°)

指定下一点或[闭合(C)/放弃(U)]:@-13,0↙

指定下一点或[闭合(C)/放弃(U)]:C↙

上述命令行操作,也可以在第三点之后,在命令行提示"指定下一点或[闭合(C)/放弃(U)]:"下,输入"@24<225 ↙",即按逆时针方向旋转,获得直线的第四点。

4.7　优化绘图环境

AutoCAD 的绘图环境可以用许多系统变量来控制,在使用 AutoCAD 绘图前要对绘图环境进行设置和优化,合理地设置绘图环境有利于高效快速地完成绘图。

4.7.1　绘图范围(LIMITS)

绘图范围即为图形界限,它定义了画图的区域,相当于选择了图纸幅面。

启动图形界限命令,可以使用下列两种方法:

◇ 命令行:Limits ↙。

◇ 下拉菜单:【格式】→【图形界限】。

【例 4 - 2】　设置一张横排的 A2 图纸。

操作步骤如下:

命令:Limits ↙(启动图形界限命令)

命令行提示:

指定左下角或[开(on)/关(off)]<0.0000,0.0000>:↙(确定图纸左下角点为原点)

指定右上角点<420.0000,297.0000>:594,420 ↙(输入图纸右上角点的绝对直角坐标值)

完成 A2 图纸的图形界限设置。

4.7.2　绘图单位(UNITS)

AutoCAD 启动后默认使用的是 ISO 标准设置。这样的设置不一定能满足每个用户的需要,因此用户要对图形单位进行重新设置。AutoCAD2019 提供了适合任何专业绘图的绘图单位,如英寸、英尺、毫米等,而且精度范围大。

利用【图形单位】设置对话框,可选择各种绘图单位和设置单位的精度。

启动绘图单位设置命令,可使用下列两种方法之一:

◇ 命令行:Units ↙。

◇ 下拉菜单:选择【格式】→【单位…】。

执行上述任一命令后,AutoCAD2019 系统弹出【图形单位】对话框,如图 4 - 35 所示。利用该对话框完成绘图单位选择及单位精度设置等。

1.【长度】选项组

类型下拉列表框　用于选择长度单位类型,一般采用【小数】选项。

精度下拉列表框　设置当前长度单位的显示的小数位数。其中"0.0000"表示单位精度保留到小数点后面四位数,可根据实际情况在下拉列表中选择合适的精度。

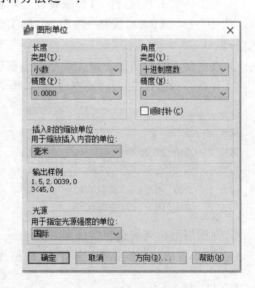

图 4 - 35　【图形单位】对话框

2.【角度】选项组

类型下拉列表框　可选择角度单位的类型,通常情况下选用十进制度数。

精度下拉列表框　设置当前角度单位的显示精度。

顺时针复选框　用于设置旋转方向。如选择此选项,则表示按顺时针旋转的角度为正方向;不选择此选项,则表示按逆时针旋转的角度为正方向。通常不选择该选项。

3.【插入时的缩放单位】选项组

用于选择缩放插入图块时的单位,也是当前绘图环境的尺寸单位,一般用【毫米】。

4.【方向】按钮

用于设置角度方向。单击【方向】按钮,弹出【方向控制】对话框,在东、北、西、南单选框之间进行选择来设置基准角度(0°)的方向(图 4-36)。

上述各项确定好后,按【确定】按钮退出【图形单位】对话框,完成单位设置。

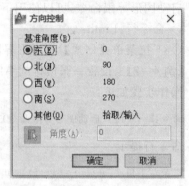

图 4-36　【方向控制】对话框

4.8　创建图纸样板文件

以 A4 图纸(竖排)为例,创建图纸样板文件。

操作步骤如下:

◇ 启动 AutoCAD2019 软件。

◇ 选择【格式】→【图形界限】,输入左下角坐标(0,0),输入右上角坐标(210,297)。

◇ 单击图层工具栏,打开【图层特性管理器】,建立 2 个图层。粗实线层:图层名→粗实线,线型→continuous,线宽→0.5mm;细实线层:图层名→细实线,线型→continuous,线宽→默认。

◇ 在图层下拉列表选择细实线层做当前层。

◇ 在命令行输入 line,启动直线命令,绘 A4 外框线。

命令:line↙
指定第一点:0,0↙
指定下一点或[放弃(U)]:210,0↙
指定下一点或[放弃(U)]:210,297↙
指定下一点或[闭合(C)/放弃(U)]:0,297↙
指定下一点或[闭合(C)/放弃(U)]:c↙

◇ 在图层下拉列表选粗实线层。

◇ 回车,再启动直线命令,绘制 A4 内框线。

命令:line↙
指定第一点:10,10↙

指定下一点或[放弃(U)]:200,10 ✓

指定下一点或[放弃(U)]:200,287 ✓

指定下一点或[闭合(C)/放弃(U)]:10,287 ✓

指定下一点或[闭合(C)/放弃(U)]:c ✓

◇ 单击标准工具栏中的保存按钮,打开【图形另存为】,选择文件类型"AutoCAD 图形样板(* .dwt)",文件名"A4"保存,如图 4 - 37 所示。

图 4 - 37　保存样板文件

4.9　辅助绘图工具

AutoCAD 系统中提供了多种辅助绘图功能,允许用户在不输入坐标,不必进行烦琐计算的情况下快速、精确地绘制图形,帮助用户提高绘图效率和精确性。这些辅助绘图工具主要有捕捉与栅格、正交、极轴追踪、对象捕捉、对象追踪、动态输入等,可以控制绘图时光标的移动方向和移动距离。

4.9.1　捕捉和栅格

1. 栅格(GRID)

【栅格】是由一些有着特定的距离的线所组成的网格,是一种可见的位置参考图标,它由类似坐标纸的网格组成,方便定位图形对象。虽然栅格在屏幕上是可见的,但它并不是图形对象,因此并不会被打印成图形中的一部分,也不会影响绘图位置。

2. 捕捉(SNAP)

【捕捉】用于设定鼠标光标移动的纵横间距。打开【栅格】和【捕捉】命令有以下几种方式:

◇ 命令行:GRID 或 SNAP↙。

◇ 状态栏:单击【栅格】▦或【捕捉】按钮▦。

◇ 快捷键:按【F7】或【F9】。

【栅格】和【捕捉】的设置如下:

◇ 下拉菜单:选择【工具】→【草图设置】。

◇ 将光标放到【栅格】和【捕捉】的按钮上,单击右键,弹出快捷菜单,选择【设置】,打开【草图设置】对话框。

在打开【草图设置】对话框中设置【栅格】和【捕捉】,在【捕捉和栅格】选项卡中可以设置捕捉间距与栅格间距,在【栅格 X 轴间距】输入栅格点阵沿 X 轴方向的间距;在【栅格 Y 轴间距】输入栅格点阵沿 Y 轴方向的间距,选择【启动栅格】,启动显示功能;在【捕捉类型】设置区可选择捕捉类型,按确定退出对话框。如图 4 - 38 所示。

图 4 - 38　捕捉和栅格选项卡

4.9.2　正交模式(ORTHO)

使用正交模式,在绘图过程中可以很方便地进行水平或垂直线的绘制。在绘图过程中可根据需要随时开启或关闭"正交模式"功能,常用方法有两种:

◇ 状态栏:单击正交按钮 ∟。

◇ 快捷键:按 F8 键。

可进行打开或关闭正交模式的切换。

4.9.3　对象捕捉(OSNAP)

在绘图过程中要指定已有图形上的一些特殊点,如端点、圆心、中心点、切点等,这时,凭视觉很难准确地拾取这些点。利用对象捕捉可以迅速、准确地捕捉到图形上的某些特殊点,从而能够精确地绘制图形。

1. 对象捕捉模式

AutoCAD2019 提供的对象捕捉模式有 14 种,其对象捕捉模式如图 4-39 所示。

2. 对象捕捉功能打开与关闭

在 AutoCAD2019 中启动【对象捕捉】功能可以通过下面两种方式:

◇ 快捷键:F3 键。

◇ 状态栏:【对象捕捉】开关按钮 □。

单击一下【对象捕捉】□ 按钮打开对象捕捉功能,再单击一下关闭此功能。

3. 对象捕捉设置

就是当把光标放在某一图形对象上时,系统自动捕捉到该对象上所有符合条件的对象几何特征点,并显示相应的标记。如果把光标放置捕捉点上多停留一会儿,系统还会显示该捕捉的提示。

图 4-39　对象捕捉模式

设置对象捕捉模式有以下两种方法:

◇ 下拉菜单:选择【工具】→【草图设置】。

◇ 快捷菜单:将光标放到对象捕捉按钮上,单击鼠标右键,弹出快捷菜单(如图 4-39),单击【对象捕捉设置】,打开【草图设置】对话框。

在弹出的【草图设置】对话框中,选择【对象捕捉】选项卡,如图 4-40 所示。在对象捕捉模式选项区中选中相应的复选框,也可按【全部选择】按钮,选择所有的捕捉模式。

选中【启用对象捕捉】复选框,然后单击【确定】按钮,这样,系统就会自动捕捉选中的对象特征点,直到将对象捕捉功能关闭为止。

常用对象捕捉模式的功能:

【端点】⟋ 捕捉直线或圆弧等对象的最近端点或角。

【中点】⟋ 捕捉直线或圆弧等对象的中点。

【圆心】◎ 捕捉圆、圆弧的圆心。

【几何中心】⊡ 捕捉多边形、二维多段线和二维样条曲线的几何中心。

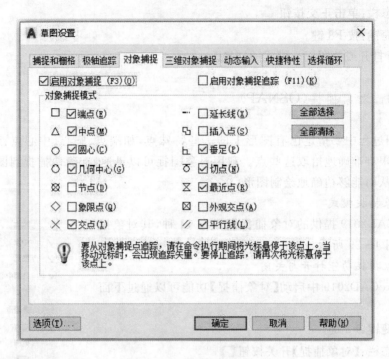

图 4 - 40　对象捕捉模式设置

【节点】捕捉用绘制点、定数等分和定距等分等命令放置的点。

【象限点】捕捉圆、圆弧或椭圆的最近象限点。

【交点】捕捉直线、圆弧、圆、椭圆弧等对象之间的交点。

【范围】捕捉直线或圆弧延长线的端点。

【插入】捕捉块、图形、文字或属性的插入点。

【垂足】捕捉垂直于线、圆、圆弧、椭圆、椭圆弧上的垂足点。

【切点】捕捉圆、圆弧或椭圆的切点。

【最近点】捕捉到圆弧、直线、多段线等对象的最近点。

【外观交点】捕捉在三维空间中不相交但在当前视图中看起来可能相交的两个对象的视觉交点。

【平行】捕捉与指定直线平行线上的点。

4. 对象捕捉说明

（1）当捕捉对象为端点、中点、交点、切点、象限点、垂足、节点、插入点、最近点时,将光标移至需要捕捉的附近,光标即显示一个相应的捕捉标记,单击左键即捕捉到该点。

（2）当捕捉对象为圆心时,应将光标移至圆（圆弧）、椭圆（椭圆弧）或圆环的周边附近,在实体中心即出现圆心的捕捉标记,单击左键即捕捉到圆心。

（3）当捕捉对象为外观交点时,首先将光标移至一个实体上,屏幕显示"延长到外观交点"的捕捉标记。拾取一点后,再将光标移至另一个实体附近,在外观交点处即出现

"交点"的捕捉标记,单击左键即捕捉到该外观交点。

(4)当捕捉到延伸点时,将光标放于延伸段的一端,端点上出现一个"＋"标记,顺着线段方向移动光标,将引出一条虚线,并动态显示光标所处位置相对于延伸线端点的极坐标值。可在虚线上拾取一点或采用直接输入距离法确定一点。

(5)当捕捉对象为平行线上的点时,首先指定一点,然后将光标放在作为平行对象的某条直线上,光标处会出现一个"∥"符号;移开光标后,直线段依然留有"＋":当移动光标使相近线与平行对象平行时,屏幕出现一条虚线与所选直线段平行,并动态显示光标所处位置相对于前一点的极坐标值,可在虚线上拾取一点,或直接输入法确定一点,该点与前一点的连线必然平行于所选的平行对象。这种对象捕捉类型只用于第一点以后点的输入,且必须在非正交状态下使用。

5. 修改对象捕捉类型

默认情况下,使用对象捕捉时只能捕捉端点、圆心、交点等。如果希望能捕捉中点、圆的象限点等,可右击状态栏中的对象捕捉按钮,从弹出的快捷菜单中选择【设置】,然后在打开的"草图设置"对话框中进行设置。

6. 运行对象捕捉与覆盖对象捕捉

在单击状态栏中的对象捕捉按钮或者按快捷键【F3】打开捕捉模式后,只要不关闭它,捕捉模式将始终有效。因此,这种捕捉模式被称为运行捕捉模式。

默认情况下,我们通常会同时选中多种对象捕捉模式,因此,当图形比较密集时,可能难以捕捉到需要的点。例如,我们原本希望捕捉图 4 - 41 中间圆的圆心,但捕捉到的却总是尺寸界线与中心线的交点,如图 4 - 41(a)。

在这种情况下,可以利用【草图设置】对话框的【对象捕捉】选项卡调整对象捕捉模式,即只保留【圆心】对象捕捉模式,而取消其他对象捕捉模式。不过,这种方法显得过于繁琐。为此,AutoCAD 提供了另外一种对象捕捉模式——覆盖捕捉模式。

执行覆盖捕捉后,运行捕捉被暂时禁止。例如,要捕捉图 4 - 41 中的圆心,可在指定点提示下输入"cen",然后按【Enter】键,接下来将光标移至圆心位置,此时将精确捕捉圆心,如图 4 - 41(b)所示。捕捉结束后,运行捕捉重新有效。

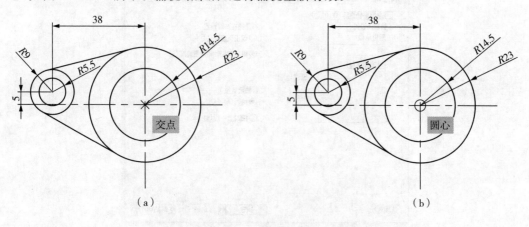

(a)　　　　　　　　　　　　　(b)

图 4 - 41　覆盖捕捉模式

表 4-1　捕捉模式命令缩写

END(端点)	CEN(圆心)	TAN(切点)
MID(中点)	NOD(节点)	NEA(最近点)
INT(交点)	QUA(象限点)	PAR(平行)
EXT(延伸)	INS(插入点)	
APP(外观交点)	PER(垂足)	

4.9.4　极轴和对象捕捉追踪

在 AutoCAD2019 中，用图形中的已知点来定位新点的方法称为追踪。使用追踪功能可按指定的角度绘制对象，或者绘制与已有对象有特定关系的新对象。当追踪功能打开时，可以利用屏幕上出现的追踪线在精确位置和角度上创建新对象。

追踪有极轴追踪和对象捕捉追踪两种方式。

1. 极轴追踪

极轴追踪就是沿着给定的角度增量方向来追踪点，启动极轴追踪功能有三种方法：

◇ 状态栏：单击【极轴】按钮 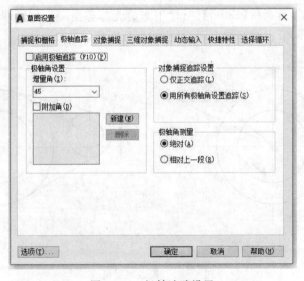。

◇ 快捷键：按 F10 键。

◇ 下拉菜单：选择【工具】→【绘图设置】，可打开【草图设置】对话框，选择极轴追踪，启用极轴追踪复选框。

如图 4-42 所示，在【草图设置】中，【极轴角设置】用于确定极轴追踪的追踪方向。可以通过"增量角"下拉列表确定追踪方向的角度增量。例如选择 30，则表示 AutoCAD 将在 30°、60°、90°等以 30 为增量的角度方向进行极轴追踪。

图 4-42　极轴追踪设置

【例 4 - 3】　绘制一条与 X 轴方向成 45°且长度为 50 单位的直线。

操作步骤如下：

(1)选择【工具】→【绘图设置】,打开【草图设置】对话框,打开极轴追踪选项卡,选中启用极轴追踪复选框并调节【增量角】为 45。单击【确定】按钮关闭对话框。

(2)输入直线命令"L/LINE"回车,在屏幕上单击一点,慢慢移动光标,当光标跨过 0°和 45°角时,AutoCAD 将显示追踪线和工具栏提示。如图 4 - 43 所示,虚线为追踪线,灰底黑字为工具栏提示。当显示提示的时候,输入 50 回车,AutoCAD 就在屏幕上绘制了一条与 X 轴成 45°且长度为 50 的直线。当光标从该角度移开时,追踪线和工具栏都消失。

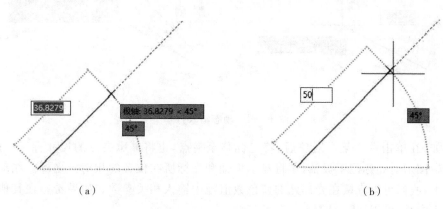

(a)　　　　　　　　　　　　　　　　(b)

图 4 - 43　与 X 轴方向成 45°直线

2. 对象捕捉追踪

是基于已存在的对象捕捉点并沿着其追踪线来拾取另一点的操作。该功能可以使光标从对象捕捉点开始,沿极轴追踪路径进行追踪,并找到需要的精确位置。

启动对象捕捉追踪的方法有两种：

◇ 快捷键:F11。

◇ 状态栏:单击对象追踪按钮∠,可打开或关闭。

设置对象捕捉追踪的方法也有两种：

◇ 下拉菜单:选择【工具】→【绘图设置…】。

◇ 在对象捕捉追踪按钮∠上右键,单击"对象捕捉追踪设置"。

上述两种方式都可以打开【对象捕捉】选项卡,勾选【启用对象捕捉追踪】前面的复选框。

极轴和对象追踪是一种定位方式,使用时需要注意：

(1)使用对象捕捉功能时,必须设置对象捕捉,才能从对象的捕捉点进行追踪。

(2)获取临时追踪时,不要拾取该点,光标只在该点停留片刻。

4.9.5　动态输入(DYN)

【动态输入】功能开启或关闭方法：

◇ 状态栏:单击 DYN 按钮，可打开或关闭【动态输入】功能。

◇ 快捷键:按 F12 键。

启用动态输入后,在执行绘图和编辑操作时,将在光标附近显示光标所在位置的坐标、尺寸标注、长度和角度变化等提示信息,并且这些信息会随着光标移动而动态更新。

例如,当我们利用【直线】工具绘制直线时,在单击确定直线起点后移动光标,将在光标附近显示光标所在位置的尺寸标注(如图 4-44)。

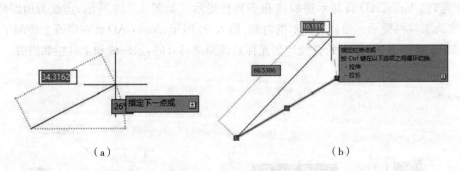

图 4-44　动态输入打开

又如,在单击选中某个对象后,将光标移至夹点,也将显示夹点的尺寸标注。此外,如果编辑图形时光标位于极轴,还将显示极轴和光标所在位置的相对极坐标。在动态输入模式下,我们可以直接在光标处的蓝色数值框中输入相关参数。如果希望在其他数值框中输入参数,可以按【Tab】键。

启用动态输入模式时,在光标旁边的命令界面输入点的坐标可省略"@"。

在【草图设置】对话框中选择【动态输入】选项卡,可在其中设置参数。

第 5 章　绘制二维图形

本章导读

本章围绕绘图工具栏中的常用绘图命令,重点介绍 AutoCAD2019 绘图的基本图形元素,使用 AutoCAD 常用的一些绘图命令和编辑命令,如何填充图形,如何创建面域以及如何运用布尔运算来绘制特殊图形;掌握 AutoCAD 中常用图形编辑命令的使用方法和技巧以及灵活运用对象夹点移动、旋转、缩放和拉伸对象的方法,能够使用这些编辑命令快速绘制复杂图形。

教学目标

1. 掌握绘制直线、构造线、正多边形、矩形的绘制方法。
2. 掌握绘制圆、圆弧、椭圆和椭圆弧的方法。
3. 掌握样条曲线和图案填充画法。
4. 掌握多段线的绘制和编辑方法。
5. 掌握对象的选择方式。
6. 掌握修改工具栏中的移动、旋转、剪切、拉长、复制、对齐等命令的操作。
7. 掌握镜像、阵列、倒角、圆角、打断命令和特性选项板的使用。

工程图纸的设计主要是围绕几何图形展开的,任何一张二维图形都是由点、线、圆、圆弧、矩形、正多边形、样条曲线等基本几何图形构成。使用 AutoCAD 画图时,必须借助绘图命令和编辑命令,对图形基本对象进行绘制和加工,才能绘制出各种复杂的图形对象。

通过本章的学习,读者将会对二维图形的基本绘图方法有一个全面的了解和认识,并能够熟练使用常用的绘图命令。

5.1　常用的绘图命令

在 AutoCAD 系统提供了丰富的图形编辑命令,帮助用户快速地完成二维图形的绘制。本章将围绕【绘图】工具栏中的常用绘图命令展开,主要介绍 AutoCAD 基本绘图命令的使用方法及作图技巧,重点介绍常用的绘图命令。

5.1.1　直线类绘图命令

1. 绘制直线(LINE)

直线是二维平面图形中最见用的,也是最简单的一种图形实体。直线是由起点和终点来确定的。使用 LINE 命令,可以创建一系列连续的线段,每条线段都是一个单独的实体对象。

在 AutoCAD 中,直线命令的执行方式有以下三种:

◇ 命令行:LINE/L ↙。

◇ 工具栏:单击【绘图】工具栏中的【直线】按钮╱。

◇ 下拉菜单:选择【绘图】→【直线】菜单。

执行上述任一命令之后,根据命令行的提示,绘制直线的操作步骤如下:

指定第一点:(输入直线起点的坐标或在绘图区单击鼠标左键拾取点)

指定下一点或[放弃(U)]:(输入直线端点的坐标或"U")

指定下一点或[闭合(C)/放弃(U)]:(按空格或【Enter】键或"C")

在绘制直线过程中还可通过输入【U】来撤销最近画的一条直线段,并从前一条线段的终点再重新画线段。按【Enter】键结束画线,输入【C】系统自动连接起始点和最后一点,从而画出封闭的图形并结束画线命令。

LINE 命令的使用方法非常简单。执行该命令后可以通过直接单击、输入坐标值、捕捉对象上的特定点等方法来确定各直线段的起点和终点。

【例 5-1】　如图 5-1 所示,绘制三角形一个角的坐标为(100,100)、边长分别为 100 和 200 的直角三角形。

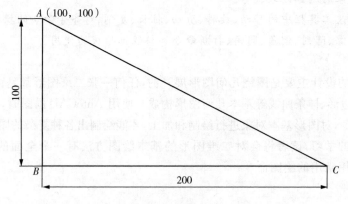

图 5-1　直线命令绘制三角形

方法一:利用输入坐标值画线。

命令:LINE ↙　　　　　　　　(调用直线绘制命令)

指定第一点:100,100 ↙　　　(指定第一点 A 点的绝对直角坐标)

指定下一点或[放弃(U)]:100,0 ↙　　　　(指定 B 点的绝对直角坐标)

指定下一点或[放弃(U)]:300,0↙　　　(指定 C 点的绝对直角坐标)

指定下一点或[闭合(C)/放弃(U)]:C↙　(闭合直线起点与终点,完成图形绘制)

方法二:利用状态栏中的正交和极轴追踪或动态输入辅助画线。

命令:L↙　　　　　　　　　(调用直线绘制命令)

指定第一点:100,100↙　　(指定第一点 A 点的绝对直角坐标)

指定下一点或[放弃(U)]:100↙　　　(沿极轴追踪线指定 AB 长度)

指定下一点或[放弃(U)]:200↙　　　(沿极轴追踪线指定 BC 长度)

指定下一点或[闭合(C)/放弃(U)]:c↙(闭合直线起点与终点,完成图形)

通过这两种绘制直线方法的比较,可知使用极轴功能画线比较快捷,无须输入点的绝对直角坐标值。

此外,配合 AutoCAD 提供的各种辅助绘图工具,如正交、对象捕捉、极轴追踪和自动追踪等,还可以方便地绘制垂直线、平行线和切线等。

2. 绘制构造线(XLINE)

所谓构造线是指在两个方向无限延伸的直线,它没有起点和终点,一般也称参照线。作图时,为了满足图形之间的投影关系,通常使用构造线辅助作图。应用构造线能很好地保证三视图之间的"长对正,高平齐,宽相等"的三等对应关系,因此使用构造线作为辅助线绘制三视图。构造线在功能区的按钮如图 5-2 所示。

构造线命令执行方式有下面三种方式:

◇ 命令行:XLINE/XL↙。

◇ 工具栏:单击【绘图】工具栏中的【构造线】按钮。

◇ 下拉菜单:选择【绘图】→【构造线】菜单。

绘制构造线具体操作步骤如下:

命令:XLINE↙(或单击绘图工具栏中的构造线按钮)。

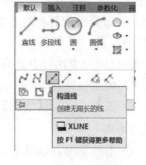

图 5-2　构造线按钮

执行 XLINE 命令后,命令行显示提示:

指定点或[水平(H)/垂直(V)/角度(A)/二等分(B)/偏移(O)]:

此时可通过指定起点或输入两个点来绘制一个无限长的直线。【指定点】选项为默认项,如果执行该默认项,即在"指定点或[水平(H)/垂直(V)/角度(A)/二等分(B)/偏移(O)]:"提示下直接确定构造线所通过的两个点。

其他各选项的含义如下:

【水平(H)】绘制通过指定点的水平构造线。

【垂直(V)】绘制通过指定点的垂直构造线。

【角度(A)】按照指定的角度创建构造线。

【二等分(B)】可创建已知角的角平分线。

【偏移(O)】绘制平行于另一条直线的平行线,此选项相当于对构造线进行平行复制。

3. 射线(RAY)

使用 RAY 命令用户可以创建一条单向无限长的射线。它只有起点,并延伸到无穷远,通常作为辅助作图线使用。

射线命令执行方式有两种:

◇ 命令行:RAY↙。

◇ 工具栏:单击【绘图】工具栏【射线】按钮 ✎。

◇ 下拉菜单:【绘图】→【射线】菜单。

绘制射线的操作步骤如下:

命令:_ray↙(调用射线命令)

指定起点:　　　(单击左键,指定射线的起点)

指定通过点:　　(单击指定射线要经过的点)

指定通过点:　　(根据需要继续单击指定点创建其他射线,所有后续射线都经过第一个指定点)

指定通过点:　　(按【Enter】键或【Esc】键结束命令)

功能区绘制的射线按钮如图 5-3 所示,连续多次绘制的射线都经过第一个指定点。

4. 多段线(PLINE)

多段线作为单个对象表达的是相互连接的序列线段,是由相连的直线段和弧线段组成的。此命令弥补了单个直线或圆弧绘制功能的不足,且线宽可以变化,适合绘制各种复杂的图形轮廓,因而得到了广泛的应用。

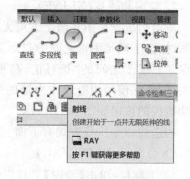

图 5-3　射线按钮

多段线命令执行方式有 3 种:

◇ 命令行:PLINE/PL↙。

◇ 工具栏:单击【绘图】工具栏中的【多段线】按钮 ⌐⌐。

◇ 下拉菜单:选择【绘图】→【多段线】菜单。

绘制多段线操作步骤如下:

命令:_pline↙　　　　　(调用多段线命令)

指定起点:　　　(用鼠标单击指定多段线的起点)

当前线宽为 0.0000

指定下一个点或[圆弧(A)/半宽(H)/长度(L)/放弃(U)/宽度(W)]:

此时用户如果指定下一个点,则绘制出一条直线段,相当于 LINE 命令。其他各选项的含义如下:

【圆弧(A)】该选项将由原来的绘直线方式变为绘圆弧方式。输入 A 后,提示如下:

指定圆弧的端点或[角度(A)/圆心(CE)/闭合(CL)/方向(D)/半宽(H)/直线(L)/半径(R)/第二个点(S)放弃弃(U)/宽度(W)]:

此时出现绘制圆弧方式的多种选择,与圆弧命令相似。

【半宽(H)】该选项确定多段线的半宽度。

【长度(L)】使用输入长度的方法确定多段线的长度。

【放弃(U)】放弃最近绘制的上一段直线段或圆弧段。

【宽度（W）】确定多段线的宽度，其功能与半宽类似。

【例 5-2】　使用 PLINE 命令绘制如图 5-4 所示图形。

此图形由不同线宽的直线段和圆弧构成，使用 PLINE 命令绘制时比较方便快捷，绘图方法如下：

命令：单击【绘图】工具栏中多段线按钮 （调用多段线命令）

指定起点：50，50　　　或用鼠标拾取 A 点

（指定多段线起点）

当前线宽为 0.0000

图 5-4　用多段线命令
绘制的图形

指定下一个点或［圆弧（A）/半宽（H）/长度（L）放弃（U）/宽度（W）］：w↙（确定将要画的多段线线宽）

指定起点宽度<0.0000>:3 ↙　　（指定多段线起点的线宽）

指定端点宽度<3.0000>:↙　　（指定多段线端点的线宽与起点相同）

指定下一个点或［圆弧（A）/半宽（H）/长度（L）/放弃（U）/宽度（W）］：350，50 ↙　（拾取 B 点）

指定下一点或［圆弧（A）/闭合（C）/半宽（H）/长度（L）/放弃（U）/宽度（W）］：w↙　（确定下一段将要画的多段线线宽）

指定起点宽度<3.0000>:6 ↙　　（指定下一段多段线起点的线宽）

指定端点宽度<6.0000>:12 ↙　　（指定下一段多段线端点的线宽）

指定下一个点或［圆弧（A）/半宽（H）/长度（L）/放弃（U）/宽度（W）］：350，-50 ↙（拾取 C 点）

指定下一点或［圆弧（A）/闭合（C）/半宽（H）/长度（L）/放弃（U）/宽度（W）］：a↙　（指定下一段多段线为圆弧）

指定圆弧的端点或［角度（A）/圆心（CE）/闭合（CL）/方向（D）/半宽（H）/直线（L）/半径（R）/第二个点（S）/放弃（U）/宽度（W）］:150，-50 ↙　（拾取 D 点）

指定圆弧的端点或［角度（A）/圆心（CE）/闭合（CL）/方向（D）/半宽（H）/直线（L）/半径（R）/第二个点（S）/放弃（U）/宽度（W）］:L↙　（指定下一段多段线为直线）

指定下一个点或［圆弧（A）/半宽（H）/长度（L）/放弃（U）/宽度（W）］：50，-50 ↙（拾取 E 点）

指定下一个点或［圆弧（A）/半宽（H）/长度（L）/放弃（U）/宽度（W）］：c↙（多段线起点与终点闭合）

5．多线（MLINE）

多线可以一次绘制多条平行线，并且可以作为单一对象对其进行编辑。多线是由多条平行线组成的图形对象，其突出优点是能够大大提高绘图效率，保证图线之间的统一。使用多线命令，用户最多可以创建 16 条相互平行的直线。

多线每条线间的平行距离、线的数量、线型和颜色都可以通过定义【多线样式】进行调整。常用于建筑图的绘制，可以用来绘制墙体、公路或管道等。

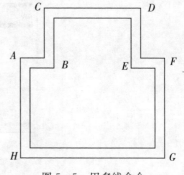

图 5-5　用多线命令
绘制的图形

多线命令执行方式有 2 种：

◇ 命令行：MLINE/ML ↙。

◇ 下拉菜单：选择【绘图】→【多线】菜单。

【例 5-3】　使用 MLINE 命令绘制如图 5-5

所示图形。

命令:_mline↙　　　（调用多线命令）
当前设置:对正＝上,比例＝20.00,样式＝STANDARD
指定起点或[对正(J)/比例(S)/样式(ST)]:　　　（鼠标拾取 A 点）
指定下一点:　　　（鼠标拾取 B 点）
指定下一点或[放弃(U)]:　　　（鼠标拾取 C 点）
指定下一点或[闭合(C)/放弃(U)]:　　　（鼠标拾取 D 点）
指定下一点或[闭合(C)/放弃(U)]:　　　（鼠标拾取 E 点）
指定下一点或[闭合(C)/放弃(U)]:　　　（鼠标拾取 F 点）
指定下一点或[闭合(C)/放弃(U)]:　　　（鼠标拾取 G 点）
指定下一点或[闭合(C)/放弃(U)]:　　　（鼠标拾取 H 点）
指定下一点或[闭合(C)/放弃(U)]:c↙　　　（闭合多线起点与终点）

MLINE 命令有四个选项,各选项的含义如下:

【指定起点】执行该选项后,系统以当前的对正方式、比例和多线样式绘制多线。

【对正(J)】该选项用来确定多线的对正标准,共有 3 种对正方式,即"上、中、下"。其中"上"表示以多线上侧的线为基准,其他两项以此类推。

【比例(S)】指定实际绘图时多线宽度相对于在多线样式中定义宽度的比例。

【样式(ST)】用来设置当前绘图时使用的多线样式,如改变线段的数目及平行线的间距、线型及颜色等。

首次使用 MLINE 命令绘图时,系统提供默认的【STANDARD】多线样式进行绘图。此时所绘制的多线为两条平行线。用户如果需要改变平行线的数量、间距、线型和颜色等,可以创建新的多线样式满足实际绘图的需要。

多线样式设置的命令执行方式:

◇ 命令行:MLSTYLE。

◇ 下拉菜单:选择【格式】→【多线样式…】菜单。

启动 MLSTYLE 命令,系统弹出多线样式对话框,如图 5-6 所示。当前多线样式为【STANDARD】,可以新建多线样式,并对其进行修改、重命名、加载、删除等操作。

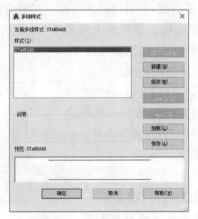

图 5-6　多线样式对话框

单击【新建】按钮,弹出【创建新的多线样式】对话框,如图 5-7 所示。输入新的样式名后,单击【继续】按钮,弹出【新建多线样式:1】对话框,如图 5-8 所示。该对话框各选项的功能如下:

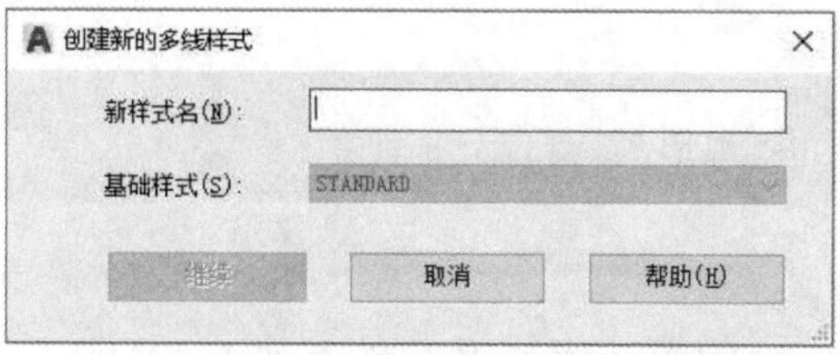

图 5-7　【创建新的多线样式】对话框

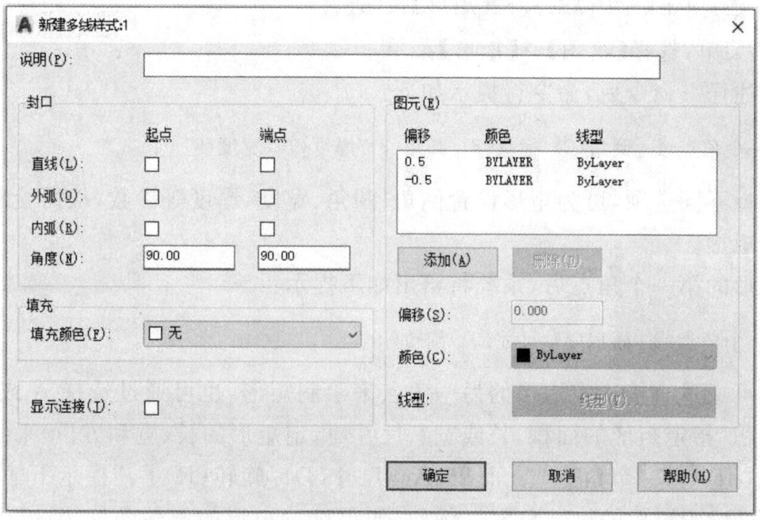

图 5-8　【新建多线样式:1】对话框

【封口】选项组　在该选项组中可以设置多线起点和端点的特性,包括【直线】【外弧】【内弧】封口及【角度】。

【填充颜色】下拉列表框　该选项可以选择多线的填充背景颜色。

【显示连接(J)】复选框　该选项确定是否在多线拐角处显示连接线。

【图元(E)】选项组　显示当前多线特性。单击【添加(A)】按钮,向多线样式中增加新的直线元素,最多为 16 条。反之单击【删除(D)】按钮,从多线样式中删除用户选定的元素。

【偏移(S)】文本框中可以设置多线元素中中线的偏移值,正值表示向上偏移,负值表示向下偏移。

【颜色(C)】下拉框可以为多线直线指定颜色。

【线型(Y)…】按钮为选定的直线线条指定线型。

设置完毕后,单击【确定】按钮,返回如图 5-6 所示的【多线样式】对话框,在【样式】列表中会显示设置的多线样式名,选择该样式,单击【置为当前】按钮,则设置的多线样式设置为当前样式,下面的预览框中会显示所选的多线样式。

待多线绘制完成后,可根据需要进行编辑。除了将其【分解】后使用修剪的方式编辑外,还可以使用【多线编辑工具】对话框中的多种工具进行编辑。

双击多线或执行【修改】→【对象】→【多线】命令,系统弹出【多线编辑工具】对话框,进行编辑。

5.1.2 矩形和正多边形

1. 矩形(RECTANG)

AutoCAD2019 绘制矩形有以下几种执行命令的方式:

◇ 命令行:RECTANG/REC✓。

◇ 工具栏:单击【绘图】工具栏【矩形】按钮▢。

◇ 下拉菜单:选择【绘图】→【矩形】菜单。

执行上述任一命令后,命令行提示如下:

指定第一个角点或［倒角(C)/标高(E)/圆角(F)/厚度(T)/宽度(W)］:

通过选择不同选项,可为矩形设置倒角、圆角、宽度、厚度等参数,从而绘制如图 5-9 所示的各种矩形。

指定矩形的第一个角点后,系统将给出如下提示:

指定另一个角点或［面积(A)/尺寸(D)/旋转(R)］:

此时既可通过直接指定矩形的另一角点来绘制矩形,也可通过选择 A 或 D 选项,来分别按照面积(指定矩形的面积,长或宽)、尺寸(指定矩形的长、宽和方位)来绘制矩形。

如果在"指定另一个角点或［面积(A)/尺寸(D)/旋转(R)］:"提示下输入"R"并按【Enter】键,可设置矩形的旋转角度。例如,如果设置矩形的旋转角度为 30,则可绘制与 X 轴夹角分别为 30°、120°、210°或 300°的矩形。

此外,设置好旋转角度后,系统将再次给出提示:

指定另一个角点或［面积(A)/尺寸(D)/旋转(R)］:

供用户指定矩形的另一角点。

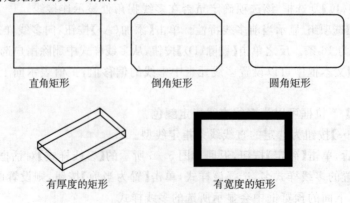

直角矩形　　　　　倒角矩形　　　　　圆角矩形

有厚度的矩形　　　　　有宽度的矩形

图 5-9　各种矩形的形状效果

【例 5-4】　用【矩形】命令绘制如图 5-10 所示的矩形。

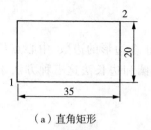
（a）直角矩形

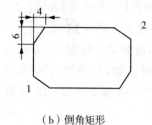
（b）倒角矩形

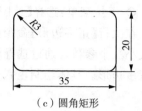
（c）圆角矩形

图 5-10　矩形命令

操作步骤如下：

(1)绘制如图 5-10(a)所示的直角矩形

单击【矩形】命令工具按钮▭，命令行提示：

指定第一个角点或[倒角(C)/标高(E)/圆角(F)/厚度(T)/宽度(W)]:(指定第一角点 1)

指定另一个角点或[面积(A)/尺寸(D)/旋转(R)]:d↙

指定矩形的长度<10.0000>:35 ↙

指定矩形的宽度<10.0000>:20 ↙

指定另一个角点或[面积(A)/尺寸(D)/旋转(R)]:(指定第二角点 2)

如果没有尺寸大小的规定，只要指定任意两个对角点即可绘制直角矩形。

(2)绘制如图 5-10(b)所示的倒角矩形：

命令:REC↙(启动矩形命令)，命令行提示：

指定第一个角点或[倒角(C)/标高(E)/圆角(F)/厚度(T)/宽度(W)]:C↙(进入倒角选项,绘制倒角矩形)

指定矩形的第一个倒角距离<0.0000>:4 ↙(输入倒角距离 $d_1=4$)

指定矩形的第二个倒角距离<4.0000>:6 ↙(输入倒角距离 $d_2=6$)

指定第一个角点或[倒角(C)/标高(E)/圆角(F)/厚度(T)/宽度(W)]:(同绘图 5-10(a)绘制方法)

(3)绘制如图 5-10(c)所示的圆角矩形

命令:REC↙(启动矩形命令)，命令行提示：

指定第一个角点或[倒角(C)/标高(E)/圆角(F)/厚度(T)/宽度(W)]:f↙(进入圆角选项,绘制圆角矩形)

指定圆角半径<0.0000>:3 ↙(输入圆角半径 $r=3$)

指定第一个角点或[倒角(C)/标高(E)/圆角(F)/厚度(T)/宽度(W)]:(指定第一角点 1)

指定另一个角点或[面积(A)/尺寸(D)/旋转(R)]:@35,20 ↙(输入对角角点的相对坐标值)

矩形命令具有继承性，用户绘制矩形时设置的各项参数会始终起作用，直至修改该参数或打开新文档。

2. 正多边形(POLYGON)

正多边形是由三条或三条以上的边长相等的线段首位相接形成的闭合图形。可绘制边数为 3~1024 的正多边形。

AutoCAD2019 绘制正多边形有以下几种命令：

◇ 命令行：POLYGON/POL ↙。

◇ 工具栏：单击【绘图】工具栏【正多边形】按钮⬡。

◇ 下拉菜单：选择【绘图】→【正多边形】菜单。

在执行【正多边形】命令中，按照命令行提示，需要指定正多边形的边数、中心点位置和大小三个参数。通过选择不同选项，可使用内接圆、外接圆和边长法这三种方法来绘制正多边形。具体绘制正六边形的步骤如图 5-11 所示。

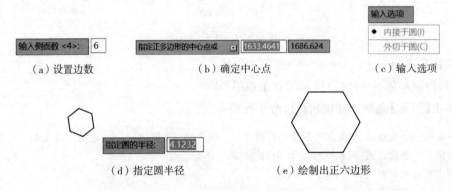

图 5-11　正六边形的绘制

【例 5-5】　用【正多边形】命令绘制如图 5-12 所示的图形。

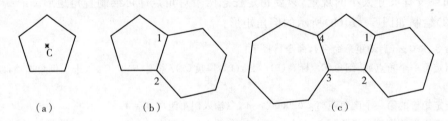

图 5-12　正多边形命令

操作步骤如下：

(1)绘制如图 5-12(a)所示的正五边形

单击正多边形工具按钮，命令行提示：

输入边的数目＜4＞：5 ↙(输入正多边形的边数)

指定正多边形的中心点或[边(E)]：(使用对象捕捉功能捕捉圆心 C)

输入选项[内接于圆(I)/外切于圆(C)]＜I＞：(回车，确定用内接于圆的方法画正多边形)

指定圆的半径：12 ↙(指定圆的半径，得正五边形(a))

(2)绘制如图 5-12(b)所示的正六边形

命令：↙(回车，重启正多边形命令)

输入边的数目＜5＞：6 ↙(确认边数为 6)

指定正多边形的中心点或边[E]：e ↙(选用指定边长方法绘制正六边形)

指定边的第一个端点：(使用对象捕捉功能捕捉角点 1)

指定边的第二个端点：(使用对象捕捉功能捕捉角点 2)

(3)绘制如图 5-12(c)所示的正七边形

单击正多边形工具按钮,命令行提示:

输入边的数目<4>:7✓(输入正多边形的边数)

指定正多边形的中心点或[边(E)]:e✓(选用指定边长方法绘制正多边形)

指定边的第一个端点:(使用对象捕捉功能捕捉角点 3)

指定边的第二个端点:(使用对象捕捉功能捕捉角点 4)

注意:用指定边长方法绘制正多边形时,由第一个端点到第二个端点按顺时针方向绘制,得到的正多边形在原图形的外侧;如果按逆时针方向指定角点的顺序,则得到的正多边形与原图形重叠。

5.1.3　圆和圆弧

1. 圆(CIRCLE)

圆是图形中最常见的曲线,在 AutoCAD 中提供了 6 种画圆的方法:

圆心、半径:用圆心和半径方式画圆。

圆心、直径:用圆心和直径方式画圆。

两点:通过两个点画圆,系统会提示指定圆直径的第一个端点和第二个端点。

三点:通过三个点画圆,相同会提示指定第一点、第二点和第三点。

相切、相切、半径:通过两个其他对象的切点和输入半径值来画圆。

相切、相切、相切:通过三条切线来画圆。

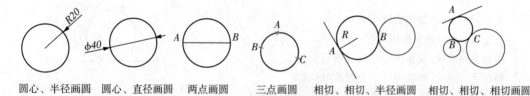

圆心、半径画圆　圆心、直径画圆　两点画圆　三点画圆　相切、相切、半径画圆　相切、相切、相切画圆

图 5-13　圆的六种绘制方式

圆命令的执行方式:

◇ 命令行:CIRCLE/C✓。

◇ 工具栏:单击【绘图】工具栏中的【圆】按钮。

◇ 下拉菜单:选择【绘图】→【圆】菜单。

绘制圆操作步骤如下:

命令:_circle✓(调用画圆命令)

指定圆的圆心或[三点(3P)/两点(2P)/切点、切点、半径(T)]:(指定圆心)

指定圆的半径或[直径(D)]:(直接输入半径值或用在屏幕拾取两点来确定半径长度;【直径(D)】选项同半径选项类似)

其他各选项含义如下:

图 5-14　画圆的六种工具按钮

【三点(3P)】通过指定不在同一直线上的三点画圆。

【两点(2P)】通过指定直径的两端点画圆。

【切点、切点、半径(T)】通过先指定两个相切对象的两个切点,后给出半径的方法画圆。

如图 5-15(a)~(d)所示给出了用该方式绘制圆的各种情形(加粗的圆为最后绘制的圆)。这种方法一般用于将其他对象用圆弧光滑连接起来。

输入 T 选项后,系统提示如下:

指定对象与园的第一个切点:(对象捕捉第一个切点)

指定对象与圆的第二个切点:(对象捕捉第二个切点)

指定圆的半径<15.0000>:(输入半径↙)

  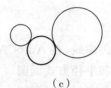

(a)　　　　　　　(b)　　　　　　　(c)　　　　　　　(d)

图 5-15　切点、切点、半径画圆的各种情形

【例 5-6】　在一个三角形内绘制一个内切圆,如图 5-16 所示。

操作步骤如下:

(1)用直线命令绘制任意三角形

命令:_line↙(调用直线命令)

指定第一点:(鼠标拾取 A 点)

指定下一点或[放弃(U)]:(鼠标拾取 B 点)

指定下一点或[放弃(U)]:(鼠标拾取 C 点)

指定下一点或[闭合(C)/放弃(U)]:c↙(闭合图形)

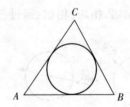

图 5-16　三角形内内切圆的画法

(2)用相切、相切、相切画圆

命令:单击【绘图】工具栏中的【圆】按钮下面的三角(弹出 6 种画圆方式,单击[相切、相切、相切]菜单)

指定圆的圆心或[三点(3P)/两点(2P)/切点、切点、半径(T)]:_3p 指定圆上第一个点:_tan 到(在三角形的一条边上单击选择切点)

指定圆上第二个点:_tan 到　(在三角形的第二条边上单击选择切点)

指定圆上第三个点:_tan 到　(在三角形的第三条边上单击选择切点)

完成操作,即可出现如图 5-16 所示的三角形内切一个圆。

2. 圆弧(ARC)

在绘制机械图形时,常遇到用圆弧连接已知的两直线、两圆弧或一直线一圆弧,这个圆弧称为连接弧。在 AutoCAD 中可使用三种方法绘制连接弧,即直接绘制连接弧、通过修剪圆的方法绘制连接弧和使用【圆角】命令绘制连接圆弧。

（1）直接绘制连接弧

在 AutoCAD 中，通过选择【绘图】→【圆弧】菜单中的各子菜单项，可以使用 11 种方法绘制圆弧。绘制原理主要是根据定义圆弧的几个参数来确定的，其中参数中的【角度】是指包含角，即圆弧圆心或圆弧起点与当前光标所在位置连线与 X 轴夹角；【方向】是指圆弧起点的切线方向，如弧的圆心、半径、起点、终点、圆心角及弦长等。

圆弧命令执行方式有如下三种：

◇ 命令行：ARC/A✓。

◇ 工具栏：单击【绘图】工具栏中的【圆弧】按钮 ⌒。

◇ 下拉菜单：选择【绘图】→【圆弧】。

绘制圆弧操作步骤如下：

命令：_arc✓　　　（调用圆弧命令）
指定圆弧的起点或[圆心(C)]：　　　（指定起点）
指定圆弧的第二个点或[圆心(C)/端点(E)]：　　　（指定圆弧通过的第二点）
指定圆弧的端点：　　　（指定端点）

默认的方法为指定三点画弧，并且是按逆时针的方向进行绘制的。用户可输入其他选项通过不同的方法来绘制圆弧，但通过工具按钮或下拉菜单执行画圆弧的操作是最为直观的，菜单按钮如图 5-17 所示。

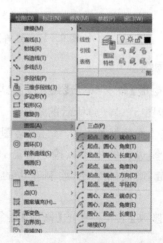

　（a）绘制圆弧的工具按钮　　　　　（b）绘制圆弧的菜单命令

图 5-17　绘制圆弧的 11 种方法

对于这 11 种绘制圆弧的方法，根据已知参数选择相应的即可。需要强调的是，使用【继续】选项，可绘制与其上一线段或圆弧相切的圆弧，只需确定圆弧的端点即可。

【例 5-7】　绘制如图 5-18 的圆弧。

操作步骤如下：

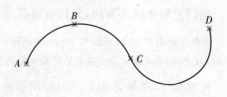

图 5-18　圆弧画法

① 单击画弧工具按钮 下面的箭头,从弹出的下拉按钮列表中选择"三点"画圆弧 ABC,命令行提示:

命令:_arc↙
指定圆弧的起点或[圆心(C)]:(单击指定第一点 A)
指定圆弧的第二个点或[圆心(C)/端点(E)]:(单击指定第二点 B)
指定圆弧的端点:(单击指定终点 C)

② 继续方式画圆弧 CD

单击画弧工具按钮 下面的箭头,从弹出的下拉按钮列表中选择"继续"画圆弧 CD,命令行提示:

命令:_arc 指定圆弧的起点或[圆心(C)]:(自动以上段弧 ABC 的终点 C 为起点)
指定圆弧的端点:(单击指定终点 D)

(2)通过修剪圆的方法绘制连接弧

在 AutoCAD 中,通过修剪圆来绘制各种连接弧是最常用的方法之一。

【例 5-8】 绘制如图 5-19(c)所示的圆弧。

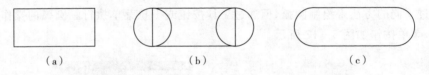

(a)　　　　　　　　　(b)　　　　　　　　　(c)

图 5-19　修剪圆的方式绘制连接弧

操作步骤如下:

(1)启动【矩形】命令,单击【绘图】工具栏中的【矩形】工具 ,单击确定矩形的两个对角点,绘制如图 5-19(a)所示的矩形。

(2)打开【对象捕捉】模式,单击【绘图】工具栏中的【圆】→【圆心、半径】画圆,捕捉并拾取矩形左侧边线的中点以确定圆心,将光标移至矩形左上或左下角点,待出现"端点"提示时单击,确定圆半径,绘制左边的圆,同样的方法绘制右边的圆,如图 5-19(b)所示。

(3)调用【修改】工具栏中的【修剪】命令,修剪图形,命令操作如下:

命令:_trim↙
选择对象或<全部选择>:　(用窗口选择或依次单击圆和矩形后回车)
指定对角点,找到 3 个

此时光标变成小方块,光标旁边提示:

选择要修剪的对象,或按住 Shift 键选择要延伸的对象,或[栏选(F)/窗交(C)/投影(P)/边(E)/删除(R)/放弃(U)]:(依次单击要修剪的矩形框的左右侧边及其内部的圆弧)

完成操作,结果如图 5-19(c)所示。

(3)使用【圆角】命令绘制连接圆弧

利用圆角命令,可用已知半径的圆弧将图形中的线条夹角修剪成圆角或者为未连接的两个对象之间增加连接圆弧。

【例 5 - 9】　如图 5 - 20 所示,使用【圆角】命令将图形 5 - 20(a)修改为 5 - 20(c)。

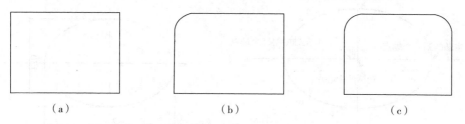

（a）　　　　　　　　　　　　　　（b）　　　　　　　　　　　　　　（c）

图 5 - 20　圆角命令的应用

操作步骤如下:

单击绘图工具栏【矩形】命令,拾取对角线上两点,绘制矩形(a)。

单击【修改】工具栏中的【圆角】按钮　,命令行提示:

命令:_fillet↙

当前设置:模式 = 修剪,半径 = 0.0000

选择第一个对象或[放弃(U)/多段线(P)/半径(R)/修剪(T)/多个(M)]:r↙(进入半径设置选项)

指定圆角半径<0.0000>:10↙　(输入圆角半径)

选择第一个对象或[放弃(U)/多段线(P)/半径(R)/修剪(T)/多个(M)]:(选择矩形的一条边)

选择第二个对象,或按住 Shift 键选择要应用角点的对象:(选择另一条相邻的边)

如此可得到一个圆角结果,如图 5 - 20(b)所示。

按回车键或重新调用【圆角】命令,在第一个提示"选择第一个对象或[放弃(U)/多段线(P)/半径(R)/修剪(T)/多个(M)]:"下,直接依次点击两条相邻的直线,可得到另一个的圆角结果,如图 5 - 20(c)所示,此时圆角半径默认与第一个圆角相同;如果想更改圆角半径,需要重新设置圆角半径,即重复上面的全部操作。

5.1.4　椭圆和椭圆弧

1. 椭圆(ELLIPSE)

使用椭圆命令可绘制椭圆或椭圆弧,椭圆命令执行方式有以下 3 种:

◇ 命令行:ELLIPSE/EL↙。

◇ 工具栏:单击【绘图】工具栏中的【椭圆】按钮　。

◇ 下拉菜单:【绘图】→【椭圆】。

在 AutoCAD 中,绘制椭圆的方法有两种,一是选择【绘图】→【椭圆】→【中心点】菜单;一是选择【绘图】→【椭圆】→【轴、端点】菜单,如图 5 - 21 所示。

【例 5 - 10】　用两种方法绘制椭圆,椭圆的长半轴为 100,短半轴为 65,如图 5 - 22 所示。其中,当指定中心点绘制椭圆时,椭圆中心点坐标为(50,50)。

操作步骤如下:

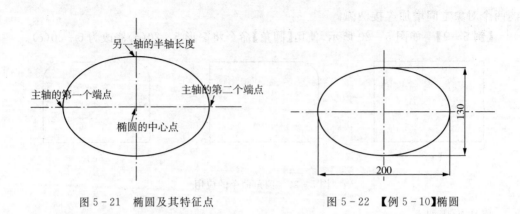

图 5-21　椭圆及其特征点　　　　　　　图 5-22　【例 5-10】椭圆

(1)指定中心点绘制椭圆

命令:EL↙　　　　　（调用绘制椭圆命令）
指定椭圆的轴端点或[圆弧(A)/中心点(C)]:C↙　　　　　（选择中心点绘制模式）
指定椭圆的中心点:50,50↙　　　　（输入椭圆中心点的坐标）
指定轴的端点:@100,0↙　　　　（利用相对坐标输入椭圆长半轴的一端点）
指定另一条半轴的长度或[旋转(R)]:65↙　　　　（输入另一半轴的长度）

(2)利用轴、端点绘制椭圆

命令:_ellipse↙　　　　（调用椭圆命令）
指定椭圆的轴端点或[圆弧(A)/中心点(C)]:　　　　（指定主轴的一个端点）
指定轴的另一个端点:@200,0↙　　　　（指定该轴的另一个端点）
指定另一个半轴长度或[旋转(R)]:65↙　　　　（输入另外半轴的长度）

2. 椭圆弧

椭圆弧的绘制方法与椭圆类似,只需在确定椭圆的两条轴后,再指定椭圆弧的起始角度和终止角度,即可完成椭圆弧的绘制。

椭圆弧命令执行方式有以下两种:

◇ 工具栏:单击【绘图】工具栏中的【椭圆弧】按钮 。

◇ 下拉菜单:【绘图】→【椭圆】→【圆弧】。

【例 5-11】　绘制如图 5-23 所示的贮罐。

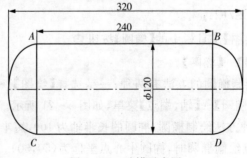

图 5-23　贮罐示意图

操作如下步骤：

（1）绘制矩形

调出【粗实线】层为当前层，启动【矩形】命令，绘制矩形，命令行提示如下：

命令：_rectang↙
指定第一个角点或［倒角(C)/标高(E)/圆角(F)/厚度(T)/宽度(W)］：(指定点 A)
指定另一角点或［面积(A)/尺寸(D)/旋转(R)］:d↙(按照矩形长宽尺寸)
指定矩形的长度＜10.0000＞:240↙
指定矩形的宽度＜10.0000＞:120↙
指定另一角点或［面积(A)/尺寸(D)/旋转(R)］：(在右下方向上点一下确定矩形的放置)

（2）绘制贮槽的中心线

调出【点画线】层为当前层，打开【正交】【动态输入】和【对象捕捉】模式，调用【直线】命令，绘制贮罐的中心线。命令行提示：

命令：_line↙(调用直线命令)
指定第一点：＜打开对象捕捉＞：(对象捕捉功能，捕捉 AC 的中点)
指定下一点或［放弃(U)］：(将光标向右移动，在动态框中输入 280，回车)

然后，单击选中该中心线，在出现的直线夹点时，单击左端夹点，光标向左移动，在动态输入框中输入"40"，回车。得到长度为 320 的贮罐中心线。

（3）绘制椭圆弧

调出【粗实线】层为当前层，单击【椭圆弧】按钮 启动命令，命令行提示如下：

命令：_ellipse↙
指定椭圆弧的轴端点或［中心点(C)］：(捕捉端点 A)
指定轴的另一端点：(捕捉端点 C)
指定另一条半轴长度或［旋转(R)］:40↙(输入另一条半轴的长度)
指定起始角度或［参数(P)］:0↙(输入起始角度，或直接捕捉 A 点)
指定端点角度或［参数(P)/夹角(I)］:180↙(输入终止角度，或直接捕捉 C 点)

同样的操作方法绘制另一椭圆弧 BD。要注意的是，椭圆弧的 0°所在位置取决于指定端点的第一个端点位置，故 BD 弧的起始点为 D 点合适。同时也要注意画弧的方向，上述操作由第一个端点到第二个端点是按逆时针方向画弧。如果按顺时针方向指定了起点和终点，则起始角度为 180°，终止角度为 0°。

5.1.5　样条曲线和图案填充

1. 样条曲线(SPLINE)

样条曲线是通过一组定点的光滑拟合曲线，主要用于绘制形状不规则的曲线，如机械图形中的断裂线和剖切线如图 5-24 所示，地理信息系统(GIS)或飞机、轮船、汽车轮廓线等。

样条曲线命令执行方式有以下几种：

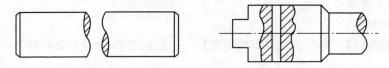

图 5 - 24   用样条曲线绘制断裂线和剖切线

◇ 命令行：SPLINE/SPL。

◇ 工具栏：单击【绘图】工具栏【样条曲线】按钮拟合点 🖿 或控制点 🖿。

◇ 下拉菜单：【绘图】→【样条曲线】。

【例 5 - 12】 绘制如图 5 - 25 所示的样条曲线。

操作步骤如下：

命令：spline ↙（调用样条曲线命令）

当前设置：方式 = 拟合   节点 = 弦

指定第一点或［方式(M)/节点(K)/对象(O)］：（单击左键拾取点 A）

输入下一个点或［起点切向(T)/公差(L)］：（单击左键拾取点 B）

输入下一个点或［端点切向(T)/公差(L)/放弃(U)］：（单击左键拾取点 C）

输入下一个点或［端点切向(T)/公差(L)/放弃(U)/闭合(C)］：（单击左键拾取点 D）

输入下一个点或［端点切向(T)/公差(L)/放弃(U)/闭合(C)］：（单击左键拾取点 E）

输入下一个点或［端点切向(T)/公差(L)/放弃(U)/闭合(C)］：（单击左键拾取点 F）

然后按回车键结束命令。

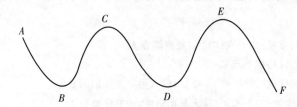

图 5 - 25   样条曲线命令

绘图时，AutoCAD 将指定的点用光滑曲线连接起来。

2. 图案填充(BHATCH)

在 AutoCAD 中，将选定的填充图案(或自定义图案)填充到指定区域，从而表达该区域的特征，这个填充操作过程称为图案填充。

(1)利用【图案填充和渐变色】对话框来创建图案填充

启动图案填充命令，可使用下列三种方法之一。

◇ 命令行：BHATCH/BH ↙。

◇ 工具栏：单击【绘图】工具栏【图案填充】按钮 🖿 或【渐变色】按钮 🖿。

◇ 下拉菜单：【绘图】→【图案填充…】或【渐变色…】。

选择上述任一方式输入命令，弹出【图案填充】对话框或【渐变色】对话框，如图 5 - 26、5 - 27 所示。

根据需要绘制不同效果的图案，这就需要对【图案填充】和【渐变色】对话框进行设置。

图 5 - 26　【图案填充】对话框

图 5 - 27　【渐变色】对话框

① 类型和图案栏

AutoCAD 允许用户使用三种类型的填充图案,即"预定义""用户定义"和"自定义"类型。图案选择后,一般还需要设置图案的属性来控制填充的具体图形和效果。

② 设置角度和比例

【角度】指的是样例中所显示的图案相对 X 坐标轴的角度,默认为 0。可直接输入角度值,也可在下拉列表中选取。

【比例】用来控制剖面线的疏密程度。可直接输入比例系数值,也可在下拉列表中选取。

③ 边界栏

在进行图案填充时,用户必须指定填充的区域,AutoCAD 提供了【拾取点】和【选择对象】两种确定填充区域的方法。在确定填充边界后,AutoCAD 允许用户对所确定的边界进行修改和查看等。

(2)利用工具选项板来创建图案填充

在 AutoCAD 2019 中,利用【工具选项板】可快速填充图案。【工具】→【选项板】→【工具选项板】,弹出【工具选项板】,此时可首先在工具选项板中单击选择图案,然后在图形中单击某点,则围绕单击点的封闭区域将被所选图案填充。

【例 5 - 13】　绘制图 5 - 28 中的波浪线并进行图案填充。

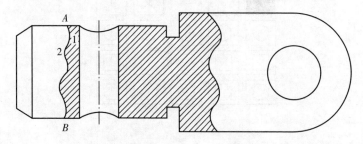

图 5 - 28　样条曲线及剖面填充的绘制

操作步骤如下:

(1)画波浪线 AB

单击【绘图】工具栏【样条曲线】按钮 ,打开【对象捕捉】功能的【最近点】模式。命令行提示:

命令:_spline↙

当前设置:方式 = 拟合　节点 = 弦

指定第一个点或[方式(M)/节点(K)/对象(O)]:_M↙

输入样条曲线创建方式[拟合(F)/控制点(CV)]<拟合>:_FIT

指定第一个点或[方式(M)/节点(K)/对象(O)]:(捕捉最近点 A)

输入下一个点或[起点切向(T)/公差(L)]:(指定点 1)

输入下一点或[端点相切(T)/公差(L)/放弃(U)]:(指定点 2)

根据实际情况,继续指定点,所指定的点是样条曲线的拐点。

输入下一点或[端点相切(T)/公差(L)/放弃(U)/闭合(C)]:(指定点 B,回车确认)

另一条波浪线的画法同 AB。

(2)填充剖面线

调出【细实线层】为当前层,单击【图案填充】工具按钮。选择剖面线"ANSI31"图案。

在两个闭合线框中,分别单击拾取两点,回车确认。

通过改变图案填充的【比例】值,来调整填充的线条的疏密,如果线条过密,则放大比例,输入大于 1 的数字,反之则减小比例,输入 0～1 之间的数字。

5.1.6　点的绘制

点是图形中最基本的几何元素,AutoCAD 提供了多种不同的点的表示方式,一般在创建点之前要先设置点的样式,也可以设置等分点和测量点。

1. 设置点的样式

AutoCAD 提供的默认点外观为小黑圆点,这样的点样式在屏幕中不便于肉眼进行观察,用户可通过下列两种方式打开【点样式】对话框,如图 5 - 29 所示。

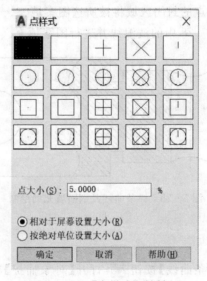

图 5 - 29　【点样式】对话框

◇ 命令行:DDPTYPE↙。

◇ 下拉菜单:【格式】→【点样式…】。

点在图形中的表示样式共有 20 种,该对话框提供了多种点的外观,用户可根据需要进行选择,同时可通过【点大小】编辑框设置点在绘制时的大小。点的大小既可以按照相对于屏幕设置大小(点的大小随显示窗口的变化而变化),也可以按照绝对单位设置大小。再单击【确定】按钮即可完成点样式设置。

2. 绘 制 单 点 与 多 点

(1)单点

该命令一次只能绘制一个点,单点命令执行方式有以下两种:

◇ 命令行:POINT/PO↙。

◇ 下拉菜单:【绘图】→【点】→【单点】。

执行上述任一命令后,在绘图区单击鼠标左键即可。

(2)多点

用户如果要在图形中绘制大量的点,使用单点的绘制方法效率就很低。此时,可以使用多点命令。多点命令执行方式有以下两种:

◇ 命令行:POINT/PO↙。

◇ 工具栏:单击【绘图】工具栏中的【多点】按钮 。

◇ 下拉菜单:【绘图】→【点】→【多点】。

绘制多点的方法与绘单点方法类似,不同之处是绘完一个点后,系统会继续提示绘制下一个点,直到用户按【Esc】键退出此命令为止。

(3)定数等分点

所谓定数等分点,是指在一定距离内在对象上按指定的数量绘制多个点,这些点之间的距离均匀分布。这个操作并不将对象实际等分为单独的对象,它仅仅是标明定数等分的位置,以便将它们作为几何参考点。如果要观察到所等分的点,用户应该将系统提供的默认点样式设置为其他便于观察的样式。

定数等分点命令执行方式有以下三种:

◇ 命令行:DIVIDE/DIV↙。

◇ 工具栏:【绘图】面板【定数等分】按钮。

◇ 下拉菜单:【绘图】→【点】→【定数等分】。

执行上述任一命令后,命令行提示:

命令:_divide↙

选择要定数等分的对象:　　　　(用鼠标选择等分对象圆)

输入线段数目或[块(B)]:6↙　　(指定等分数,按回车键完成操

作)

绘制结果见图 5-30。

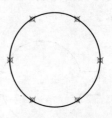

图 5-30　定数等分

等分点处按当前点样式设置画出等分点。在第二行提示选择【块(B)】选项时,表示在等分点插入指定的块。

(4)定距等分点

定距等分点,是在对象上指按指定的距离,在指定对象上的一定范围内绘制多个点,如图 5-31 所示。

A ━━━━×━━━×━━━×━━ *B*

图 5-31　绘制定距等分点

定距等分点命令执行方式有下列几种:

◇ 命令行:MEASURE/ME。

◇ 工具栏:【绘图】面板【定距等分】按钮。

◇ 下拉菜单:【绘图】→【点】→【定距等分】。

执行上述任一命令后,命令行提示:

命令:ME↙　　　　　　(调用定距等分命令)

选择要定距等分的对象:　　(用鼠标选择等分对象直线)

指定线段长度或[块(B)]:40↙(指定定距长度,按回车键完成操作)

在定距等分时,AutoCAD 将把离选择对象点较近的端点作为起始位置放置点。若对象总长不能被指定间距整除,则选定对象的最后一段小于指定间距数值。在第二行提示选择【块(B)】选项时,表示在等分点处插入指定的块。在等分点处按当前点样式设置绘制测量点。

5.1.7　使用面域绘制复杂图形

面域是由直线、圆弧、多段线、样条曲线等对象组成的二维封闭实体。面域是一个独立的实体,它可以进行布尔运算,因此常利用面域来创建比较复杂的图形。

1. 创建面域

(1)使用【面域】工具创建面域

在 AutoCAD2019 中,使用【面域】工具创建面域,可以通过下列两种方法:

◇ 命令行:REGION/REG↙。

◇ 工具栏:单击【绘图】工具栏【面域】按钮。

◇ 下拉菜单:【绘图】→【面域】。

执行上述任一命令,根据命令行提示操作,选择一个或多个转换为面域的封闭图形,可将封闭图形区域自动转换为面域。

创建面域后,原来的对象被组合为一个整体。此外,创建面域后,虽然表面上看不出与原图的区别,但是单击图形后,通过夹点可以看出两者的不同之处,如图 5-32 所示。

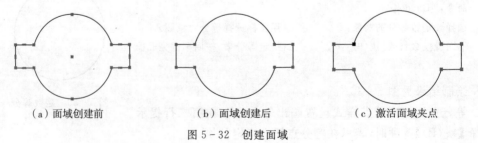

(a)面域创建前　　　(b)面域创建后　　　(c)激活面域夹点

图 5-32　创建面域

（2）使用【边界】创建面域

边界命令启动方式：

◇ 命令行：BOUNDARY/BO↙。

◇ 工具栏：单击【创建】工具栏【边界】按钮□。

◇ 菜单栏：【绘图】→【边界】。

执行上述任一命令后，弹出如图 5-33 所示的【边界创建】对话框，在【对象类型】下拉列表中选择【面域】，然后单击【拾取点】按钮，系统自动进入绘图环境，如图 5-34 所示，在选定位置单击左键选定一个图形闭合区域，回车确定，生成面域。

图 5-33　【边界创建】对话框

操作完成后，图形看上去没有什么变化，但移开创建的边界图形之后，会发现在原来图形重叠处，新创建了一个面域对象。

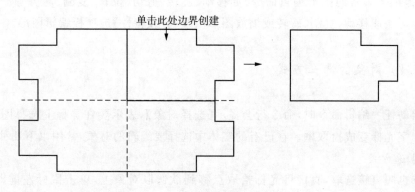

图 5-34　利用边界创建面域及结果

2. 面域的布尔运算

面域可执行三种布尔运算方式，即并集、差集及交集。通过选择【修改】→【实体编辑】菜单中的【并集】【差集】或【交集】完成运算。

【并集】是两个面域的合并，即创建两个面域的和集；【差集】是从一个面域中去除另一个面域,即两个面域求差;【交集】是获取两个面域的公共部分,如图 5 - 35 所示。

操作时应注意以下几点:

对面域求并集时,即使所选面域并未相交,所选面域也将被合并为一个单独的面域。

对面域求差集时,如果所选面域并未相交,所有被减面域将被删除。

对面域求交集时,如果所选面域并未相交,将删除所有选择的面域。

对于交集和并集的运算,只要把要计算的面域选中回车即可。差集的计算:先选定一个面域,回车,再根据命令行减去另一个面域的提示,左键单击需要减去的面域,回车完成。

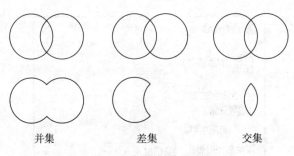

并集　　　　　　　　差集　　　　　　　　交集

图 5 - 35　面域的三种布尔运算

5.2　常用的编辑命令

利用 AutoCAD 的绘图工具命令,只能创建一些基本图形,要获得更复杂的图形,在很多情况下都必须借助图形编辑命令,对图形基本对象进行加工、编辑。在 AutoCAD 中,系统提供了丰富的图形编辑命令,如移动、旋转、剪切、拉长、复制、对齐等。此外,利用夹点也可快速移动、复制、旋转或缩放图形以及利用【特性】选项板编辑图形。

5.2.1　对象的选择方式

当启动任一编辑命令时,命令行会提示【选择对象】,表示要在屏幕上选择图形实体,原先的十字光标变成拾取框。在已有的实体中选择要编辑的对象,常用以下几种方式:

1. 点选方式

点选也叫直接选取,直接将光标拾取点移到欲选取对象上,单击鼠标左键即可完成选取对象的操作。或者在调用编辑命令后,系统出现选择对象的提示,将拾取框移至实体的任何部位后单击,实体就被选中。选中的实体将醒目显示(加粗蓝显),如图 5 - 36 所示。同时,在命令提示区以文本显示选中的实体个数,这种方式一次只能选择一个图形实体。对一次可编辑多个对象的命令,可作连续选择。若要结束选择,可按 Enter 或空格键或右击。

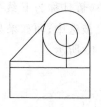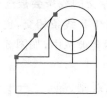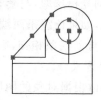

图 5-36　点选方式

2. 窗口选择方式

当小方块在实体的左边单击,再移动光标到实体右侧便出现一个矩形窗口,指定窗口的对角点(矩形窗显蓝色),如图 5-37 所示,窗口被确定后单击。只有完全包含在窗口内的实体才被选中。

3. 交叉窗口选择方式

若窗口的角点顺序为先右后左,则为交叉窗口(拖出的窗口呈绿色、虚线),这时除完全包含在窗口内的实体被选中外,与窗口边界接触到的实体也被选中。

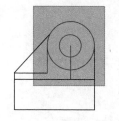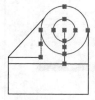　　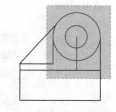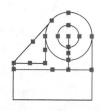

图 5-37　利用窗口选择对象　　　　　图 5-38　利用交叉窗口选择对象

4. 不规则窗口选择方式

是指以若干点的方式定义不规则形状的区域来选择对象,包括圈围、圈交和栏选等方式。

圈围多边形窗口是选择完全包含在内的对象,相当于窗口选择;而圈交是选择包含在内或相交的对象,相当于交叉窗口选择。在命令行输入"SELECT"回车,根据提示,输入"WP"或"CP"并回车选取。

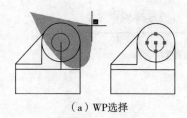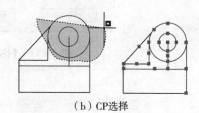

（a）WP选择　　　　　　　　　　　（b）CP选择

图 5-39　不规则窗口选择方式

栏选是以画链的方式选择对象,所绘的线链可以由一段或多段直线组成,所有与其相交的对象均被选中。在命令行输入"SELECT"回车,根据提示,输入"F"并回车,根据命令行提示,拖动光标选取,与套索相交的线条会被选中(暂且称为 F 线条);而完全包含在套索内的线条,如果该线条两端均与 F 线条相交,也会被选中;而如果只有一端与 F 线条相交或完全不与 F 线条相交,则不会被选中,如图 5-40 所示。

5. 快速选择方式

快速选择可以根据对象的图层、线型、颜色、图案填充等特性和类型创建选择集,从而快速选择复杂图形中满足某种特性要求的图形对象。

下拉【工具】菜单,选择【快速选择】命令,系统弹出【快速选择】对话框,如图 5-41 所示,从中设置选择范围。如果用户希望选择

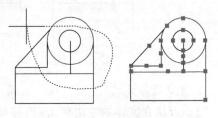

图 5-40 栏选对象

某个图层中的全部对象,可首先在【特性】列表中单击选择"图层",在【运算符】下拉列表中选择"= 等于",在【值】下拉列表中选择某个图层,单击确定即可完成具有相同"图层"特性的对象选择。

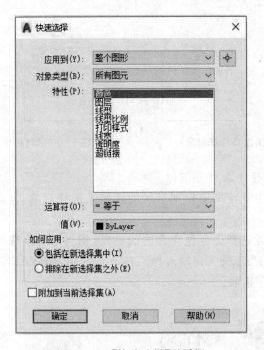

图 5-41 【快速选择】对话框

5.2.2 删除和剪切

1. 删除(ERASE)

利用删除功能,擦除选中实体的全部。AutoCAD2019 中执行删除命令有以下几种方式:

◇ 命令行:ERASE/E✓。

◇ 工具栏:单击【修改】工具栏【删除】按钮 ✍。

◇ 下拉菜单:选择【编辑】→【删除】菜单或【修改】→【删除】。

调用【删除】命令后,命令行提示"选择实体",鼠标光标选择实体后按回车键结束操作。

2. 剪切(CUTCLIP)

剪切是将对象复制到剪贴板并从图中删除此对象,执行该命令有如下几种方式:

◇ 命令行:CUTCLIP✓。

◇ 工具栏:单击【修改】中的【剪切】按钮 ✂。

◇ 下拉菜单:单击【编辑】→【剪切】。

5.2.3 移动和旋转

1. 移动(MOVE)

把一个或多个图形从原来位置平移到一个新的位置,原位置图形消失。

执行该命令有如下 3 种方式:

◇ 命令行:MOVE/M✓。

◇ 工具栏:单击【修改】中的【移动】按钮 ✛。

◇ 下拉菜单:选择【修改】→【移动】。

移动对象时需确定移动方向和距离,为此,系统提供了两种方法:

(1)相对位移法:是指通过设置移动的相对位移量来移动对象。

(2)基点法:首先指定基点,然后通过指定第二点确定位移的距离和方向。

【例 5-14】 将如图 5-42 所示的梯形旁边的小圆移动到梯形的角点 A。

操作步骤如下:

命令:_move✓

选择对象:(单击小圆,回车结束选择)(选择 1 个)

指定基点或[位移]<位移>:(打开对象捕捉,指定圆心为基点)

指定第二个点或<使用第一个点作为位移>:(移动光标到 A 点,"端点"捕捉符号出现时单击,即可完成移动操作)

调用【移动】命令后,根据命令行提示,拾取移动基点时,打开【对象捕捉】模式,利用捕捉到的对象特征点为基点,移动光标到指定目标点,可准确移动目标对象到指定位置。

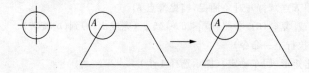

图 5-42 移动命令的用法

利用【位移】来移动目标对象时,可在命令行提示下,选择【位移】并输入相对位移量,即可准确移动目标到指定位置。

2. 旋转(ROTATE)

使用【旋转】命令可以精确地把一个或多个实体绕指定点(基点)旋转指定角度,到达期望位置,旋转后原图消失。若要保留原图,可选择【复制(C)】选项。

执行该命令有如下几种方式:

◇ 命令行:ROTATE/RO↙。

◇ 工具栏:单击【修改】中的【旋转】按钮◌。

◇ 下拉菜单:选择【修改】→【旋转】。

使用 ROTATE 命令时要注意以下三点:

(1)旋转对象时,需要指定旋转基点和旋转角度。默认旋转方法旋转图形时,源对象将按输入的角度旋转到新位置,不保留对象的原始副本。其中,旋转角度是基于当前用户坐标系的。输入正值,表示按逆时针方向旋转对象;输入负值,表示按顺时针方向旋转对象;X 轴方向为 0°,Y 轴方向为 90°。

(2)如果在命令行提示"ROTATE 指定旋转角度,或[复制(C)/参照(R)]:"下选择"复制(C)",不仅可以将对象按输入的旋转角度(逆时针旋转为正,顺时针旋转为负)旋转到新位置,还保留源对象,完成复制旋转。

(3)如果在命令提示"ROTATE 指定旋转角度,或[复制(C)/参照(R)]:"下选择"参照(R)"选项,则可以指定某一方向作为起始参照角。参照旋转后同样不保留对象的原始副本。

【例 5-15】 如图 5-43,将(a)图逆时针旋转 45°分别成为(b)和(c)。

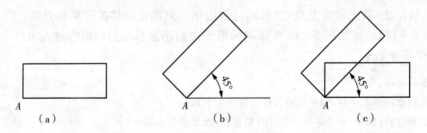

图 5-43 旋转命令的用法

操作步骤如下:

```
命令:_rotate↙
选择对象:(单击矩形,回车确定)(提示选择 1 个)
指定基点:(单击 A 点)(打开对象捕捉,捕捉端点 A)
指定旋转角度,或[复制(C)/参照(R)]<θ>:45↙(完成由(a)到(b)旋转)
按回车键(重复执行上一命令)
选择对象:(单击矩形,回车确定)(提示选择 1 个)
指定基点:(单击 A 点)(打开对象捕捉,捕捉端点 A)
指定旋转角度,或[复制(C)/参照(R)]<45>:c↙(选择在旋转后保留对象的原始副本)
指定旋转角度,或[复制(C)/参照(R)]<45>:↙(完成由(a)到(c)旋转)
```

5.2.4　复制、偏移、镜像和阵列

1. 复制对象(COPY)

使用【复制】命令可以将一个或多个对象复制到指定位置,也可以将一个对象进行多次复制将选定实体作一次或连续不规则排列的复制位移量的给定方式。还可将选定的对象在指定方向上阵列。

执行该命令有如下几种方式:

◇ 命令行:COPY/CO/CP ↙。

◇ 工具栏:单击【修改】工具栏【复制】按钮 %。

◇ 下拉菜单:【编辑】→【复制】。

执行上述任一命令后,选取要复制的对象,指定复制基点,然后拖动鼠标指定新位置,点击左键,即可完成操作。继续点击,可复制多个对象,按 Esc 键或回车键,退出复制命令。

【例 5-16】　将图 5-44(a)图中的小圆复制到(b)图中矩形的四个角点。

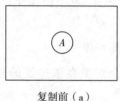　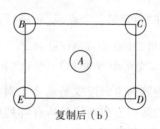

复制前（a）　　　　　　　复制后（b）

图 5-44　多个复制

操作步骤如下:

命令:_COPY ↙
选择对象:(选择小圆)找到 1 个
选择对象:↙
当前设置:复制模式 = 单个
指定基点或[位移(D)/模式(O)/多个(M)]<位移>:M ↙　(选择多个复制方式)
指定基点或[位移(D)/模式(O)/多个(M)]<位移>:(捕捉圆心 A 点)
指定第二个点或[阵列(A)]<使用第一个点作为位移>:(捕捉 B 点)
指定第二个点或[阵列(A)/退出(E)/放弃(U)]<退出>:(捕捉 C 点)
指定第二个点或[阵列(A)/退出(E)/放弃(U)]<退出>:(捕捉 D 点)
指定第二个点或[阵列(A)/退出(E)/放弃(U)]<退出>:(捕捉 E 点)
指定第二个点或[阵列(A)/退出(E)/放弃(U)]<退出>:↙(退出 COPY 命令)

【例 5-17】　阵列复制(图 5-45)。
操作步骤如下:

命令:_COPY ↙
选择对象:(选择圆)找到 1 个↙

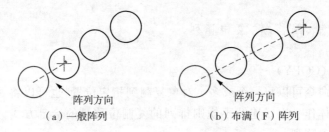

（a）一般阵列　　　　　　　（b）布满（F）阵列

图 5-45　阵列对象命令的操作

当前设置:复制模式＝单个

指定基点或[位移(D)/模式(O)/多个(M)]＜位移＞:(捕捉圆心)

指定第二个点或[阵列(A)]＜使用第一个点作为位移＞:a✓(选择阵列复制)

输入要进行阵列的项目数:4✓　（选择阵列个数为 4 个）

指定第二个点或[布满(F)]:(移动光标到合适位置单击,得图 5-45(a))

此时,在移动光标的过程中,圆心与光标之间有一条虚线连接,连线上随光标出现 3 个圆,其间距离均相同,距离随光标的移动而拉长或缩短,阵列方向在光标与复制前圆的圆心连线上。

如果在"指定第二个点或[布满(F)]:"提示下输入 f 回车,见下面操作:

或指定第二个点或[布满(F)]:f✓

指定第二个点或[阵列(A)]:(移动光标到合适位置单击,得图(b)阵列)

一般的阵列方向连线是前 2 个对象的基点连线,其余对象在该连线的延长线上,而布满阵列的阵列方向连线是所有阵列对象的基点连线。

2. 偏移(OFFSET)

使用【偏移】命令可以创建一个与选定对象类似的新对象,并把它放在原对象的内侧或外侧,或指定偏移对象通过的点。

执行该命令有如下几种方式:

◇ 命令行:OFFSET/O✓。

◇ 工具栏:单击【修改】工具栏中的【偏移】按钮。

◇ 下拉菜单:【修改】→【偏移】。

偏移命令需要输入的参数包括需要偏移的源对象、偏移距离和偏移方向。

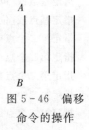

图 5-46　偏移
命令的操作

【例 5-18】　用偏移命令复制 2 条与已知直线 AB 平行且间距为 100 的直线。

操作步骤如下:

命令:O✓　　　（启动偏移命令）

当前设置:删除源＝否　图层＝源　OFFSETGARTYPE＝0

指定偏移距离或[通过(T)/删除(E)/图层(L)]＜通过＞:100✓　（输入偏移距离）

选择要偏移的对象,或[退出(E)/放弃(U)]＜退出＞:　（选择源对象直线 AB）

选择要偏移的那一侧的点,或[退出(E)/多个(M)/放弃(U)]＜退出＞:　（在直线 AB 的右侧单击

鼠标)

选择要偏移的对象,或[退出(E)/放弃(U)]<退出>:　　(选择刚刚复制的直线)

选择要偏移的那一侧的点,或[退出(E)/多个(M)/放弃(U)]<退出>:　　(在直线的右侧单击鼠标)

选择要偏移的对象或[退出(E)]<退出>:↙　　(回车结束偏移命令,绘图完毕)

在上述操作中,选择复制的直线作为源对象偏移时,需向外侧指定偏移的对象。如果向内侧指定,那么,偏移的对象就会与之前已有的对象重合。

使用 OFFSET 命令偏移复制对象时,应注意以下几点:

(1)只能偏移直线、圆和圆弧、椭圆和椭圆弧、多边形、二维多段线、构造线和射线、样条曲线,不能偏移点、图块、属性和文本。

(2)对于直线、射线、构造线等对象,将平行偏移复制,直线的长度保持不变。

(3)对于圆和圆弧、椭圆和椭圆弧等对象,偏移时将同心复制。

(4)多段线的偏移将逐段进行,各段长度将重新调整。

3. 镜像(MIRROR)

使用【镜像】命令可以围绕用两点定义的镜像轴来镜像和镜像复制图形,从而创建对称图形。

执行该命令有如下几种方式:

◇ 命令行:MIRROR /MI↙。

◇ 工具栏:单击【修改】工具栏中的【镜像】按钮。

◇ 下拉菜单:【修改】→【镜像】。

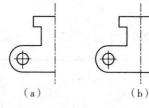

（a）　　　　　（b）

图 5－47　镜像命令示范

【例 5－19】　用镜像命令将如图 5－47 的(a)变成(b)所示的图形。

操作步骤如下:(打开【对象捕捉】模式)

命令:MI↙(调用镜像命令)

选择对象:指定对角点:找到 10 个

选择对象:(用窗选的方式选择要镜像的图形,回车或单击右键结束选择)

指定镜像线的第一点:　　(指定镜像线的第一点(中心线的下端))

指定镜像线的第二点:　　(指定镜像线的第二点(中心线的上端))

要删除源对象吗?[是(Y)/否(N)]<N>:↙　　(根据需要,选择是否要删除源对象,按回车键默认"否")。

结果如图 5－47(b)。

选择对象时,可以用窗选的方式选择要镜像的对象,也可以用窗交的方式选择。在镜像线指定任意两点均可,不一定是指定端点。

4. 阵列(ARRAY)

在 AutoCAD 中,使用 ARRAY 命令可以以矩形、环形或路径阵列复制图形,且阵列复制的每个对象都可单独进行编辑。

矩形阵列(ARRAYRECT):使图形以矩形方式阵列复制。创建矩形阵列时可控制生成副本对象的行数和列数,行间距和列间距以及阵列的旋转角度。

环形阵列(ARRAYPOLAR):围绕指定的圆心复制选定对象来创建阵列,制作环形阵列时可以控制生成的副本对象的数目以及决定是否旋转对象。

路径阵列(ARRAYPATH):沿路径或部分路径均匀分布对象副本。创建路径阵列时可以沿着自定义的路径曲线,控制生成副本对象的数目和行数。

执行阵列命令有如下几种方式:

◇ 命令行:ARRAY/AR ✓。

◇ 工具栏:单击【修改】工具栏【阵列】按钮矩形🔲🔲 或环形🔳🔳 或路径🔗。

◇ 下拉菜单:【修改】→【阵列】→【矩形阵列】或【环形阵列】或【路径阵列】。

启动任一阵列命令后,根据命令行提示操作,可以获得所需的阵列分布。

【例 5-20】 利用矩形阵列将如图 5-48(a)变成(b)的图形,其中圆角矩形的尺寸为 300×500,圆角半径 $R20$,小圆半径 $R15$,小圆位于右上角,其圆心距离左侧和上侧均为 50,要阵列 3 行、5 列,行间距 100、列间距 100。

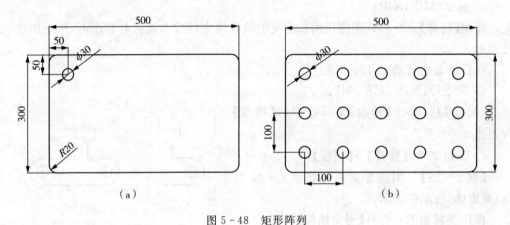

(a)   (b)

图 5-48 矩形阵列

操作步骤:

命令:ARRAYRECT ✓

选择对象:(单击小圆)找到 1 个

选择对象:✓

类型 = 矩形 关联 = 是

选择夹点以编辑阵列或[关联(AS)/基点(B)/计数(COU)/间距(S)/列数(COL)/行数(R)/层数(L)/退出(X)]<退出>:

此时,在绘图区上方弹出了矩形阵列编辑器中,默认列数 4、行数 3,行间距、列间距均为 45,如图 5-49 所示。同时在绘图区,出现了相应的矩形阵列图形。

在图 5-49 的阵列编辑器中,直接更改行、列数及间距。此例行数 3 不变、列数改为 5,行间距(行数下面的"介于"栏)改为"-100"和列间距(列数下面的"介于"栏)改为"100",即可获得阵列结果图 5-48(b)。

如果上述在命令行提示下,选择【基点】,可以拖动夹点指定行列数量和行列间距,回车完成矩形阵列。

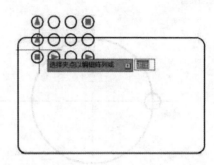

图 5-49　执行矩形阵列系统默认的结果

在填写行列距、间距时须注意，在需要阵列的对象处，沿 x 轴正向为列间距的正偏移、y 轴正向为行间距的正偏移，输入间距值均为正；如果要想向下、向左沿坐标轴的负方向偏移，则间距值为负。

【例 5-21】　在一个半径为 $R150$ 的圆上，有一个小圆如图 5-50(a)所示，用环形阵列在大圆的圆周分布 8 个同样的小圆，如图 5-50(b)。

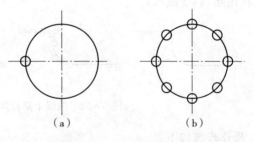

（a）　　　　　　（b）

图 5-50　环形阵列

操作步骤如下：

命令:ARRAYPOLAR↙

选择对象:(单击小圆)找到 1 个

选择对象:↙

类型 = 极轴　关联 = 是

指定阵列的中心点或[基点(B)/旋转轴(A)]:↙(捕捉大圆圆心作为阵列中心点)

选择夹点以编辑阵列或[关联(AS)/基点(B)/项目(I)/项目间角度(A)/填充角度(F)/行(ROW)/层(L)/旋转项目(ROT)/退出(X)]< 退出>:i↙(选择项目(I)表示数量)

输入阵列中的项目数或[表达式(E)]<6>:8↙

选择夹点以编辑阵列或[关联(AS)/基点(B)/项目(I)/项目间角度(A)/填充角度(F)/行(ROW)/层(L)/旋转项目(ROT)/退出(X)]< 退出>:↙

在"指定了环形阵列的中心点"后，在绘图区上方系统会自动打开【环形阵列编辑器】，默认阵列"项目数"为 6，同时图形自动显示出默认阵列结果，如图 5-51 所示。此时，用户可以更改"项目数"来进行环形阵列操作。本例中，只更改项目数为 8，其余不变即可。

如果需要在一段圆弧上进行阵列，可以更改总填充角度"填充"和相邻项目间夹角"介于"的方式，定义出阵列项目的具体数量，进行源对象的环形阵列操作。

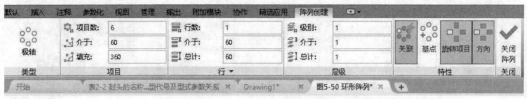

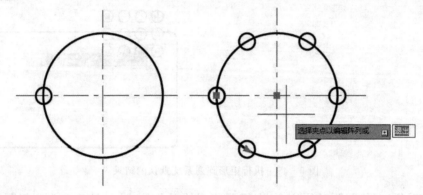

图 5-51　执行环形阵列系统默认的结果

【例 5-22】　在如图 5-52 所示的曲线上,用路径阵列在定数等分点上阵列 10 个圆,将图形(a)变成(d)。

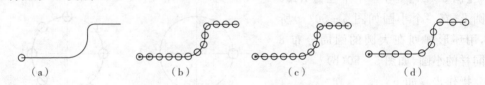

(a)　　　　　　　(b)　　　　　　　(c)　　　　　　　(d)

图 5-52　曲线上路径阵列 10 个圆的步骤

操作步骤如下:

方法一

(1)用多线段命令画出往右 100 的直线,然后往上 50,再往右 50 的直线。在第一个转角处圆角 $R30$,第二个转角处 $R10$ 圆角,在起点画一个直径为 10 的圆,绘制如图 5-52(a)所示的曲线。

(2)单击【阵列】按钮旁边的黑三角,在出现的下拉菜单中选择【路径阵列】,命令行提示选择对象,单击选择 $R10$ 圆按回车键确认。

(3)此时命令行提示选择路径曲线,选择多线段作为路径,系统自动阵列出如图 5-52(b),由于阵列的内容并不是我们想要的,所以必须要调整。

(4)在命令行提示后输入 M 按回车键确认;再输入定数等分 D,按回车键确认。这时图型自动调整如图 5-52(c),由于要 10 个圆,现在多了 3 个。所以这也不是需要的圆。

(5)在命令行提示后输入 I,确认后,再输入项目数 10,再确定最终变成符合要求的图 5-52(d)。

命令行的操作提示如下:

命令:_ ARRAYPATH ✓

选择对象:(单击小圆)选择 1 个

选择对象:✓

类型 = 路径　关联 = 是

选择路径曲线:

选择夹点以编辑阵列或[关联(AS)/方法(M)/基点(B)/切向(T)/项目(I)/行(R)/层(L)/对齐项目(A)/z 方向(Z)/退出(X)]:M ✓

输入路径方法[定数等分(D)/定距等分(M)]<定距等分>:d ✓

选择夹点以编辑阵列或[关联(AS)/方法(M)/基点(B)/切向(T)/项目(I)/行(R)/层(L)/对齐项目(A)/z 方向(Z)/退出(X)]:i ✓

输入沿路径的项目数或[表达式 E]<13>:10 ✓

方法二

在"选择多线段作为路径"后,系统自动阵列出如图 5-53(a)所示的阵列之后,同时在绘图区上方打开了【路径阵列编辑器】。再单击【定距等分】下拉按钮,选择【定数等分】,【项目数】变成可编辑的黑色,直接更改为 10 即可获得结果,如图 5-53(b)所示。

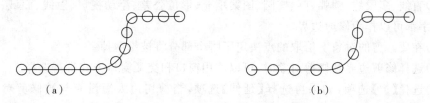

（a）　　　　　　　　　　　（b）

图 5-53　由【路径阵列编辑器】编辑阵列数

使用路径阵列有两点需要注意:

(1)旋转路径曲线只能选一条,如果是复杂的曲线,需要用多段线绘制后编辑。

(2)在路径阵列过程中,选择不同的基点和方向矢量,得到的路径阵列结果不同。

5.2.5　修剪和延伸

1. 修剪(TRIM)

【修剪】命令是用一条或几条线段剪除与之相交的另一条或几条线段的一部分(以交点为界)。前者称为修剪边,后者称为被修剪(或要剪除)的对象。该命令要求用户首先定义修剪边界,然后再选择希望修剪的对象。被修剪的目标不能是整段线,只能是线段的一部分。修剪边和被修剪对象可以未经延长相交,也可以是延长相交。

执行该命令有如下几种方式:

◇ 命令行:TRIM/TR ✓。

◇ 工具栏:单击【修改】工具栏中的【修剪】按钮 -/--。

◇ 下拉菜单:选择【修改】→【修剪】菜单。

上述任一方式命令后,选择裁剪边(选择结束按 ✓),然后选取要剪除的对象,完成修剪操作。

【例 5 - 23】 用修剪命令将图 5 - 54(a)修剪为(b)。

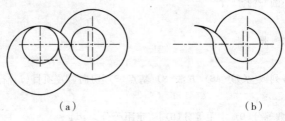

（a）   （b）

图 5 - 54　修剪对象

命令:_TRIM↙

选择对象或＜全部选择＞:↙　（选择全部实体为裁剪边界）

选择要修剪的对象,或按住 Shift 键选择要延伸的对象,或[栏选(F)/窗交(C)/投影(P)/边(E)删除(R)/放弃(U)] :(用光标逐一点选要剪除的目标,按回车键结束)

使用 TRIM 命令时应注意以下几点:

(1)直线、多段线、圆弧、圆、椭圆、图案填充、形位公差、浮动视口、射线、面域、样条曲线和文字都可以作为修剪边界。

(2)在要修剪的对象上拾取的点决定了哪个部分将被修剪掉。

(3)选择修剪边界和修剪对象时,可以使用窗口和交叉窗口方式进行选择。

(4)选择【边】选项,如果再选择【延伸】选项,当剪切边太短没有与被修剪对象相交时,系统会自动虚拟延伸修剪边,然后进行修剪;若选择【不延伸】选项,这时只有当剪切边界与被修剪对象真正相交时,才能进行修剪。

(5)使用 TRIM 命令可以修剪尺寸线,此时系统会自动更新尺寸标注文本,但尺寸标注不能作为修剪边界。

(6)即使对象被作为修剪边界,也可以被修剪。

2. 延伸(EXTEND)

【延伸】命令可以将直线、圆弧、椭圆弧、非闭合多段线和射线延伸到一个边界对象,使其与边界对象相交。

执行该命令有如下几种方式:

◇ 命令行:EXTEND /EX↙。

◇ 工具栏:单击【修改】工具栏【延伸】按钮━/。

◇ 下拉菜单:【修改】→【延伸】。

执行 EXTEND 命令后,其中部分选项功能如下:

【栏选(F)/窗交(C)】使用栏选或窗交方式选择对象时,可以快速地一次延伸多个对象。

【投影(P)】可以指定延伸对象时使用的投影方法(无投影,到 XY 平面投影以及沿当前视图方向的投影)。

【边(E)】可将对象延伸到隐含边界。当边界边太短,延伸对象后不能与其直接相交时,选择该项可将边界边隐含延长,然后使对象延伸到与边界边相交的位置。

【例 5 - 24】　用延伸命令将图 5 - 55 图形由(a)编辑成(d)。

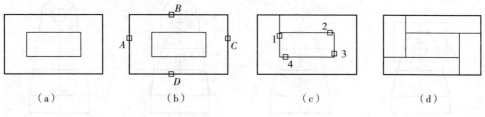

图 5 - 55　延伸命令

操作步骤如下：

命令：单击【延伸】工具按钮 ─／（启动延伸命令）

选择对象或＜全部选择＞：(如图 5 - 56(b)，分别点选 A、B、C、D 四点，回车结束延伸边界的选择)

选择要延伸的对象，或［栏选(F)/窗交(C)/ 投影(P)/边(E)/放弃(U)］：(如图 5 - 56(c)，分别点选 1、2、3、4 四点，回车结束命令操作)

结果如图 5 - 55(d)所示。

使用延伸命令时有几点需要注意：

(1)需要注意延伸方向的选择，朝哪个边界延伸，则在靠近边界的那部分单击。

(2)对非闭合的多段线做延伸操作，只能延伸其第一段和最后一段。

(3)对闭合的图形实体，如圆、椭圆、矩形、正多边形等，不能执行延伸操作。

(4)如要对矩形、正多边形、闭合的多段线等执行延伸操作，需要先将其【分解】。

5.2.6　拉伸、拉长和缩放

1. 拉伸(STRETCH)

使用【拉伸】命令可以拉伸、缩短或移动对象，也可以改变原图形状。在拉伸对象时，首先要为拉伸对象指定一个基点，然后再指定一个位移点。

使用该命令的关键是，必须使用交叉窗口(先右后左)选择要拉伸的对象，且不能包含不动的角点或端点。

执行该命令有如下几种方式：

◇ 命令行：STRETCH /S↙。

◇ 工具栏：单击【修改】工具栏【拉伸】按钮 ◻。

◇ 下拉菜单：【修改】→【拉伸】。

【例 5 - 25】　用拉伸命令编辑图 5 - 56(a)，使之变成(d)。

操作步骤：

命令：_STRETCH↙

以交叉窗口选择要拉伸的对象，依次拾取 A、B 两点，如图 5 - 56(b)所示。

回车对象选择：↙

指定基点或［位移(D)］＜位移＞：(捕捉 C 点，如图 5 - 56(c)所示)

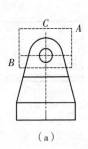
（a）

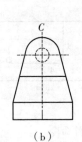
（b）

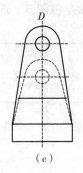
（c）

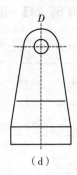
（d）

图 5 - 56　拉伸命令

指定第二个点或＜使用第一个点作为位移＞:(指定位移点↙)

结果如图 5 - 56(d)所示。

使用 STRETCH 命令时应注意以下几点:

(1)只能拉伸由直线、圆弧和椭圆弧、二维填充曲面、多段线等命令绘制的带有端点的图形对象。

(2)对于没有端点的图形对象,如图块、文本、圆、椭圆、属性等,AutoCAD 在执行 STRETCH 命令时,将根据其特征点是否包含在选择窗口内而决定是否进行移动操作。若特征点在选择窗口内,则移动对象,否则不移动对象。

(3)对于带有端点的图形,完全包含在交叉窗口内的,会随着拉伸操作而移动其位置;如果只有一端包含在窗口内,则包含在内的部分移动并拉伸;如果图形的中间部分包含在内但两端未被包含,则不会移动也不会拉伸。

2. 拉长(LENGTHEN)

使用【拉长】命令可以改变直线和非闭合圆弧、多段线、椭圆弧的长度,但不能用于封闭的图形。

执行该命令有如下几种方式:

◇ 命令行:LENGTHEN /LEN ↙。

◇ 工具栏:单击【修改】工具栏【拉长】按钮 。

◇ 下拉菜单:【修改】→【拉长】。

执行 LENGTHEN 命令后,系统将给出如下提示信息:

选择对象或 [增量(DE)/百分数(P)/全部(T)/动态(DY)]:

有 4 种拉长的方式选项:

【增量(DE)】给定长度或角度的增量,可通过指定长度或角度增量值的方法来拉长或缩短对象,正值表示拉长,负值表示缩短。

【百分数(P)】给定长度或角度的百分比,通过输入百分比来改变对象的长度或圆心角大小。

【全部(T)】给定改变后的总长度或总张角,可通过指定对象的新长度来改变其总长。

【动态(DY)】用光标动态模式拖动对象的一个端点来改变对象的长度或角度。

选择其中的一种方式,然后选择要拉长的对象效果如图 5-57 所示。

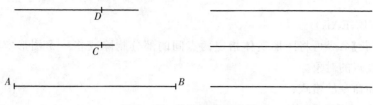

图 5-57　拉长对象的效果

3. 缩放(SCALE)

使用【缩放】命令可在 X 和 Y 方向使用相同的比例因子缩放选择集,在不改变对象宽高比的前提下改变对象的尺寸。

执行该命令有如下几种方式:

◇ 命令行:SCALE /SC ↙。

◇ 工具栏:单击【修改】工具栏中的【缩放】按钮。

◇ 下拉菜单:【修改】→【缩放】命令。

将选择的实体按给定比例作位移缩放,不但改变实体的视觉尺寸,还改变实体的实际尺寸。缩放后的图形位置取决于位似中心(基点)和缩放比例,缩放后原图消失。若要保留原图,可选择【复制(C)】选项。

指定比例有 2 种方式:

(1)直接输入比例因子(默认选项),比例因子必须大于 0,大于 1 表示放大,小于 1 表示缩小。

(2)通过指定参照长度和新长度指定比例因子,其比例因子为:新长度/参照长度。

【例 5-26】　使用缩放命令使图 5-58(a)缩小 0.5 倍变成(b)。

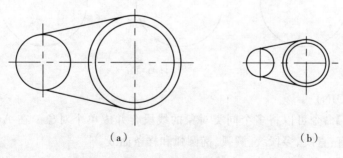

　　　　　　(a)　　　　　　　　　　　　　(b)

图 5-58　缩放命令

操作步骤如下:

命令:SC ↙

选择对象:(窗口或交叉窗口选择全部图形)

选择对象:↙(确定选择对象)

指定基点:(捕捉左下角点)

指定比例因子或[复制(C)参照(R)]:0.5 ↙　　　　　　　　　(原图缩小 1/2)

5.2.7　打断、合并和分解

1. 打断(BREAK)

利用【打断】命令可将图形实体指定两点间的部分删除或将一个图形实体打断成两个具有同一端点的对象。

执行打断命令的格式:

◇ 命令行:BREAK/BR↙。

◇ 工具栏:单击【修改】工具栏【打断】按钮🔲。

◇ 下拉菜单:【修改】→【打断】。

打断命令可以在选择的线条上创建两个打断点,从而将线条断开。默认选择对象时拾取的点作为第一个打断点。

使用 BREAK 命令时应注意以下两点:

(1)如果要删除对象的一端,可在选择被打断的对象后,将第二个打断点指定在要删除端的端点。

(2)在"指定第二个打断点"命令提示下,若输入@,表示第二个打断点与第一个打断点重合,这时可以将对象分成两部分,而不删除。

(3)如果在对象之外指定一点作为第二个打断点的参考点,系统将以该点到被打断对象的垂直点位置为第二个打断点,去除两点之间的线段。

(4)对于圆,打断的是按逆时针移动的两点之间的圆弧,如图 5-59 所示。

图 5-59　打断命令

2. 合并(JOIN)

使用【合并】命令可以将多个同类对象的线段合并成单个对象。在 AutoCAD 中,可以合并的对象有:直线、多段线、圆弧、椭圆弧和样条曲线。

执行【合并】命令有以下几种方式:

◇ 命令行:JOIN/J↙。

◇ 工具栏:单击【修改】工具栏【合并】按钮➡➡。

◇ 下拉菜单:【修改】→【合并】命令。

上述执行,命令之后,选择要合并的对象按回车键即可。

使用 JOIN 命令可以将多条在同一直线方向上的线段合并成一条直线;可以使多条相连的线条合并成为多段线,如图 5-60 所示。

另外,使用 JOIN 命令还可以合并圆弧和样条曲线等,特点如下:

(1)合并圆弧时,需具有相同圆心和半径的多条连续或不连续的弧线段。

(2)合并样条曲线时,各样条曲线必须在同一平面且首尾相邻。

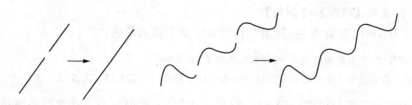

图 5-60　合并命令

3. 分解(EXPLODE)

使用【分解】命令可将复杂的图形对象分解成单个图形对象。例如将多段线、矩形和多边形分解成多个简单的直线段。

执行命令的方式有以下几种:

◇ 命令行:EXPLODE /X ✓。

◇ 工具栏:单击【修改】工具栏【分解】按钮 🖼。

◇ 下拉菜单:【修改】→【分解】。

执行上述任一命令之后,选择要分解的复杂对象,按回车键结束。此时,从外观上看不出多少区别,但点选对象之后可发现源对象变成了若干单一图形。如正多边形、矩形分解后,其侧边变成了可独立编辑的直线;阵列后的图形是一个整体,执行【分解】后,整体变成若干个可单独编辑的图形对象等等。如图 5-61 所示是三组图形,左边的是分解前,右边的是分解后,从夹点可见分解效果。

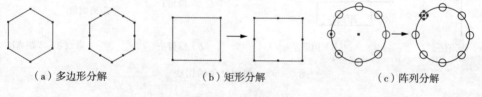

　　(a)多边形分解　　　　　　　(b)矩形分解　　　　　　　(c)阵列分解

图 5-61　分解命令

使用 EXPLODE 命令时,应注意以下三点:

(1)使用 EXPLODE 命令可以分解图块、剖面线、平行线、尺寸标注线、多段线、矩形、多边形、三维曲面和三维实体。

(2)具有宽度值的多段线分解后,其宽度值变为 0。

(3)带有属性的图块分解后,其属性值将被还原为属性定义的标记。

5.2.8　倒角与圆角

1. 倒角(CHAMFER)

使用【倒角】命令可以对两个非平行的直线或多段线以斜线相连。

执行倒角命令有以下几种方式：

◇ 命令行：CHAMFER/CHA↙。

◇ 工具栏：单击【修改】工具栏【倒角】按钮⏢。

◇ 下拉菜单：【修改】→【倒角】。

执行 CHAMFER 命令后，其命令行将显示如下提示信息：

（"修剪"模式）当前倒角距离 1 = 0.0000，距离 2 = 0.0000

选择第一条直线或 [放弃(U)/多段线(P)/距离(D)/角度(A)/修剪(T)/方式(E)/多个(M)]：

提示中显示了当前设置的倒角距离（默认均为 0），此时可以直接选择要倒角的直线，也可以设置倒角选项，这些选项的功能如下：

【多段线(P)】选择该项后，可将所选多段线的各相邻边进行倒角。

【距离(D)】通过指定相同或不同的第一个和第二个倒角距离，对图形进行倒角。

【角度(A)】确定第一个倒角距离和角度。

【修剪(T)】设置倒角后是否保留源倒角边。

【方式(E)】可在"距离"和"角度"两个选项之间选择一种倒角方式。

【多个(M)】选择该项后，可对多组图形进行倒角，而不必重新启动命令。

如图 5-62 所示是几种倒角命令示例。

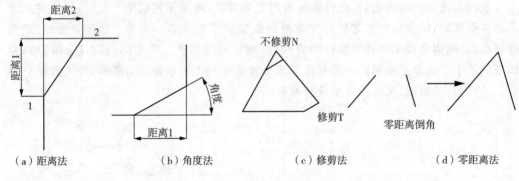

（a）距离法   （b）角度法   （c）修剪法   （d）零距离法

图 5-62 倒角命令的用法

2. 圆角(FILLET)

圆角是用圆弧形式过渡两个非平行的相邻对象。要圆角的两个对象位于同一图层中，那么圆角线将位于该图层。否则，圆角线将位于当前图层中。

执行圆角命令有以下几种方式：

◇ 命令行：FILLET/F↙。

◇ 工具栏：单击【修改】工具栏【圆角】按钮⏢。

◇ 下拉菜单：【修改】→【圆角】。

执执行 FILLET 命令时，其命令行将显示如下提示信息：

当前设置：模式 = 修剪，半径 = 0.0000

选择第一个对象或 [放弃(U)/多段线(P)/半径(R)/修剪(T)/多个(M)]：

命令提示中主要选项的意义如下：

【多段线(P)】选择多段线进行圆角。

【半径(R)】设置圆角半径。圆角半径是连接被圆角对象的圆弧半径,修改圆角半径将影响后续的圆角操作。如果设置圆角半径为 0,则被圆角的对象将被修剪或延伸直到它们相交,并不创建圆弧。

【修剪(T)】修剪和延伸圆角对象。可以使用【修剪】选项指定是否修剪选定对象、将对象延伸到创建的弧的端点,或不作修改。

【例 5-27】　将如图 5-63 所示的两条直线夹角用 R100 圆角连接。

操作步骤:

命令:_fillet ↙

当前设置:模式 = 修剪　半径 = 0.0000

选择第一个对象或[放弃(U)/多段线(P)/半径(R)/修剪(T)/多个(M)]:r ↙

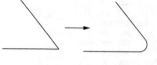

图 5-63　圆角命令

指定圆角半径<0.0000>:100 ↙

选择第一个对象或[放弃(U)/多段线(P)/半径(R)/修剪(T)/多个(M)]:(单击第一条直线)

选择第二个对象,或按住 shift 键选择对象以应用角点或[半径(R)]:(单击第二条直线)

完成图形的圆角编辑。

5.2.9　编辑对象特性

1. 利用【特性】选项板编辑对象特性

【特性】命令(PROPERTIES)用于编辑对象的颜色、图层、线型、线型比例、标高等特性。

查询和修改对象的特性,可用【特性】选项板。调用它的方法如下:

◇ 命令行:PROPERTIES/PR ↙。

◇ 菜单栏:【修改→【特性】命令或【工具】→【选项板】→【特性】。

◇ 快捷菜单:选中对象后右键弹出的快捷菜单中选择【特性】。

如果当前选中一个对象,在【特性】选项板中将显示该对象的详细属性;如果已选中多个对象,在【特性】选项板中显示它们的共同属性,如图 5-64 所示。

在【特性】选项板中,黑色项目均可以修改,灰色项目均不能修改。

在基本特性中,单击颜色、图层、线型、线宽等项目后,修改栏右边出现下拉箭头,单击该箭头,可在下拉选项中选取内容修改。其他项目可直接输入修改数值,如果所修改的数值与其他数值关联,则其关联数值会随之发生相应的变化。例如,修改圆的半径,其直径、周长、面积等会随之改变。

2. 特性匹配命令(MATCHPROP)

【特性匹配】命令可将一个源对象的某些特性复制给其他图形对象,包括颜色、图层、线型、线型比例、线宽、文字样式、图案填充样式等,但不能复制修改几何特性。

执行该命令有以下几种方法:

◇ 命令行:MATCHPROP/MA ↙。

（a）直线的【特性】选项板　　　（b）圆的【特性】选项板　　　（c）圆和直线的【特性】选项板

图 5-64　【特性】选项板的不同形态

◇ 工具栏：单击【特性】面板中的【特性匹配】按钮 。

◇ 下拉菜单：【修改】→【特性匹配】命令。

执行 matchprop 命令后，命令行提示：

选择源对象：（选择要将特性匹配给其他对象的对象，此时拾取框变为小刷子形状）

当前活动设置：（颜色/图层/线型/线型/比例/线宽/厚度/打印样式/文字标注/填充图案/多段线/视口/表格）（这些是特性设置的内容，表示可执行特性匹配的）

选择目标对象或[设置(S)]：

【选择目标对象】：默认选项，可以选择一个或多个对象作为目标对象，将特性修改成与源对象一样。

【设置(S)】：可以设置匹配的内容。此时，弹出一个【特性设置】对话框，如图 5-65 所示。

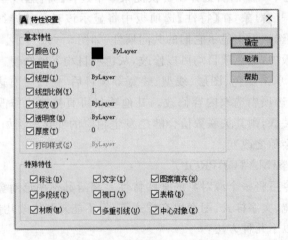

图 5-65　【特性设置】对话框

该对话框设置匹配的内容,包括颜色、图层、线型、线型比例、线宽、厚度、打印样式、标注、文字、填充图案、多段线、视口、表格。

特性匹配不仅可以将源对象的特性匹配给同一个图形文件中的目标对象,也可以匹配给其他图形文件中的目标对象。

在 AutoCAD 中,用户可以对图形对象预先指定相关特性,还可以对已绘制图形进行特性编辑、查看和修改对象特性。

【例 5 - 28】　将图 5 - 66(a)中图形的线型特性,匹配到(b)中的图形上成为(c)。

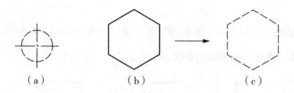

图 5 - 66　特性匹配命令应用

操作步骤如下:

命令:_ma↙
选择源对象: 　(选择(a)中小圆,此时拾取框变为小刷子形状)
当前活动设置:(颜色图层线型线型比例线宽厚度打印样式文字标注填充图案多段线视口表格)
选择目标对象或[设置(S)]:(移动光标到(b)图,单击目标对象线条)

选择源对象时只能用点选方式,用窗口选择方式选择要修改的目标对象,回车结束命令,结果如图 5 - 66(c)所示。

5.2.10　利用夹点编辑图形

夹点实际上就是对象的形状与位置控制点,例如圆有圆心和四个象限夹点,直线有两个端点和一个中点夹点。图形的位置和形状通常由夹点的位置决定。使用夹点的好处是我们可以直接通过拖动夹点来移动、拉伸对象。在操作夹点过程中,通过输入一些参数,还可旋转、镜像或缩放对象。

1. 对象的夹点

对象的夹点就是对象本身的一些特征点。首先选取要编辑的对象(可以选取多个对象),则在被选取的对象上就会出现若干蓝色小方框,这些小方框称为该对象的夹点。夹点模式下,图形对象以蓝色显示。图形的位置和形状通常是由夹点的位置决定的,利用夹点可以对图形的位置、大小、方向等进行编辑。

单击选择一个要编辑的夹点,这个被选定的夹点被激活,显示为红色方框,称为热夹点;其他未被选中的夹点则未被激活,称为冷夹点。如果某个夹点被激活变成红色,以此为基点,可以对图形进行拉伸、平移、镜像等编辑操作。按【Esc】键可以使之变为冷夹点状态,再次按【Esc】键可取消所有对象的夹点显示。

2. 夹点的编辑操作

单击要进行编辑的图形对象,选取一个夹点作为操作基点,即将光标移到希望成为基点的夹点上,然后按住【Shift】键拾取该点,则该点成为操作基点,并以红色高亮度显示,如图 5-68(a)所示。选取基点后就可以利用钳夹功能对对象进行移动、镜像、旋转、比例缩放、拉伸和复制编辑操作。

(1)夹点移动

是把对象从当前位置移动到新位置。例如将如图 5-68 所示的左侧圆移动到右侧正六边形中心。

单击左侧圆,单击圆心为操作基点,单击操作基点,命令行提示:

＊＊拉伸＊＊

指定拉伸点或［基点(B)/复制(C)/放弃(U)/退出(X)］:(拖动鼠标向右捕捉右侧球心)

单击左键,按【Esc】键完成移动操作,结果如图 5-67(b)所示。

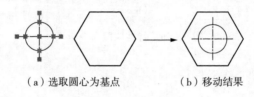

（a）选取圆心为基点　　　　（b）移动结果

图 5-67　基点移动操作

(2)夹点镜像

是把对象按指定的镜像线进行镜像变换,且镜像变换后删除原对象。例如将如图 5-68(a)所示的对象进行镜像操作。

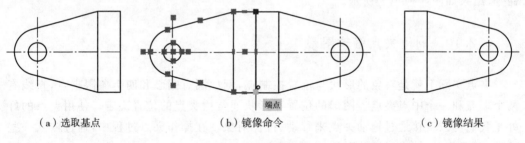

（a）选取基点　　　　　　（b）镜像命令　　　　　　（c）镜像结果

图 5-68　夹点镜像操作

窗口选择或窗交选择全部图形,单击矩形的一个端点作为基点(如右上角点),命令行提示:

＊＊拉伸＊＊

指定拉伸点或［基点(B)/复制(C)/放弃(U)/退出(X)］:mi↙(输入镜像命令)

＊＊镜像＊＊

指定第二点或［基点(B)/复制(C)/放弃(U)/退出(X)］:(移动鼠标单击图 5-68(b)所示的矩形右下角端点,镜像结果如图 5-68(c)所示)

按 Esc 键退出命令。

需要注意的是,在"指定第二点或［基点(B)/复制(C)/放弃(U)/退出(X)］:"提示下,鼠标左键单击的点与基点的连线,即为镜像中心线。

(3)夹点旋转

是把对象绕基点或操作点旋转。例如将如图 5-69 所示左边的对象进行 45°旋转操作。单击圆心作为基点,命令行提示:

＊＊拉伸＊＊

指定拉伸点或［基点(B)/复制(C)/放弃(U)/退出(X)］:ro↙

＊＊旋转＊＊

指定旋转角度或［基点(B)/复制(C)/放弃(U)/参照(R)/退出(X)］:45↙

按【Esc】键完成操作,结果如图 5-69 所示。

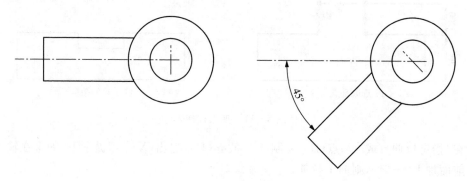

图 5-69　旋转 45°

(4)比例缩放

把对象相对于操作点或基点进行缩放。例如将图 5-70(a)所示的对象进行缩放操作。

窗口选择全部图形。单击圆心作为基点,命令行提示:

＊＊拉伸＊＊

指定拉伸点或［基点(B)/复制(C)/放弃(U)/退出(X)］:sc↙

＊＊比例缩放＊＊

指定比例因子或［基点(B)/复制(C)/放弃(U)/参照(R)/退出(X)］:0.7↙

按【Esc】键,完成将原图缩小 0.7 倍的操作,结果如图 5-70(b)所示。

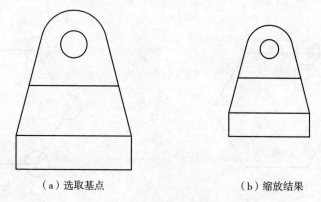

（a）选取基点　　　　　　　　　（b）缩放结果

图 5-70　夹点缩放

(5)拉伸

例如将如图 5 - 71 所示的对象进行拉伸操作,选择如图 5 - 71(a)中所示的三条直线。按住 shift 键,单击上方水平直线两端的夹点,使其全部被激活(变红色),然后点击该直线的中点或任一端点作为拉伸基点,命令行提示:

＊＊拉伸＊＊

指定拉伸点或［基点(B)/复制(C)/放弃(U)/退出(X)］:300✓

按【Esc】键结束操作,结果如图 5 - 71(b)所示。

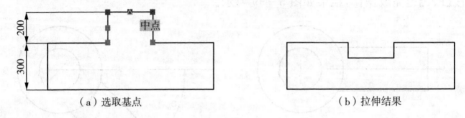

（a）选取基点   （b）拉伸结果

图 5 - 71　夹点拉伸

在"指定拉伸点或［基点(B)/复制(C)/放弃(U)/退出(X)］:"提示下,如果在输入的数值前面加上"一"号,则向上拉伸。

(6)夹点复制

允许用户进行多次操作,将如图 5 - 72(a)所示的圆复制到正六边形的 6 个角点,成为图 5 - 72(b)所示结果。

选中右侧圆,单击圆心作为基点,命令行提示:

＊＊拉伸＊＊

指定拉伸点或［基点(B)/复制(C)/放弃(U)/退出(X)］:c✓

＊＊拉伸(多重)＊＊

指定拉伸点或［基点(B)/复制(C)/放弃(U)/退出(X)］:(拖动鼠标把圆心移动到正六边形的一个角点)

单击左键,完成一个圆的复制。重复上述方法,完成其他圆的复制,最后按【Esc】键退出,结果如图 5 - 72(b)所示。

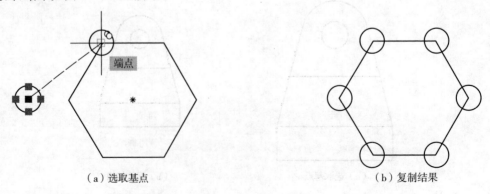

（a）选取基点   （b）复制结果

图 5 - 72　夹点复制

(7)多功能夹点编辑

在 AutoCAD 中,直线、多段线、圆弧、椭圆弧和样条曲线等二维图形,标注对象和多重引线注释对象以及三维面、边和顶点等三维实体,均具有特殊功能的夹点。使用这些具有特殊功能的夹点可以快速重新塑造、移动或操纵对象。如图 5-73 所示,移动光标至矩形中点时,将弹出一个该特定夹点的编辑选项菜单,通过分别选择【拉伸】【添加顶点】和【转换为圆弧】等命令,可以将矩形快速编辑为一个窗形的多段线图形。

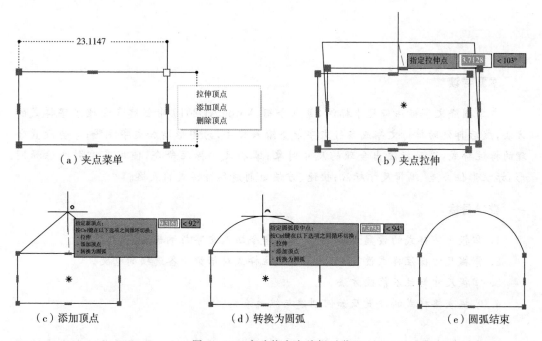

图 5-73　多功能夹点编辑示范

根据命令行提示,按【control】键进行各菜单的循环切换。

第6章 文字标注、尺寸标注及表格

本章导读

本章围绕文字标注与尺寸标注,重点介绍 AutoCAD2019 中创建和管理文字样式的方法,然后再借助单行文字或多行文字命令输入文字,为图形增加文字注释;学会设置合理的标注样式,进而标注出合理的尺寸对象;掌握尺寸标注命令,使用多重引线注释图形,标注形位公差,编辑尺寸标注;快速、方便地创建各种样式的表格。

教学目标

1. 掌握文字样式的设置方法,使用文字命令输入文字与编辑文字。
2. 掌握尺寸标注样式设置方法,了解标注样式对话框中各选项的意义。
3. 掌握尺寸标注和修改方法。
4. 掌握表格样式的设置及如何创建与编辑表格。

在进行各种设计时,不仅要绘制表示物体结构形状的图形,还需要通过文字来填写技术要求、标题栏和明细栏等内容,用尺寸标注体现物体的大小。本章主要介绍文字标注和尺寸标注。

6.1 文字标注

文字标注是绘制工程图样中的重要信息,其主要由定义文字样式、输入文字和编辑文字三部分组成。本节将介绍文字的输入和编辑功能,为了使所书写的文字满足制图国家标准规定和要求,一般应在书写文字前设置文字的样式。

6.1.1 设置文字样式

文字样式是用来控制文字基本形状的一组设置,包括字体、字号、倾斜角度、方向等特征。在一幅图中可以定义多个文字样式,当需要以自己定义的某一文字样式标注文字时,应首先将该样式【置为当前】。所有 AutoCAD 图形中的文字都具有与之相对应的文字样式。AutoCAD 提供了【文字样式】对话框,通过此对话框可以方便、直观地创建设置需要的文本样式或对已有样式进行修改。首次使用 TEXT 命令书写文本时,默认的文字样式为【Standard】。

文字样式设置命令的执行方法有下面三种:

◇ 命令行:STYLE/ST ✓。

◇ 下拉菜单:【格式】→【文字样式…】。

◇ 从【注释】功能区单击【文字样式】图标 A。

执行 STYLE 命令后,系统弹出【文字样式】对话框,如图 6-1 所示。在该对话框中,系统提供了一样式名为【Standard】的默认文字样式。往往用户根据实际情况需要使用不同的字体和字体特征,这就需要创建不同的文字样式。

该对话框各选项的含义如下:

【样式(S)】列表框:显示所有已定义的文字样式名称并默认显示选择的当前样式。

图 6-1　【文字样式】对话框

【置为当前(C)】按钮:该按钮可将用户选中的文字样式使其成为当前样式。

【新建(N)】按钮:用来创建新的文字样式。单击该按钮,弹出【新建文字样式】对话框,设置完单击【确定】按钮回到【文字样式】对话框。

【删除(D)】按钮:单击该按钮可以将当前样式名下拉框所显示的样式删除。默认的 Standard 样式以及正在使用的文字样式不能被删除。

【字体】选项组:更改样式的字体名和字体样式。该下拉框列出了所有的 AutoCAD 书写文字时所能使用的字体。这些字体分为两大类:带有标志的是 Windows 系统提供的“TrueType”字体;其他字体是 AutoCAD 系统本身的字体(＊.shx),其中的“gbenor.shx”和“gbeitc.shx”是符合我国国家标准的工程字体。若选择使用 Windows 系统提供的“TrueType”字体,注意不能选中【使用大字体】复选框。

【字体样式(Y)】下拉框:可在【字体样式(Y)】下拉框中选择字体的样式,如常规、粗体、斜体、粗斜体等。

【使用大字体(U)】复选框:是指 AutoCAD 系统专为亚洲国家设计的文字字体。对于 AutoCAD 本身提供的 ＊.shx 字体,可使用大字体。

【大小】选项区:用于设置文字的大小,一般保持【高度】默认值为 0.0000,以便在书写文字时输入需要的字高,可在图中使用不同大小的文字。使用【注释性】复选框,用户可以自动完成缩放注释的过程,以正确的大小在图纸上打印或显示。

【效果】选项区:修改字体的特性,如颠倒、反向、垂直以及宽度因子和倾斜角度等,可从预览图观察是否符号要求。

【删除】:删除样式列表中的文字样式。

【应用】:将对话框中所作的样式更改应用到当前样式和图形中具有当前样式是文字。

设置好后单击【确定】按钮完成设置。

6.1.2　输入文字

AutoCAD 有两种文字的输入方式:单行文字和多行文字。

1. 单行文字(DTEXT)

当需要文字标注的文本不太长时,可以利用 TEXT 命令创建一行或多行文字,每行文字都是独立的对象,在每行文字结束处都需要按回车键。单行文字书写那些不需要使用多种字体和字高的简短文字信息。

单行文字命令执行方式可使用下列三种方法之一:

◇ 命令行:DTEXT/DT ✓。

◇ 工具栏:单击【文字】工具栏中的【单行文字】按钮 A|。

◇ 下拉菜单:【绘图】→【文字】→【单行文字】。

书写单行文字操作步骤:

命令:dt ✓
当前文字样式:"Standard"文字高度:2.5000　　注释性:否 对正:左
指定文字的起点或[对正(J)/样式(S)]:

各选项的含义如下:

【指定文字的起点】:默认选项为指定文字的起点。在此提示下在屏幕任意位置单击鼠标左键确定文字书写的起点后,AutoCAD 提示如下:

指定高度<2.5000>:(输入或确认文字的高度)
指定文字的旋转角度<0>:(输入或确认文本行的倾斜角度。该角度为文本行与水平线的夹角高度和角度)。

输入完后按【Enter】键,此时光标形状变为文字输入方式并不断闪烁,用户就可以输入所需的文字了。如果想换行输入,按【Enter】键可继续下一行的输入,待全部都输入完成后,按两次【Enter】键,则书写完毕,退出单行文字命令。

【对正(J)】:用来标注文本的对齐方式及排列方向。AutoCAD 提供了 14 种文字对正方式,这些定位方式便于用户灵活方便地组织文字。在书写文字时,默认的对正方式

为"左"方式。用户在上面的提示中输入"J"回车后,系统提示如下:

输入选项[对齐(A)/调整(F)/中心(C)/中间(M)/右(R)/左上(TL)/中上(TC)/右上(TR)/左中(ML)/正中(MC)/右中(MR)/左下(BL)/中下(BC)/右下(BR)]:

【样式(S)】:确定文字使用的样式。命令行输入"S"并回车,提示:

输入样式名或[?]<Standard>:

可直接输入已定义的某一文字样式,也可以用"?"响应来显示当前已定义的所有样式。直接按回车键则表示采用默认样式。

实际绘图时,有时需要输入一些特殊字符,例如角度符号、直径符号、上划线和下划线等,这些字符不能从键盘上输入。AutoCAD 提供了一些代码,用来实现这些要求。常用的代码及功能见表 6-1。

表 6-1　AutoCAD 常用符号的输入代码

输入代码	对应字符	输入代码	对应字符
%%O	上划线(成对出现)	\U+0278	电相角(ϕ)
%%U	下划线(成对出现)	\U+2260	不相等($\neq$)
%%D	标注度数(°)	\U+2126	欧姆(Ω)
%%P	正负符号($\pm$)	\U+03A9	欧米加(Ω)
%%C	标注直径(ϕ)	\U+2082	下标 2
%%%	百分号(%)	\U+00B2	上标 2
\U+2248	约等于($\approx$)	\U+00B3	立方 3
\U+2220	标注角度($\angle$)	\U+0394	差值(Δ)

【例 6-1】　利用 DTEXT 命令书写文本 AutoCAD 2019。

操作步骤如下:

单击【文字】工具栏上的【单行文字】按钮 A,命令行提示与操作如下:

命令:_dtext↙

当前文字样式:"Standard"文字高度:5.0000　注释性:否　对正:左

指定文字的起点或[对正(J)/样式(S)]:(指定对正起点)

指定高度<5.0000>:↙(按↙默认字高 5,或输入其他字高按回车键)

指定文字的旋转角度<0>:↙

按【Enter】键后,屏幕中的光标变为文字输入方式并不断闪烁,此时用户输入如下文本:%%U AutoCAD %%U 2019。该文本输入完成后,AutoCAD 将其自动转变为 AutoCAD 2019。

需要注意的是,在输入代码时,输入法应切换至英文状态。

2. 多行文字

当需要标注很长、很复杂的文字信息时,可以利用 MTEXT 命令创建多行文本。使用多行文字 MTEXT 命令,用户可以创建一个或多个多行文字段落,且每段文字为一个独立的对象。多行文字的书写在类似于 WORD 的文字编辑器中完成,因此多行文字有更多的编辑项,可更加灵活、方便地组织文本。

多行文字命令执行方式有如下三种:

◇ 命令行:MTEXT/MT ✓。

◇ 工具栏:单击【绘图】工具栏中的【多行文字】按钮 **A**。

◇ 下拉菜单:【绘图】→【文字】→【多行文字】。

在绘图窗口中指定一个用来放置多行文字的矩形区域,打开【创建多行文字的文字输入窗口】和【文字编辑器】。在文字输入窗口进行多行文字的输入,如图 6-2 所示。

图 6-2 多行文字编辑器及文本输入窗口

【例 6-2】 使用多行文字 MTEXT 命令书写如图 6-3 所示的多行文字。

技术要求

1.本设备按GB150—1998《钢制压力容器》进行
制造、试验和验收
2.设备表面涂红色酚醛底漆。

图 6-3 输入多行文字

操作步骤如下:

命令:mtext ✓(执行多行文字命令)

当前文字样式:"Standard"文字高度:2.5 注释性:否

MTEXT 指定第一角点:(单击左键指定矩形框左上角点作为第一个角点)

指定对角点或[高度(H)/对正(J)/行距(L)/旋转(R)/样式(S)/宽度(W)]:(单击左键指定矩形框的对角点)

矩形框的两个角点指定后,系统自动弹出【文字编辑器】对话框,在其中选择文字样式,字高默认 2.5,设置字体、颜色等。在字体下拉框中选择【华文仿宋】,在文字输入区输入"技术要求",点击【关闭文字编辑器】按钮或在文字书写框以外任一单击鼠标左键,完成"技术要求"的书写。单击 **A** 或直接按回车键,重新启用多行文字命令,在文字输入区输入技术要求的具体内容,输入完所需的文字后,点击【关闭文字编辑器】按钮或在文字书写框以外任一单击鼠标左键,完成书写。此时完成的文字字高均为 2.5。然后,选择文字,单击右键,在弹出的快捷菜单中,单击【特性】菜单,用【特性】选项板进行文字样式、字体、字高、颜色的修改。对本例的"技术要求",在【特性】选项板中将字高改为"7",对技术要求的具体内容,在【特性】选项板中将字高改为"4.5"。

可见,使用 MTEXT 命令书写多行文字,应先指定文本边框的两个角点,这两个角点形成一个矩形区域,且第一个角点为第一行文本顶线的起点,文字边框用于定义多行文字对象中段落的宽度。多行文字对象的长度取决于文字量,而不是边框的长度。

与单行文字不同的是,在输入【符号】时,可单击【多行文字编辑器】中的【符号】按钮 @,从弹出的菜单中选择符号代码或者单击菜单中的【其他】菜单,打开【字符映射表】选择不常用的符号。

3. 文字编辑

(1)文字编辑命令

文字编辑命令对单行文字、多行文字及尺寸标注中的文字均适用,其命令的执行方式有以下四种:

◇ 命令行:DDEDIT/TEXTEDIT✓。

◇ 下拉菜单:【修改】→【对象】→【文字】→【编辑】。

执行文字编辑命令后,如果选择多行文字对象或尺寸标注中的文字,则出现【多行文字编辑器】,而对于单行文字,则弹出在位文字编辑框。该对话框只能修改文字内容,而不支持字体、调整位置及文字高度的修改。

还可以通过双击文字来编辑,无论是单行文字还是多行文字,均可直接通过双击来编辑,此时实际上是执行了 DDEDIT 命令。

编辑单行文字时,文字全部被选中,如果此时直接输入文字,则文本原内容均被替换。如果希望修改文本内容,可在文本框中单击。如果希望退出单行文字编辑状态,可在其他位置单击或按【Enter】键。

编辑多行文字时,将打开【多行文字编辑器】,这和输入多行文字完全相同。

退出当前文字编辑状态后,可单击编辑其他单行或多行文字。要结束编辑命令,可在退出文字编辑状态后按【Enter】键。

(2)修改文字特性

要修改文字的特性,可在单击选中文字后右键,从弹出的快捷菜单中选择【特性】菜单,打开文字的【特性】面板。利用该面板可修改文字的内容、样式、对正方式、高度、宽度比例、倾斜角度以及是否颠倒、反向等。

6.2　尺寸标注

尺寸是工程图中的一项重要内容,它描述设计对象各组成部分的大小及相对位置关系,是实际生产的重要依据。正确的尺寸标注可使生产顺利完成,而错误的尺寸标注将导致次品甚至废品,给企业带来严重的经济损失。因此,AutoCAD 提供了强大的尺寸标注功能。用户可以利用 AutoCAD 制作各种符合规范的尺寸标注,可以方便地修改标注内容和样式等。

学会怎样设置合理的标注样式,进而标注合理的尺寸对象。

6.2.1 创建尺寸标注样式

在 AutoCAD 中进行尺寸标注时,标注的外观是由当前标注样式控制的,因此,在标注尺寸前一般都要先创建尺寸标注样式,然后再标注尺寸。

AutoCAD2019 提供了 Annotative,ISO—25 和 Standard 三种标注样式。在默认的状态下,尺寸标注样式是"ISO—25",用户可根据需要创建一种新的标注样式。

启用标注样式命令,可执行如下操作:

◇ 命令行:DIMSTYLE/D✓。

◇ 工具栏:单击【标注】工具栏中的【标注样式】工具 。

◇ 下拉菜单:选择【格式】→【标注样式】菜单或【标注】→【标注样式】。

系统打开【标注样式管理器】对话框,如图 6-4 所示。通过此对话框可以命名新的尺寸样式或修改样式中的尺寸变量。

单击【新建】按钮,打开【创建新标注样式】对话框,如图 6-5 所示。在【新样式名】编辑框中输入新的样式名称;在【基础样式】下拉列表框中选择以哪个样式为基础创建新样式;在【用于】下拉列表框中选择应用新样式的尺寸类型。单击【继续】按钮,打开【新建标注样式】对话框,如图 6-6 所示。利用【线】【符号和箭头】等 7 个选项卡可定义标注样式的所有内容。

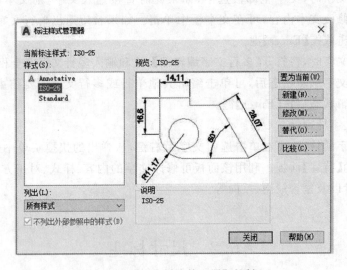

图 6-4 【标注样式管理器】对话框

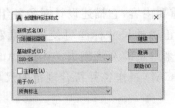

图 6-5 创建新标注样式

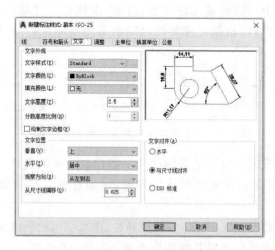

图 6-6   新建标注样式对话框

　　在【线】选项卡中可以设置尺寸线的颜色、线型、线宽、超出标记、基线间距、隐藏情况等。其中,超出标记用于控制在使用倾斜、建筑标记、积分箭头或无箭头时,尺寸线延长到尺寸界线外面的长度;基线间距用于控制使用基线型尺寸标注时,两条尺寸线之间的距离。

　　在【尺寸界线】设置区中可以设置尺寸界线的颜色、线型、线宽,尺寸界线超出尺寸线的长度,尺寸界线到定义点的起点偏移量以及是否隐藏尺寸界线等。

　　在【符号和箭头】选项卡中,可以对箭头、圆心标记、弧长符号和折弯半径标注的类型、大小和位置进行设置,如图 6-7 所示。

　　利用【文字】选项卡可以设置标注文字的外观、位置和对齐方式。其中,【分数高度比例】用于设置标注分数和公差的文字高度,AutoCAD 把文字高度乘以该比例,用得到的值来设置分数和公差的文字高度;【垂直】用于设置标注文字相对于尺寸线的垂直位置;【水平】用于设置标注文字在尺寸线方向上相对于尺寸界线的水平位置。

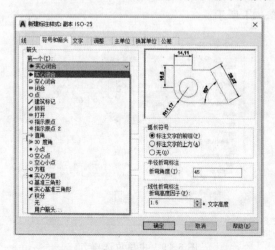

图 6-7   符号和箭头选项卡的设置

利用【调整】选项卡可以设置标注文字、箭头、引线和尺寸线的放置方式。其中,在【调整选项】设置区中,可以根据尺寸界线之间的可用空间来控制标注文字和箭头的放置,如图 6-8 所示。

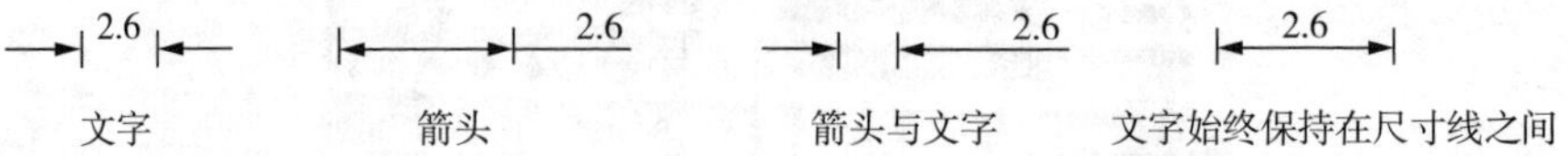

2.6   2.6   2.6   2.6

文字   箭头   箭头与文字   文字始终保持在尺寸线之间

图 6-8 调整选项卡设置文字和箭头的位置

在【文字位置】设置区中可以设置标注文字的位置。标注文字的默认位置是位于两尺寸界线之间,当文字无法放置在默认位置时,可通过此处选择设置标注文字的放置位置。

在【标注特征比例】设置区中可以设置注释性、图纸空间比例或全局标注比例。

在【优化】设置区中可以设置其他调整选项。其中,手动放置文字:用于手动放置标注文字;在尺寸界线之间绘制尺寸线:选择该复选框,AutoCAD 将总在尺寸界线间绘制尺寸线。否则,当尺寸箭头移至尺寸界线外侧时,不画出尺寸线。

利用【主单位】选项卡可以设置标注的格式、精度、舍入、前缀、后缀等参数如图 6-9 所示。

当采用一定比例绘图时,需要将【测量单位比例】按照绘图比例设置,比如按 1:100 绘图,这里要填 100,标注显示的将是物体的实际尺寸,否则显示的是绘图尺寸。

利用【换算单位】选项卡,可以设置换算标注单位的格式。换算单位用来显示使用不同测量单位的标注,通常是显示英制标注的等效公制标注或公制标注的等效英制标注。在标注文字中,换算单位显示在主单位旁边的方括号[ ]中。要设置换算单位,可首先选中【显示换算单位】复选框时,然后设置换算单位的单位格式、精度、舍入精度、前缀、后缀和消零的方法等,如图 6-10 所示。

利用【公差】选项卡可以设置公差的格式和精度。在【公差格式】设置区中可以设置公差的格式和精度,其中【方式】用于设置计算公差的方式,如对称、极限偏差、极限尺寸和基本尺寸等,如图 6-11 所示。

图 6-9 主单位选项卡

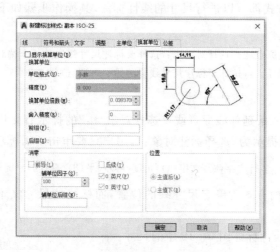

图 6-10　换算单位选项卡

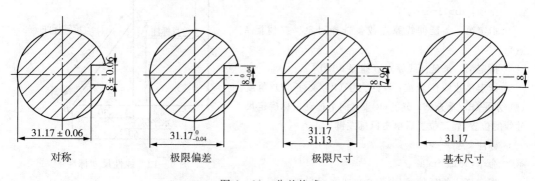

图 6-11　公差格式

利用【精度】【上偏差】【下偏差】等设置公差的其他参数,如"垂直位置"可设置"上""中"或"下"。

对每一种新建立的标注样式或对原式样的修改后,均要【置为当前】设置才有效。

6.2.2　主要尺寸标注命令

设置完尺寸的标注样式后,就可以利用相应的标注命令对图形对象进行尺寸标注。在 AutoCAD 中,要标注长度、弧长、半径等不同类型的尺寸,应使用不同的标注命令。尺寸标注包括标注尺寸和注释,AutoCAD 还提供了很强的尺寸编辑功能。

1. 线性标注(DIMLINEAR)

线性标注用于标注用户坐标系 XY 平面中的两个点之间的距离测量值,标注时可以指定点或选择一个对象。要启动 DIMLINEAR 命令,有如下 3 种方法:

◇ 命令行:DIMLINEAR/DLI↙。

◇ 工具栏:单击【标注】工具栏中的【线性】按钮 ⊢┤。

◇ 下拉菜单:选择【标注】→【线性】。

采用上述任一方式都可以进行尺寸的线性标注,其操作步骤如下:

命令:_dimlinear ✓
指定第一条延伸线原点或<选择对象>:(选择要标注尺寸线段的一个端点)
指定第二条延伸线原点:(选择要标注尺寸线段的另一个端点)

说明:

如果对"指定第一条延伸线原点或<选择对象>:"的提示直接用【Enter】键响应,则 AutoCAD 系统后续提示为"选择标注对象:",用户只要单击所需标注的线段即可。

指定尺寸线位置或[多行文字(M)/文字(T)/角度(A)/水平(H)/垂直(V)/旋转(R)]:

此时,缺省的当前方式为确定尺寸线的位置,而标注的尺寸文本就是系统的测量值标注。

【例 6-3】 用线性标注图 6-12 中的尺寸。

操作步骤如下:

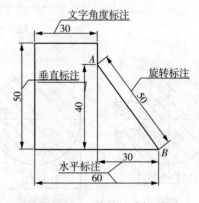

图 6-12 线性尺寸标注

命令:_dimlinear ✓
指定第一条延伸线原点或<选择对象>:(捕捉 A 点)
指定第二条延伸线原点:(捕捉 B 点)
指定尺寸线位置或[多行文字(M)/文字(T)/角度(A)/水平(H)/垂直(V)/旋转(R)]:(向下拖动鼠标确定尺寸线的位置,确定位置后单击鼠标左键)
标注文字 = 30
命令:_dimlinear ✓
指定第一条延伸线原点或<选择对象>:(捕捉 A 点)
指定第二条延伸线原点:(捕捉 B 点)
指定尺寸线位置或[多行文字(M)/文字(T)/角度(A)/水平(H)/垂直(V)/旋转(R)]:(向左拖动鼠标确定尺寸线的位置,确定位置后单击鼠标左键)
标注文字 = 40
命令:_dimlinear ✓
指定第一条延伸线原点或<选择对象>:(捕捉 A 点)
指定第二条延伸线原点:(捕捉 B 点)
指定尺寸线位置或[多行文字(M)/文字(T)/角度(A)/水平(H)/垂直(V)/旋转(R)]:R ✓
指定尺寸线的角度<0>:37 ✓(输入角度)
指定尺寸线位置或[多行文字(M)/文字(T)/角度(A)/水平(H)/垂直(V)/旋转(R)]:(向左上拖动鼠标确定尺寸线的位置,确定位置后单击鼠标左键)
标注文字 = 50
其他尺寸的标注方法相同。

2. 对齐标注(DIMALIGNED)

对齐标注是用来标注斜面或斜线等倾斜对象的尺寸,其特点是尺寸线平行于倾斜的标注对象。

对齐标注命令执行方式有以下三种：

◇ 命令行：DIMALIGNED/DAL ↙。

◇ 工具栏：单击【标注】工具栏中的【对齐】按钮 ↘。

◇ 下拉菜单：【标注】→【对齐】命令。

【例 6-4】　标注如图 6-13 所示的尺寸。

操作步骤如下：

命令：_dimaligned↙

指定第一条延伸线原点或＜选择对象＞：(捕捉 A 点)

指定第二条延伸线原点：(捕捉 B 点)

指定尺寸线位置或[多行文字(M)/文字(T)/角度(A)]：
(向左上拖动鼠标确定尺寸线的位置，确定位置后单击鼠标
左键，即可标注出尺寸长度 89)

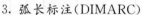

图 6-13　对齐标注

3. 弧长标注(DIMARC)

弧长标注用于标注圆弧或多段线中弧线段的
长度，弧长标注的延伸线可以正交或径向。在标注文字的上方或前面将显示圆弧符号

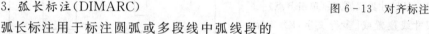
，以便与其他标注区分开来。

要启动 DIMARC 命令，有如下 3 种方法：

◇ 命令行：DIMARC/DAR ↙。

◇ 工具栏：单击【标注】工具栏的【弧长】按钮 ⌒。

◇ 下拉菜单：选择【标注】→【弧长】。

执行上述任一命令后，命令行提示：

选择弧线段或多段线圆弧段：(单击要标注的圆弧)

指定弧长标注位置或[多行文字(M)/文字(T)/角度(A)/部分(P)/]：(拖动鼠标确定标注的位置)

其中【部分(P)】选项用于缩短弧长标注的长度。

【例 6-5】　标注如图 6-14 所示的弧长尺寸。

操作步骤如下：

命令：_dimarc↙

选择弧线段或多段线圆弧段：(单击圆弧上任一点)

指定弧长标注位置或[多行文字(M)/文字(T)/角度
(A)/部分(P)/]：(向上拖动鼠标确定弧长标注位置，确定
位置后单击鼠标左键，即可标注出如图所示的弧长尺寸)。

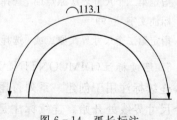

图 6-14　弧长标注

4. 基线标注(DIMBASELINE)

基线标注用来标注从同一条尺寸界线出发的
一系列尺寸，要创建基线标注，必须先创建(或选择)一个线性、坐标或角度标注，作为
基准标注，AutoCAD 将从基准标注的第一个尺寸界线处测量基线标注。对于从一条
尺寸界线出发的基线尺寸标注，可以快速进行标注，无须手动设置两条尺寸线之间的
间隔。

要启动 DIMBASELINE 命令,有如下两种方法:

◇ 命令行:DIMBASELINE/DBA ✓。

◇ 工具栏:单击【注释】工具栏【基线】按钮 ⊨ 。

◇ 下拉菜单:选择【标注】→【基线】。

执行基线标注命令后,从一个线性、坐标或角度标注开始,连续捕捉(或点击)下一个要标注的点,即可获得一组等间距的基线标注。

【例6-6】 用基线标注图6-15中的一组线性尺寸。

操作步骤如下:

单击【线性】标注按钮,命令行提示:

命令:_dimlinear ✓

指定第一个尺寸界线原点或<选择对象>: <打开对象捕捉>(单击A点)

指定第二条尺寸界线原点:(单击B点)

指定尺寸线位置或[多行文字(M)/文字(T)/角度(A)/水平(H)/垂直(V)/旋转(R)]:

标注文字 = 33

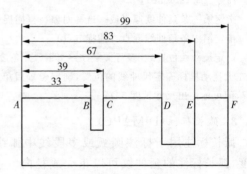

图6-15 基线标注

单击【标注】下拉菜单【基线】标注命令,命令行提示:

命令:_dimbaseline ✓

指定第二个尺寸界线原点或 [选择(S)/放弃(U)]<选择>:(单击C点)

标注文字 = 39

指定第二个尺寸界线原点或 [选择(S)/放弃(U)]<选择>:(单击D点)

标注文字 = 67

指定第二个尺寸界线原点或 [选择(S)/放弃(U)]<选择>:(单击E点)

标注文字 = 83

指定第二个尺寸界线原点或 [选择(S)/放弃(U)]<选择>:(单击F点)

标注文字 = 99

指定第二个尺寸界线原点或 [选择(S)/放弃(U)]<选择>:✓(结束基线标注)

5. 连续标注(DIMCONTINUE)

连续标注用于创建一系列首尾相连的尺寸标注,每个连续标注都从前一个标注的第二个尺寸界线处开始。连续标注是工程制图(特别是多用于建筑制图)中常用的一种标注方式,指一系列标注。其中,相邻的两个尺寸标注间的尺寸界线作为公用界线。

要启动 DIMCONTINUE 命令,有如下3种方法:

◇ 命令行:DIMCONTINUE/DCO ✓。

◇ 工具栏:单击【注释】工具栏【连续】按钮 ⊨⊨ 。

◇ 下拉菜单:【标注】→【连续】。

【例6-7】 用连续标注图6-16中的线性尺寸。

操作步骤如下:

单击【线性】标注按钮,命令行提示:

命令:_dimlinear✓

指定第一个尺寸界线原点或<选择对象>:

<打开对象捕捉>(单击 A 点)

指定第二条尺寸界线原点:(单击 B 点)

指定尺寸线位置或[多行文字(M)/文字(T)/角度(A)/水平(H)/垂直(V)/旋转(R)]:(拖动鼠标至目标位置,单击左键)

标注文字 = 20

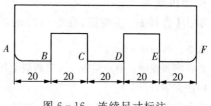

图 6-16　连续尺寸标注

单击【标注】下拉菜单【连续】标注命令,命令行提示:

命令:_dimcontinue✓

指定第二个尺寸界线原点或 [选择(S)/放弃(U)]<选择>:(单击 C 点)

标注文字 = 20

指定第二个尺寸界线原点或 [选择(S)/放弃(U)]<选择>:(单击 D 点)

标注文字 = 20

指定第二个尺寸界线原点或 [选择(S)/放弃(U)]<选择>:(单击 E 点)

标注文字 = 20

指定第二个尺寸界线原点或 [选择(S)/放弃(U)]<选择>:(单击 F 点)

标注文字 = 20

指定第二个尺寸界线原点或 [选择(S)/放弃(U)]<选择>:✓(结束连续标注)

6. 直径标注(DIMDIAMETER)

直径标注用来标注所选圆或者圆弧的直径尺寸。标注圆或圆弧的直径尺寸时,AutoCAD 会自动在标注文字前添加符号 φ。

要启动直径标注命令,有如下 3 种方法:

◇ 命令行:DIMDIAMETER/DDI ✓。

◇ 工具栏:【标注】→【直径】按钮 。

◇ 下拉菜单:【标注】→【直径】。

【例 6-8】 标注如图 6-17 所示的直径尺寸。

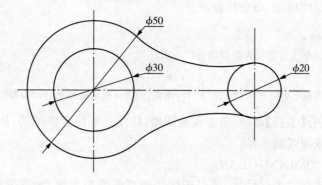

图 6-17　直径标注

操作步骤如下：

单击【直径】标注按钮，命令行提示：

命令:_dimdiameter ↙

选择圆弧或圆:(单击左边最大圆圆周上任一点)

标注文字 = 50

指定尺寸线位置或［多行文字(M)/文字(T)/角度(A)］:(拖动鼠标至合适位置单击左键)

回车，重复执行【直径】命令，单击其他圆，标注其直径 φ30 或 φ20。每次标注一个圆或圆弧的直径。

7. 半径标注(DIMRADIUS)

半径标注用来标注所选圆或圆弧的半径尺寸。标注圆或圆弧的半径尺寸时，一条箭头尺寸线指向圆或圆弧，AutoCAD 会自动在标注文字前添加符号 R。

要启动半径标注命令，有如下 3 种方法：

◇ 命令行:DIMRADIUS/DRA ↙。

◇ 工具栏:【标注】→【半径】按钮 ⊙。

◇ 下拉菜单:【标注】→【半径】。

【例 6-9】 标注如图 6-18 所示的半径尺寸。

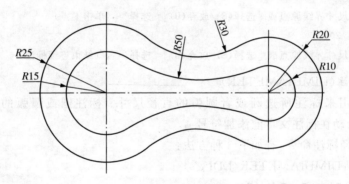

图 6-18 半径标注

操作步骤如下：

单击【半径】标注按钮，命令行提示：

命令:_dimradius ↙

选择圆弧或圆:(单击左边最大圆圆周上任一点)

标注文字 = 25

指定尺寸线位置或［多行文字(M)/文字(T)/角度(A)］:(拖动鼠标至合适位置单击左键)

回车，重复执行【半径】命令，单击其他圆周，标注其半径 R15、R50、R30、R20 和 R10。每次标注一个圆或圆弧的半径。

8. 角度标注(DIMANGULAR)

角度标注用来标注角度尺寸，可用于标注圆或圆弧的角度、两条非平行直线间的角度或者三点间的角度。AutoCAD 在角度标注中也允许采用基线标注和连续标注。

要启动角度标注命令,有如下 3 种方法:

◇ 命令行:DIMANGULAR/DAN ↙。

◇ 工具栏:【标注】→【角度】按钮 △。

◇ 下拉菜单:【标注】→【角度】。

执行上述任一角度标注命令后,根据命令行提示捕捉线条上的点操作。

【例 6 - 10】　标注如图 6 - 19 所示的角度尺寸。

操作步骤如下:

命令:_dimangular ↙

选择圆弧、圆、直线或＜指定顶点＞:(选择 A 线)

选择第二条直线: (选择 B 线)

指定标注弧线位置或［多行文字(M)/文字(T)/角度(A)/象限点(Q)］:(拖动鼠标指定标注弧线位置,确定位置后单击鼠标左键,即可标注出如图所示的角度尺寸 110°)

标注文字 = 110

另外两个 30°角度尺寸可在标注完 110°角度尺寸后,用【连续】标注命令来完成标注。

右下方的 20°角度尺寸标注方法相同,另外两个 30°角度尺寸可在右下方的 20°角度尺寸标注完成后,用基线标注命令来完成标注。

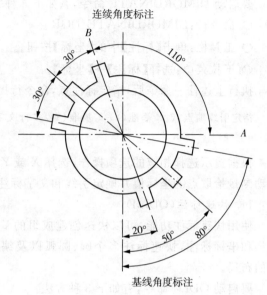

图 6 - 19　角度尺寸标注

9. 折弯半径标注(DIMJOGGED)

当圆或圆弧的中心位于布局外且无法在其实际位置显示时,可用折弯标注圆或圆弧的半径。

要启动折弯标注命令,有如下 3 种方法:

◇ 命令行:DIMJOGGED /DJO ↙。

◇ 工具栏:【标注】→【折弯】按钮 ⚲。

◇ 下拉菜单:【标注】→【折弯】。

执行上述任一折弯标注命令后,根据命令行提示捕捉点或拖动鼠标操作。

【例 6 - 11】　标注如图 6 - 20 所示的折弯半径尺寸。

操作步骤如下:

命令:_dimjogged ↙

选择圆弧或圆: (捕捉 A 点)

指定图示中心位置:(捕捉中心位置点)

标注文字 = 60

指定尺寸线位置或［多行文字(M)/文字(T)/角度(A)］:(拖动鼠标指定尺寸线位置,单击鼠标左键

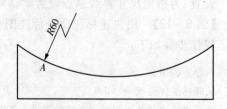

图 6 - 20　折弯半径标注

确定)

指定折弯位置:(拖动鼠标指定折弯位置,单击鼠标左键确定)

10. 坐标标注(DIMORDINATE)

利用坐标标注可以基于当前 UCS 标注任意点的 X 与 Y 坐标。执行该命令并选择希望标注的点后,沿 X 轴方向移动光标将标注 X 坐标,沿 Y 轴方向移动光标将标注 Y 坐标。要启动 DIMORDINATE 命令,有如下 3 种方法:

◇ 命令行:DIMORDINATE/DOR ✓。

◇ 工具栏:单击【标注】中的【坐标】按钮 。

◇ 下拉菜单:选择【标注】→【坐标】。

执行上述任一命令后,指定标注点,命令行提示如下:

指定引线端点或[X 基准(X)/Y 基准(Y)/多行文字(M)/文字(T)/角度(A)]:

根据提示选择相应的选项操作,选择 X 或 Y 基准系统自动测量拾取点的坐标值并确定引线和文字标注方向。

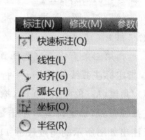

图 6 - 21 坐标标注菜单命令

11. 快速标注(QDIM)

使用快速标注功能,可以快速创建成组的基线、连续、阶梯和坐标标注,快速标注多个圆、圆弧以及编辑现有标注的布局。

要启动 QDIM 命令,有如下 3 种方法:

◇ 命令行:QDIM ✓。

◇ 工具栏:单击【标注】中的【快速标注】按钮 。

◇ 下拉菜单:选择【标注】→【快速标注】。

执行 QDIM 命令时,在选择希望标注的图形对象并结束对象选择后,系统将给出如下提示:

指定尺寸线位置或[连续(C)/并列(S)/基线(B)/坐标(O)/半径(R)/直径(D)/基准点(P)/编辑(E)/设置(T)]<连续>:

这些选项的功能如下:

连续、并列、基线、坐标、半径和直径:创建一系列连续、并列等标注。

基准点:为基线标注和坐标标注设置新的基准点或原点。

编辑:可以显示所有的标注节点,并提示用户在现有标注中添加或删除标注节点。

设置:为指定尺寸界线原点设置默认对象捕捉。

【例 6 - 12】 用快速标注命令标注图 6 - 22 中的几条中心线间距。

操作步骤如下:

命令:_QDIM ✓

关联标注优先级 = 端点

选择要标注的几何图形:(点选左起第 1 条中心线)找到 1 个

选择要标注的几何图形:(点选左起第 2 条中心线)找到 1 个,总计 2 个

选择要标注的几何图形:(点选左起第 3 条中心线)找到 1 个,总计 3 个

选择要标注的几何图形:(点选左起第 4 条中心线)找到 1 个,总计 4 个

选择要标注的几何图形:↙(结束选择)

指定尺寸线位置或［连续(C)/并列(S)/基线(B)/坐标(O)/半径(R)/直径(D)/基准点(P)/编辑(E)/设置(T)]＜连续＞:(拖动鼠标向上,单击确定位置)

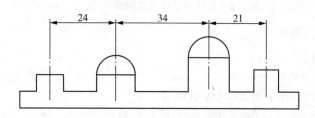

图 6-22 快速标注

在"选择要标注的几何图形:"提示下,可以根据需要采用点选、窗口选择或者窗交选择图形对象。拖动鼠标向上、下或左、右,标注的尺寸分别是连续水平间距或连续垂直间距。

12. 标注间距(DIMSPACE)

标注间距可以自动调整平行的线性标注和角度标注之间的间距,或根据指定的间距值进行调整。此外,还可以通过输入间距值使尺寸线相互对齐,无须重新创建标注或使用夹点逐条对齐并重新定位尺寸线。

要启动 DIMSPACE 命令,有如下 3 种方法:

◇ 命令行:DIMSPACE ↙。

◇ 工具栏:单击【标注】中的【标注间距】按钮 ⊞ 。

◇ 下拉菜单:选择【标注】→【标注间距】。

执行上述任一命令后,根据命令行提示,选择基准标注,选择要产生间距的标注,回车,选择输入值或自动(A),就可以获得均衡间距的标注了。

【例 6-13】 将图 6-23(a)中的标注间距调整为(b)和(c)所示的均衡间距。

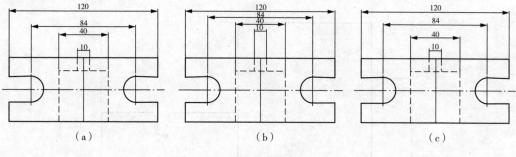

图 6-23 标注间距

操作步骤如下:

单击【标注】下拉菜单,选择【标注间距】命令,命令行提示:

命令:_DIMSPACE ↙

选择基准标注:(单击尺寸线 120)

选择要产生间距的标注:(单击尺寸线 84)找到 1 个

选择要产生间距的标注:(单击尺寸线 40)找到 1 个,总计 2 个

选择要产生间距的标注:(单击尺寸线 10)找到 1 个,总计 3 个

选择要产生间距的标注:↙

输入值或［自动(A)］<自动>:↙(自动调整尺寸线间距)

得到(b)图的均衡间距。

命令:_dimspace↙

选择基准标注:(单击尺寸线 120)

选择要产生间距的标注:(单击尺寸线 84)找到 1 个

选择要产生间距的标注:(单击尺寸线 40)找到 1 个,总计 2 个

选择要产生间距的标注:(单击尺寸线 10)找到 1 个,总计 3 个

选择要产生间距的标注:↙

输入值或［自动(A)］<自动>:10↙(尺寸线间距 10)

得到(c)图的均衡间距。

13. 折弯线性标注(DIMJOGLINE)

在标注一些长度较大的轴类打断视图的长度尺寸时,可以向线性标注添加折弯线,以表示实际测量值与尺寸界线之间的长度不同,通常使用折弯线性标注。

要启动 DIMJOGLINE 命令,有如下 3 种方法:

◇ 命令行:DIMJOGLINE/DJL ↙。

◇ 工具栏:单击【注释】面板【折弯线性】工具按钮 。

◇ 下拉菜单:选择【标注】→【折弯线性】。

执行上述任一命令后,选择需要添加折弯的线性标注或对齐标注,然后指定折弯位置即可。

【例 6 - 14】 用折弯线性标注图 6 - 24 的总长尺寸。

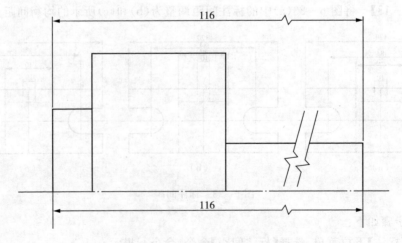

图 6 - 24 折弯线性标注

操作步骤如下：

首先执行【线性】标注命令标注线性尺寸，命令行提示：

命令:_dimlinear↙

指定第一个尺寸界线原点或＜选择对象＞:(单击图形左侧端点)

指定第二条尺寸界线原点:(单击图形右侧端点)

指定尺寸线位置或[多行文字(M)/文字(T)/角度(A)/水平(H)/垂直(V)/旋转(R)]:(向上拖动鼠标,单击左键指定线性尺寸位置)

标注文字 = 116

单击【标注】下拉菜单，选择【折弯线性】命令：

命令:_dimjogline↙

选择要添加折弯的标注或[删除(R)]:(单击标注文字 = 116 的线性标注尺寸线)

指定折弯位置(或按 ENTER 键):(指定尺寸线上最近点,完成折弯线性标注)

14．打断标注(DIMBREAK)

当标注尺寸时，如果尺寸线或尺寸界线与图形对象相交，为了避免误解，可用打断标注。打断标注是在尺寸线或尺寸界线与几何对象或其他标注相交的位置将其打断。

要启动 DIMBREAK 命令，有如下 3 种方法：

◇ 命令行:DIMBREAK ↙。

◇ 工具栏:单击【注释】面板【打断】工具按钮 。

◇ 下拉菜单:选择【标注】→【标注打断】。

【例 6 - 15】　用打断标注图 6 - 25 的尺寸。

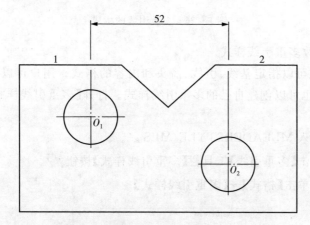

图 6 - 25　打断标注

操作步骤如下：

先用【线性标注】命令标注图中的线性尺寸：

命令:_dimlinear↙

指定第一个尺寸界线原点或＜选择对象＞:(打开对象捕捉,单击圆心 O1)

指定第二条尺寸界线原点:(单击圆心 O2)

指定尺寸线位置或[多行文字(M)/文字(T)/角度(A)/水平(H)/垂直(V)/旋转(R)]:(向上拖动鼠

标,单击左键指定线性尺寸位置)

标注文字 = 52

再执行【标注打断】命令：

命令：_dimbreak ↙

选择要添加/删除折断的标注或［多个(M)］：(单击线性尺寸线)

选择要折断标注的对象或［自动(A)/手动(M)/删除(R)］＜自动＞：(单击线 1)

选择要折断标注的对象：(单击线 2)

选择要折断标注的对象：↙(回车结束命令)

15. 多重引线标注(MLEADER)

在机械上,引线标注通常用于为图形标注倒角、零件编号、形位公差、制图的标准、说明等。在 AutoCAD 中,可使用多重引线标注命令创建引线标注,还可以通过修改多重引线的样式,对引线的格式、类型及内容进行编辑。多重引线标注由带箭头或不带箭头的直线或样条曲线(又称引线),一条短水平线(又称基线)以及处于引线末端的文字或块组成。

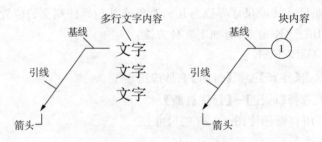

图 6-26 多重引线的构成

(1)创建和修改多重引线样式

多重引线样式可以指定基线、引线、箭头和内容的格式。用户可以使用默认多重引线样式 Standard,也可以创建自己的多重引线样式。打开【多重引线样式管理器】有以下几种方法：

◇ 命令行：输入 MLEADERSTYLE/MLS ↙。

◇ 工具栏：单击【多重引线】工具栏【多重引线样式】按钮。

◇ 下拉菜单：单击【格式】→【多重引线样式】。

图 6-27 【多重引线样式管理器】对话框

执行上述任一命令之后,系统将弹出【多重引线样式管理器】对话框,如图 6 - 27 所示。单击【新建】按钮,系统弹出【创建多重引线样式】对话框,如图 6 - 28 所示。在【创建多重引线样式】对话框中可以设置新样式名称和基础样式。然后单击【继续】,系统打开【修改多重引线样式】对话框,设置引线格式、引线结构和内容,定义完单击【确定】按钮,在【多重引线样式管理器】中将新建样式【置为当前】即可。

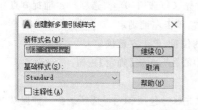

图 6 - 28 【创建多重引线样式】对话框　　　图 6 - 29 【修改多重引线样式】对话框

(2)创建多重引线

多重引线命令执行方式有 3 种:

◇ 命令行:MLEADER/MLD✓。

◇ 工具栏:单击【标注】→【多重引线】按钮✎。

◇ 下拉菜单:【标注】→【多重引线】。

执行 MLEADER 命令后,系统提示如下:

指定引线箭头的位置或［引线基线优先(L)/内容优先(C)/选项(O)］:

各选项的含义如下:

指定引线箭头位置(箭头优先):首先指定多重引线对象箭头的位置,然后设置引线基线位置,最后输入相关联的文字。

基线优先(L):首先指定多重引线对象的基线的位置,然后设置箭头位置,最后输入相关联的文字。

内容优先(C):首先指定与多重引线对象相关联的文字或块的位置,然后输入文字,最后指定引线箭头位置。

选项(O):指定用于放置多重引线对象的选项。

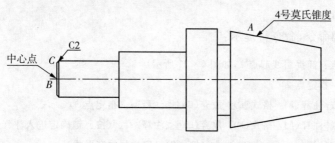

图 6 - 30 多重引线标注

【例 6 - 16】 用多重引线标注如图 6 - 30 中的引线及内容。

操作步骤如下：

命令：_mleader ↙

指定引线箭头的位置或［引线基线优先(L)/内容优先(C)/选项(O)]＜选项＞：(捕捉 A 点)

指定下一点：(向左上方拖动鼠标确定下一点的位置，确定位置后单击左键)

指定引线基线的位置：(向左拖动鼠标确定下一点的位置，确定后单击左键)

系统将弹出【在位编辑器】，在【在位编辑器】输入"4 号莫氏锥度"，单击【确定】按钮。

命令：_mleader ↙

指定引线箭头的位置或［引线基线优先(L)/内容优先(C)/选项(O)]＜选项＞：(捕捉 B 点)

指定下一点：(向左上方拖动鼠标确定下一点的位置，单击左键确定)

指定引线基线的位置：(向左拖动鼠标确定下一点的位置，单击左键确定)

系统将弹出【在位编辑器】，在【在位编辑器】输入"中心孔"，单击【确定】按钮。

命令：_mleader ↙

指定引线箭头的位置或［引线基线优先(L)/内容优先(C)/选项(O)]＜选项＞： (捕捉 C 点)

指定下一点：(向右上方 45°角拖动鼠标确定下一点的位置，单击鼠标左键确定)

指定引线基线的位置：(向右拖动鼠标确定下一点的位置，确定后单击鼠标左键)

系统将弹出【在位编辑器】，在【在位编辑器】输入"C2"，单击【确定】按钮。

(3)引线标注

【引线】命令不但可以灵活地设置引线，其注释文本除了可以设置为多行文字和复制插入一个图块或副本外，还可以设置成形位公差，对标注机械制图中的形位公差非常方便。

启用【引线】命令的方法：

◇ 命令行：LEADER ↙ 。

然后，根据命令行的提示进行引线标注。

【例 6 - 17】 用【引线】命令，标注图 6 - 31 的形位公差。

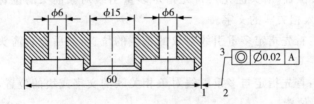

图 6 - 31　引线标注形位公差

操作步骤如下

启用【引线】命令，命令行提示：

指定引线起点：(捕捉引线起点 1，如图 6 - 31 所示)

指定下一点：(指定点 2)

指定下一点或［注释(A)/ 格式(F)/ 放弃(U)]＜注释＞：(指定点 3)

指定下一点或［注释(A)/ 格式(F)/ 放弃(U)]＜注释＞：↙(按↙键确定进入注释内容输入)

输入注释文字的第一行或＜选项＞：↙(按↙键确定注释内容形式)

输入注释选项[公差(T)/副本(C)/块(B)/无(N)/多行文字(M)]< 多行文字 >:T↙(选择公差选项弹出【形位公差】对话框,设置如图 6 - 32 所示,单击【确定】完成标注)

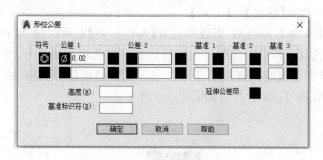

图 6 - 32　形位公差设置

(3)编辑多重引线

创建多重引线后,我们还可以对其进行编辑,为多重引线对象增加或删除引线,对齐或合并多重引线等。具体包含了下面几方面的内容:

① 添加与删除多重引线

多重引线对象可包含多条引线,因此一个注释可以指向图形中的多个对象。使用MLEADEREDIT 命令,可以向已建立的多重引线对象添加引线或从已建立的多重引线对象中删除引线。

② 对齐与合并多重引线

使用 MLEADERALIGN 命令,可将选定的多个多重引线对象进行对齐;使用MLEADERCOLLECT 命令,可以将选定的多个多重引线合并至到单引线组中。

要对齐多重引线,应首先单击【多重引线】工具栏中的【对齐多重引线】工具,然后选择多重引线,接着单击鼠标右键确认。当命令行显示"选择要对齐到的多重引线或[选项]",在此选择其中一条多重引线,然后指定方向,单击确定。

要合并多重引线,应首先单击【多重引线】工具栏中的【多重引线合并】工具,然后选择图形中的多重引线,按【Enter】键结束选择。最后单击指定多重引线合并的位置。

③ 修改多重引线

用户既可以使用多重引线样式来控制多重引线的外观,也可以利用【特性】选项板来快速更改多重引线的外观。

另外,利用多重引线夹点也可以拉长或缩短基线、引线或移动整个引线对象。

16. 形位公差(TOLERANCE)

形位公差包括形状公差和位置公差,形状公差是构成零件几何特征的点、线、面要素之间的实际形状相对于理想形状的允许变动量。位置公差是零件上点、线、面要素的实际位置相对于理想位置的允许变动量。形位公差是表示特征的形状、轮廓、方向、位置和跳动的偏差。

(1)创建形位公差

在 AutoCAD 中,要直接在图形中创建形位公差标注,可使用如下 3 种方法执行TOLERANCE 命令:

◇ 命令行：TOLERANCE/TOL ↙。

◇ 工具栏：单击【标注】中的【公差】按钮 ⊕⊥ 。

◇ 下拉菜单：选择【标注】→【公差】。

执行 TOLERANCE 命令后，系统将打开【形位公差】对话框，在该对话框中可以设置单个标注的公差信息。形位公差代号包括形位公差有关项目的符号、形位公差框格和引线、形位公差数值和其他有关符号及基准符号。设置结束后，只要在图形中单击确定放置形位公差的位置即可，如图 6-33 所示。

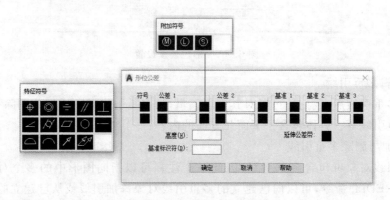

图 6-33　形位公差对话框

一般情况下，要标注完整的形位公差，都需要和引线或多重引线结合使用，此时可将多重引线类型设置为"无"。

（2）编辑形位公差

要编辑形位公差，可双击选择形位公差对话框直接修改；或者单击形位公差，右键，打开【特性】选项板，在【文字】区的【文字替代】编辑框中单击，然后单击出现的按钮，打开【形位公差】对话框。

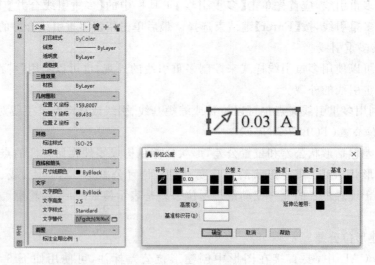

图 6-34　利用【特性】选项板编辑形位公差

6.2.3 编辑尺寸标注

编辑尺寸标注就是对已经标注的尺寸对象的组成元素(文字的样式、内容,箭头的大小与形状等)进行必要的修改。编辑尺寸标注的方法很多,下面简单列举几种。

(1)对齐标注文字

使用【编辑标注文字】(DIMTEDIT)命令可以移动和旋转标注文字。

要执行 DIMTEDIT 命令,有以下几种方式:

◇ 命令行:DIMTEDIT↙。

◇ 工具栏:【标注】中的【对齐文字】按钮。

◇ 下拉菜单:选择【标注】→【对齐文字】。

其中,【对齐文字】包括默认、角度对齐、左对齐、居中对正和右对齐。

(2)一次编辑多个尺寸标注

利用编辑尺寸标注命令 DIMEDIT,可以倾斜尺寸界线、旋转标注文本或者修改标注内容等。执行编辑尺寸标注命令,有以下几种方式:

◇ 命令行:DIMEDIT/DED↙。

◇ 工具栏:单击【标注】工具栏中的【编辑标注】。

执行【编辑标注】命令后,系统将给出如下提示,同时会在光标所在位置给出一个操作选项列表。

输入标注编辑类型 [默认(H)/新建(N)/旋转(R)/倾斜(O)]<默认>:

其中,默认(H):可以移动标注文字到默认位置;新建(N):可以修改标注内容;旋转(R):可以旋转标注文字;倾斜(O):选择该项可以倾斜尺寸界线。

(3)使用夹点调整尺寸标注

使用夹点可以非常方便地移动尺寸线、尺寸界线和标注文字的位置。

尺寸标注中各夹点的作用如下:

左右拖动尺寸文本夹点可以动尺寸文本的位置,上下拖动尺寸文本夹点可移动尺寸线的位置;上下拖动尺寸线两端夹点可移动尺寸线的位置;拖动尺寸界线夹点可调整尺寸界线原点的位置。

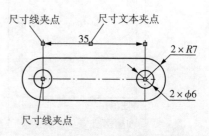

图 6-35 利用夹点调整尺寸标注

6.3 添加和编辑表格

【表格】主要用来展示与图形相关的标准、数据信息、材料和装配信息等内容。在实际工作中,往往需要在图纸中制作各种表格。利用 AutoCAD 2019 提供的表格功能,使得创建和编辑表格像在 Excel 中操作一样自由、灵活。在绘制的设备图中可以很方便地制作标题栏、明细表、技术特性表和管口表等。

　　表格创建完成后,用户可以单击该表格上的任意网格线以选中该表格,然后通过使用【特性】选项板来修改该表格。用户也可以通过表格周围的各种夹点来控制和调整表格外形。

6.3.1　设置表格样式

　　【表格】对象的外观由【表格样式】控制。通过【表格样式】的创建和设置可以确定所有新表格的外观。【表格样式】用于控制表格单元的填充颜色、内容对齐方式、数据格式,表格文本的文字样式、高度、颜色、表格边框以及表格的背景颜色、页边距、边界等其他表格特征。

　　【表格样式】对话框调用方式有以下几种:

　　◇ 命令行:TABLESTYLE/TS✓。

　　◇ 工具栏:单击【默认】选项卡【注释】面板按钮 📑 或【注释】选项卡【表格】面板右下角 ↘ 按钮。

　　◇ 下拉菜单:【格式】→【表格样式】。

　　执行上述命令后,可以打开如图 6-36 所示的【表格样式】对话框。

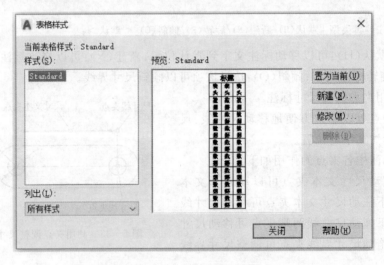

图 6-36　表格样式对话框

　　默认情况下,系统内置了"Standard"表格样式,用户可以根据需要创建新的表格样式,单击【新建】按钮后,系统弹出【创建新的表格样式】对话框,从中可以定义新的表格样式名称,如图 6-37 所示。在定义新的表格样式名称后,单击【继续】,进入【新建表格样式】,如图 6-38 所示。

图 6-37　新建表格样式对话框

也可以直接【表格样式】对话框的单击【修改】按钮，系统弹出【修改表格样式】对话框。【修改表格样式】对话框与【新建表格样式】对话框基本相同，从中可以修改表格样式。对 AutoCAD 2019 表格的三个部分标题、表头、数据的具体参数进行设置、编辑和修改。

（a）设置表格颜色对齐方式　　　　　（b）设置表格文字　　　　　　（c）设置表格边框

图 6-38　新建表格样式对话框

6.3.2　创建表格

设置好表格样式后，使用【表格】命令可以创建表格。创建表格时，可设置表格的表格样式、表格列数、列宽、行数、行高等。创建结束后，系统自动进入表格内容编辑状态。

【表格】命令调用方法有以下几种：

◇ 命令行：TABLE/T ↙。

◇ 工具栏：单击【注释】面板中【表格】按钮 ▦。

◇ 下拉菜单：【绘图】→【表格】。

进入【表格】命令后，系统弹出【插入表格】对话框，将对话框的内容进行设置。

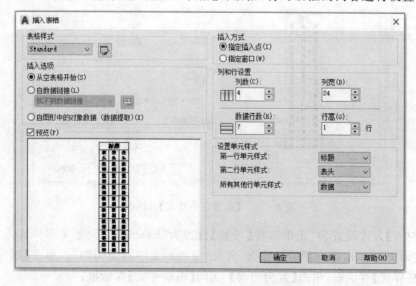

图 6-39　插入表格对话框

【例6-18】 绘制表6-2的水果进货统计表,表格内字体为"华文仿宋",字高"4",宽度因子0.7。

表6-2　水果进货统计表

序号	柑橘	香蕉	苹果	梨
1	72	83	56	68
2	75	78	42	45
3	81	65	89	91
小计				

操作步骤如下:

(1)启动 AutoCAD2019 新建文件

执行【文件】→【新建】命令,系统弹出【选择样板】对话框,选择"acadiso.dwt"样板,单击【打开】按钮,进入 AutoCAD 绘图模式。

(2)设置表格样式

执行【格式】→【表格样式】命令,系统弹出【表格样式】对话框,单击【新建】按钮,系统弹出【创建新的表格样式】对话框,在【新样式名】文本框中输入"表格 1";单击【继续】按钮,AutoCAD 系统弹出【新建表格样式】对话框,在【单元样式】选项区的下拉列表中选择【数据】选项,如图6-40所示。

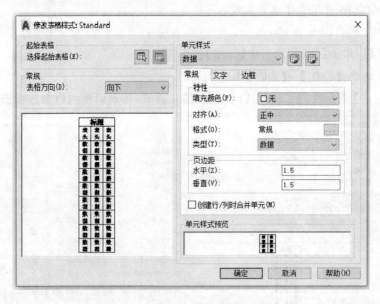

图6-40　【新建表格样式】对话框

将【对齐】方式设置为"正中",将【线宽】设置为"byblock",设置文字样式为"华文仿宋",宽度因子为0.7,再分别设置数据、表头、标题的文字高度为"4"。单击【确定】按钮,返回【表格样式】对话框,单击【置为当前】,关闭【表格样式】对话框。

（3）插入并编辑表格

① 插入表格：选择【绘图】→【表格】菜单，系统弹出【插入表格】对话框。将对话框的内容进行设置：插入方式选"指定插入点"，设置表格列数为 5，列宽为 25，行数为 3，然后依次打开"第一行单元样式"和"第二行单元样式"下拉列表，从中选择"数据"，将标题行和表头行均设置为"数据"类型，如图 6－41 所示，单击【确定】按钮完成表格设置。

图 6－41　设置表格行列数及单元样式

确定表格放置位置，在绘图区指定表格插入点，会自动插入一个表格。此时系统将自动打开【文字编辑器】工具栏，并进入表格内容编辑状态，如图 6－42 所示。

图 6－42　输入表格文本

② 编辑表格文本信息

在表格的表单元中双击左键，可重新进入表格内容编辑状态，修改已有的文本或为表格的其他表单元输入内容。

	A	B	C	D	E
1	序号	柑橘	香蕉	苹果	梨
2	1	72	83	56	68
3	2	75	78	42	45
4	3	81	65	89	91
5	小计				

序号	柑橘	香蕉	苹果	梨
1	72	83	56	68
2	75	78	42	45
3	81	65	89	91
小计				

（a）光标放在表格、表线出现行列编号　　　　（b）移开光标的表格

图 6－43　完成的表格

6.3.3　编辑表格

创建完成的表格都是等间距的,可以根据需要采用夹点、【特性】选项板、【表格】编辑器等对表格进行编辑和修改。也可根据需要对表格整体或表单元执行拉伸、合并和添加等操作。用【表格】命令绘制的表格,包含表格中的文字,都是一个整体对象,可以通过【分解】命令将表格分解。

1. 选择表格与表单元

选择整个表格:可直接单击表线或利用选择窗口选择整个表格。表格被选中后,表格框线将显示为蓝色线及一组夹点,如图 6-44 所示。

	A	B	C	D	E
1	序号	柑橘	香蕉	苹果	梨
2	1	72	83	56	68
3	2	75	78	42	45
4	3	81	65	89	91
5	小计				

图 6-44　选中的表格显示的夹点

选择一个表单元:可直接在该表单元中单击,此时将在所选表单元四周显示夹点,如图 6-45 所示。

	A	B	C	D	E
1	序号	柑橘	香蕉	苹果	梨
2	1	72	83	56	68
3	2	75	78	42	45
4	3	81	65	89	91
5	小计				

图 6-45　选择一个表单元显示的夹点

选择表单元区域:可首先在表单元区域的左上角表单元内单击,然后向表单元区域的右下角表单元中拖动,则释放鼠标后,选择框所包含或与选择框相交的表单元均被选中,如图 6-46 所示。此外,在单击选中表单元区域中某个角点的表单元后,按住【Shift】键,在表单元区域中所选表单元的对角表单元中单击,也可选中表单元区域。

	A	B	C	D	E
1	序号	柑橘	香蕉	苹果	梨
2	1	72	83	56	68
3	2	75	78	42	45
4	3	81	65	89	91
5	小计				

图 6-46　选择表单元区域显示的夹点

如果要取消表单元选择状态,可按【Esc】键。

2. 调整表格的行高与列宽

(1)使用夹点编辑表格和表单元

选中表格、表单元或表单元区域后,在表格四周和表单元区域就会出现一些不同类型的夹点,拖动这些夹点,可以改变该表格、表单元或表单元区域的大小。通过拖动不同夹点可移动表格的位置或者调整表格的行高与列宽。如果选中表单元,拖动其上下夹点,可调整当前行的行高,拖动其左右夹点可调整其列宽;如果选中表单元区域,拖动其上下夹点可均匀调整表单元区域所包含行的行高,拖动其左右夹点可均匀调整表单元区域所包含列的列宽。使用夹点,不仅可以调整表格的大小,也可以用来修改表格中的单元格大小,如图6-47所示。

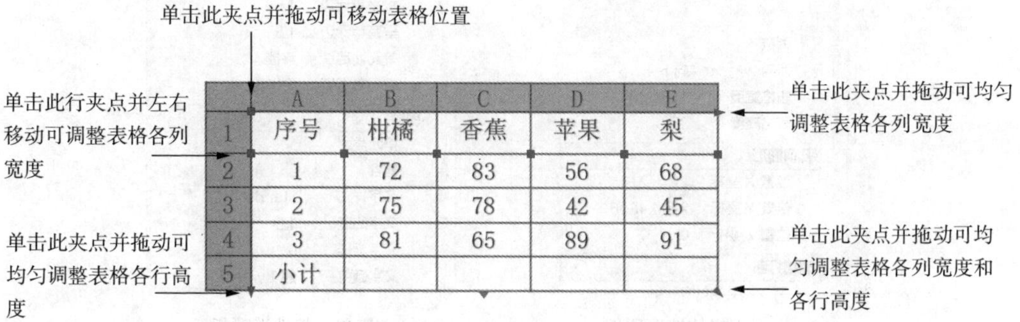

图6-47 表格各夹点的作用

(2)使用快捷菜单均匀调整表格的行高与列宽

要想均匀调整表格的行高与列宽,可在选中表格后右击表格,然后从弹出的快捷菜单中选择【均匀调整列大小】或【均匀调整行大小】。

3. 通过快捷菜单编辑表格和表单元

选中表格或表单元后,通过右键快捷菜单可以对表格进行相应的编辑。用户可以设置选中单元格的单元样式、背景填充,也可以对它的对齐、边框、锁定等内容进行更改,还可以选择编辑文字、删除单元格内容、合并单元格、在选定的单元格一侧插入整行或整列等,像处理 Excel 表格一样,具体菜单如图6-48所示。

4. 通过【特性】选项板编辑表格和表单元

选中某个表格或表单元后,右键单击并在快捷菜单中选择【特性】,在【特性】选项板中可以进行表格和表单元编辑,如图6-49所示。

（a）表格被选中
右键快捷菜单

（b）表单元被选中
右键快捷菜单

图6-48 右键快捷菜单

（a）表格特性选项板

（b）表单元特性选项板

图 6-49　表格和表单元的【特性】选项板

5. 利用【表格】工具栏编辑表格

在选中表单元或表单元区域后，【表格】工具栏被自动打开，通过单击如图 6-50 所示表格单元中的按钮，可对表格插入或删除行或列以及合并单元、取消单元合并、调整单元边框等。

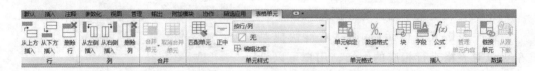

图 6-50　表格单元的编辑

6. 编辑表格文字

编辑表格的内容，只需双击表单元进入文字编辑状态，然后修改其内容或格式。如果要删除表单元中的内容，可首先选中表单元，然后按删除【Delete】键。

7. 在表格中使用公式

通过在表格中插入公式，可以对表格单元执行求和、均值等各种运算。

【例 6-19】 在上一例子中对各种水果数据进行小计。

操作步骤如下：

（1）单击选中表单元 B5，单击"表格"工具栏中的"公式"按钮 fx，从弹出的公式列表中选择"求和"。

（2）分别在 B2 和 B4 表单元中单击，确定选取表单元范围的第一个角点和第二个角点。

（3）显示并进入公式编辑状态。

（4）单击"文字格式"工具栏中的确定按钮，求和结果见表 6-3 所示。

用同样的求和步骤计算出 C5、D5 和 E5，见表 6-4。

表 6-3　求和结果

序号	柑橘	香蕉	苹果	梨
1	72	83	56	68
2	75	78	42	45
3	81	65	89	91
小计	228			

表 6-4　C5、D5 和 E5 的结果

序号	柑橘	香蕉	苹果	梨
1	72	83	56	68
2	75	78	42	45
3	81	65	89	91
小计	228	226	187	204

下面通过一个综合实例，练习设置表格样式、创建表格及编辑表格。

【例 6-20】　利用【表格】命令创建如图 6-51 所示的图纸标题栏。

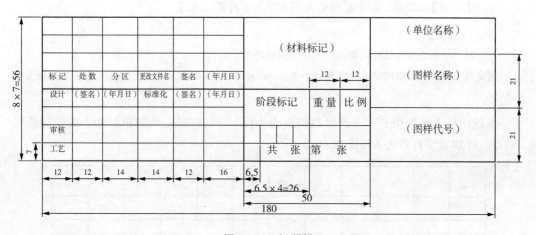

图 6-51　标题栏

操作步骤如下：

（1）创建表格样式

执行【格式】→【表格样式】命令，系统弹出【表格样式】对话框，单击【新建】按钮，系统弹出【创建新建的表格样式】对话框，在新样式名文本框中输入"标题栏"。

单击【继续】按钮,系统弹出【新建表格样式】对话框,在【单元样式】选项区域的下拉列表框中选择【数据】项,在【对齐】方式设置为"正中"模式;将线宽设置为 0.3 mm;设置文字样式为【仿宋_GB2312】,宽度因子为 0.7,再分别设置数据、表头、标题的文字高度为 2.5。

单击【确定】按钮,返回【表格样式】对话框,将新建的表格样式置为当前。

设置完毕后,单击【关闭】按钮,关闭表格样式对话框。

(2)插入表格

选择【绘图】→【表格】菜单,打开【插入表格】对话框。

表格样式选择"标题栏",插入方式选择【指定窗口】,列数指定为 12,数据行数为 7;第一行单元样式、第二行单元样式、所有其他行单元样式都选择"数据",如图 6-52 所示。

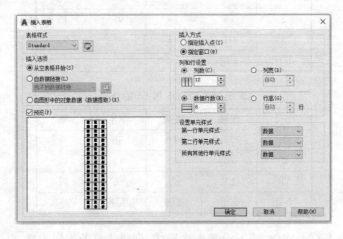

图 6-52 【插入表格】对话框

单击【确定】按钮后,系统返回绘图界面,命令行提示如下:

命令:_TABLE ↙

指定第一个角点:(光标任一单击一点作为表格的左上角点)

指定第二个角点:@180,56(指定第二个角点,采用相对坐标的形式,两个角点间的矩形区域为表格大小)

系统生成表格如图 6-53 所示的初始的 8 行 12 列的表格,此时根据输入的坐标值@180,56,可知表格的高为 56,长为 180。

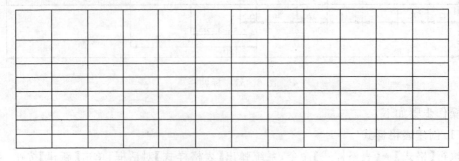

图 6-53 创建标题栏表格

（3）编辑表格

a. 设置外框线宽

使用窗口选择方式框选表格内部全部单元格，单击表格上方【表格】工具栏中的【编辑边框】按钮，系统弹出【单元边框特性】对话框，其具体设置如图 6-54 所示。

设置完成后，单击【确定】按钮，系统返回绘图窗口，结果如图 6-55 所示。

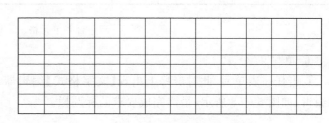

图 6-54　设置单元边框线宽　　　　图 6-55　标题栏边框线加粗

b. 设置单元格尺寸

单击表格中某个单元格，右键打开快捷菜单，单击【特性】，在【特性】选项板中设置【单元宽度】和【单元高度】的尺寸，具体尺寸如图 6-56 所示。设置的同时单元格自动调整尺寸，用同样的方法设置其他所有单元格尺寸。

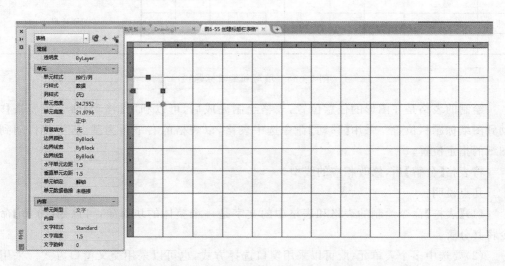

图 6-56　设置单元格尺寸

c. 合并单元格

选择需要合并的单元格，单击表格上方【表格】工具栏中的【合并】按钮，合并单元格

区域;也可以选择表单元区域后右键,在弹出快捷菜单中选择【合并】,结果如图 6 - 57
所示。

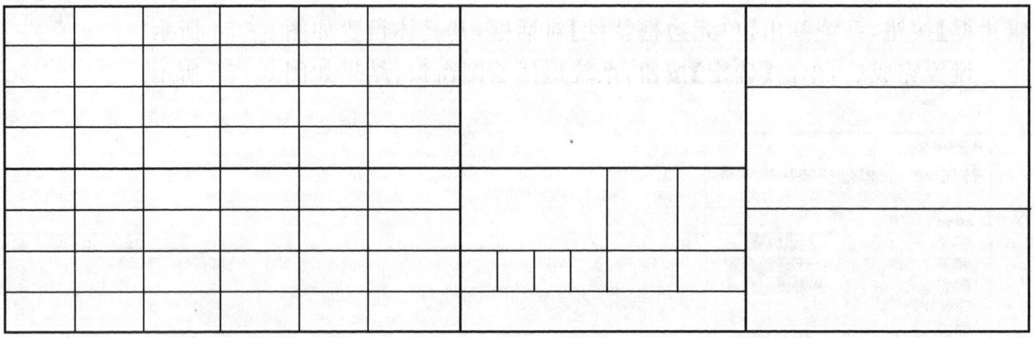

图 6 - 57　合并单元格

d. 填写文字

双击任一表单元,此时屏幕上出现【文字格式】编辑器,可对表格中的文字进行填写
和编辑,如图 6 - 58 所示,最终完成要求的标题栏。

						（材料标记）				（单位名称）
标记	处数	分区	更改文件名	签名	（年月日）					（图样名称）
设计	（签名）	（年月日）	标准化	（签名）	（年月日）	阶段标记	重量	比例		
审核										（图样代号）
工艺						共　张　第　张				

图 6 - 58　填写和编辑标题栏

　绘制的表格是在图形的任意位置,表格绘制完成后,可以利用【移动】命令将表格移
动到图纸标题栏位置。采用【移动】命令选中表格,以表格的右下角为基点,将其移动到
图纸的指定位置。

将表格【分解】后,修改相应的线型。

几点说明:

(1)【表格】命令绘制的表格和表格中的文字是一个整体的块对象,可以用【分解】命
令将其分解。

(2)要选中多个表单元,既可以采用窗口选择方式,也可以采用交叉窗口方式。采用
窗口选择不需要包含整个单元格,选中局部即可。按住 shift 键并在另一个调用内单击,
可以同时选中两个单元及它们之间的所有单元。

(3)创建表格时数据行输入"3",并不是总行数,不包含标题行与表头行。

第 7 章 块与属性

本章导读

　　机械制图中块的最大作用就是能够减少重复性的劳动,增加制图速度,本章主要介绍块的定义与操作,块属性定义与操作,并通过练习掌握这些内容。

教学目标

1. 掌握图块(内部块、外部块)的定义方法。
2. 掌握图块的调用和编辑方法。
3. 掌握块属性的定义和编辑方法。
4. 熟悉定义带属性的图块。

7.1 块定义、块插入和写块

　　在绘制机械图时有很多图形对象都是重复使用的,如各种规格的螺丝、轴、弹簧等。AutoCAD 为用户提供了块功能,块是一个或多个对象形成的对象集合,在图形中显示为一个单一对象,可以在插入图块的过程中进行比例缩放和旋转等操作,还可以将块分解为组成对象,常用于绘制复杂、重复的图形。块可以是绘制在几个图层上的不同颜色、线型和线宽特性的对象的组合,即图形中的多个图形对象组合成一个整体,给它命名并存储在图中的一个整体图形。块的最大作用就是能够减少重复性的劳动,加快制图速度。

7.1.1 块定义(BLOCK)

　　【块定义】也叫【创建块】,用于创建块并将块对象保存在当前图形文件中,以备重复使用。

　　要定义一个新的块,首先要用绘图和修改命令绘制出组成图块的所有图形对象,然后利用块定义将已绘出的图形定义为一个块,并给出一个块名。

在 AutoCAD 中启动【块定义】命令有以下几种方式：

◇ 命令行：BLOCK/B↙。

◇ 工具栏：单击【创建块】工具按钮 🖫。

◇ 下拉菜单：【绘图】→【块】→【创建】。

启动命令后，系统弹出【块定义】对话框，完成块定义，如图 7-1 所示。需要特别说明的是，利用该方式创建的图块仅保存在当前图形中。

【块定义】对话框主要选项功能说明如下：

(1)【名称】文本框。输入块名称，块名称及块定义将仅保存在当前图形中。

(2)【基点】用于指块定义插入基点位置。可以利用以下几种方式指定块的插入基点：勾选【在屏幕上指定】复选框并关闭对话框时，系统将提示用户指定基点；单击【拾取点】按钮切换到绘图窗口并提示【指定插入点位置】，在此提示下拾取一点，自动返回对话框；用户也可以在 X、Y 或 Z 文本框中直接输入基点坐标。一般将块的基点定义在对称中心、左下角或其他有特征的位置。

(3)【对象】选项区域。指定新块中要包含的对象以及创建块之后如何处理这些对象（保留或删除选定的对象或者是将它们转换成块实例）。

(4)【方式】选项区域。用于设置块的显示方式。包括"注释性""按统一比例缩放""允许分解"等。

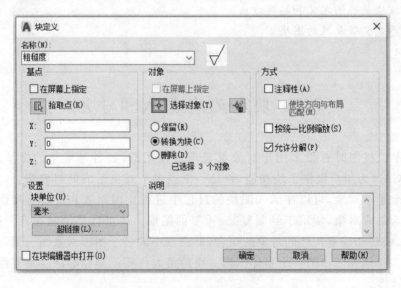

图 7-1 【块定义】对话框

当块定义后，可以在图形中插入或对其执行比例缩放、旋转等操作，但无法修改块中的对象。如果要编辑块中对象，必须先将其分解为独立的对象，然后再进行编辑。修改结束后若重定义成块，AutoCAD 将会自动根据块修改后的定义，更新该块的所有引用。

【例 7-1】 创建如图 7-2(a)所示粗糙度符号，具体尺寸参数如图 7-2(b)所示。

创建粗糙度符号的操作步骤如下：

(1)调用【直线】命令，根据命令行提示，在绘图区合适位置单击，确定直线第一点，在

指定下一点提示下,在命令行输入:
"@－3.5,0"回车,指定下一点"@
3.5＜300",指定最后一点"@8＜
60",按回车键或 ESC 键退出,完成
如图 7－2(a)所示表面粗糙度图形的
绘制。

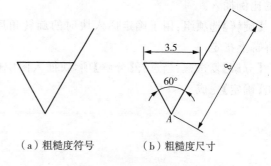

（a）粗糙度符号　　　（b）粗糙度尺寸

图 7－2　表面粗糙度符号

　(2)创建粗糙度图块

　单击【绘图】工具栏按键,打开
【块定义】对话框。

　在【名称】下拉列表中,输入要创
建的图块的名称,如"粗糙度"。

　单击【拾取插入基点】按钮,系统暂时关闭对话框,回到绘图窗口,从图中选择 A 点作
为基点(即图块插入点),系统返回【块定义】对话框。

　在【对象】选项区域中,单击【选择对象】按钮,系统暂时关闭对话框,回到绘图窗口,
从图中选择要做成粗糙度的图形(图 7－2(a)所示),随后系统将返回【块定义】对话框。

　如果要在控制打印时使用【注释比例】功能,可在【方式】选项区域勾选【注释性】复
选项。

　点击【确定】按钮完成粗糙度图块的创建。

7.1.2　块插入(INSERT)

　块定义完成后,利用块插入目录可将已定义的块插入到图中指定位置上。

　调用图块是通过【插入块】命令实现的,利用该命令既可以调用内部块,也可以调用
外部块。

　【插入块】命令用于在当前图形文件中插入已定义的内部图块或将已存盘的".dwg"
格式文件作为图块插入到当前图形中。

　启动【插入块】命令的方式有以下几种:

　◇ 命令行:INSERT/I↙。

　◇ 工具栏:单击【插入块】工具按钮。

　◇ 下拉菜单:【插入】→【块】。

　执行上述任一命令之后,系统弹出【插入】对话框,如图 7－3 所示。该对话框中常用
选项的含义如下:

　【名称】下拉列表框:用于选择要插入块或图形的名称,也可以单击【浏览】,从弹出的
【选择图形文件】中选定图形文件。

　【插入点】命令:用于确定块的插入点。可直接输入点的坐标,也可选择【在屏幕上指
定】。

　【缩放比例】选项组:用于确定块的插入比例,可直接在 X、Y、Z 文本框中输入三个方
向的比例,也可选中【在屏幕上指定】复选框在屏幕上指定。【统一比例】是三个方向以相

同的比例插入。

【旋转】选项组:用于确定插入块时的旋转角度。可直接在【角度】输入角度值,也可在屏幕上指定。

【分解】复选框:当选择【分解】项,块插入图中后,立即将其分解成单独的对象。最后单击【确定】完成。

图 7 - 3 【块插入】对话框

关于块插入的几点说明:

(1)当块被插入图形中时,块仍将保持它原图层的定义。假如一个块中的对象最初位于名为"A"的层中,当它被插入时,它仍在"A"层上。但若图形文件的图层中存在与块中图层同名的图层时,则块中该图层的线型与颜色应按图形的同名的图层所确定的线型与颜色绘图。

(2)如果块的组成对象位于图层 0,并且对象的颜色、线型和线宽都设置为"bylayer",那么把此块插入当前图层时,系统将设置指定该块的特性与当前图层的特性相同。

(3)如果组成块的对象的颜色、线型或线宽都设置为"byblock",那么在插入此块时,这些对象特性将被设置为系统的当前值。

(4)块定义中可包含其他嵌套的块。

7.1.3 写块(WBLOCK)

利用【写块】的命令,可以将块、对象选择集或整个图形定义为单独的图形文件形式永久地保存在磁盘中,为外部块或公共图块,该图形文件可随时可插入任何一个图形中使用。

实际上,用 WBLOCK 命令将块保存到磁盘后,该块将以".dwg"格式保存,也就是以 AutoCAD 图形文件格式保存,图形文件中保存的并不是图块,而是定义块之前的源对象。

启动写块命令的方式有以下几种方式:

◇ 命令行:WBLOCK/WB✓。

◇ 快捷键:W。

◇ 工具栏:单击【插入】选项卡【块定义】面板上【写块】按钮 。

执行 WBLOCK 命令后,系统将打开【写块】对话框,如图 7 - 4 所示。该对话框各选项功能如下:

(1)【源】选项区域

确定组成图块的图形对象的来源。

【块】复选项　选中该选项,可将 BLOCK 命令定义好的内部块定义为外部块存盘,在其右侧的下拉列表框中选择当前图形中所保存的图块。

【整个图形】复选项　将整个图形文件定义为一个外部块。

【对象】复选项　将用户选择的图形对象定义为外部块。

(2)【基点】选项区域

与【块定义】对话框功能相同,在此不再介绍。

(3)【对象】选项区域

与【块定义】对话框功能相同,在此不再介绍。

(4)【目标】选项区域

指定文件的新名称和新位置以及插入块时所用的测量单位。

图 7 - 4　【写块】对话框

【例 7 - 2】　将例 7 - 1 中创建的粗糙度图块存盘,以便其他图形调用。

操作步骤如下:

(1)在命令行输入"WBLOCK ↙",打开【写块】对话框。

(2)在【源】选项区域中,选择【块】复选项,其右侧的下拉列表框中选择"粗糙度"图块,如图 7 - 4 所示。

(3)单击【目标】选项区域【文件名和路径】文本框右侧的 ... 按钮,在打开的对话框中选择合适的目录,并定义存盘的图块名称(也可不重新定义,系统仍延续源图块的名称)。

(4)单击【确定】按钮,完成图块的存盘。

7.1.4 块的编辑

块是一个整体,低版本的 AutoCAD 不允许对块进行局部修改。如果需要修改的块,必须先使用【分解】命令将其分解为单一图形对象,然后修改。修改完成后再重定义块,操作比较繁琐。

而使用 AutoCAD 2019 中的【块编辑器】可以打开【编辑块定义】对话框,输入或选择块名称【确定】后,打开【块编写选项板】可对块进行修改。一旦修改完成,将立即更新图形中所有被调用的该块。

执行块编辑的命令如下:

◇ 命令行:BEDIT/BE ✓。

◇ 工具栏:单击【块】工具栏【编辑】按钮 📇。

◇ 下拉菜单:【工具】→【块编辑器】。

执行命令之后,系统弹出【编辑块定义】对话框,如图 7-5 所示,在其中的【要创建或编辑的块】栏输入已经定义的块的名称或直接从名称方框下面列表中选择块名称,单击【确定】按钮后,打开【块编辑器】如图 7-6 所示。【块编辑器】位于绘图区上方,直接选择块的图形对象进行编辑。此时在绘图区左侧,系统也弹出【块编写选项板】,包含参数、动作、参数集和约束四个选项卡,可以利用它们创建动态块的所有特征。编辑完成后,单击【块编辑器】右侧的【关闭块编辑器】按钮即可。

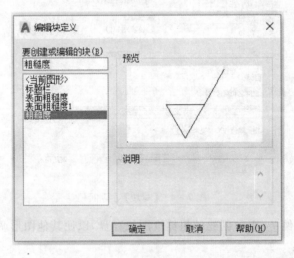

图 7-5 【编辑块定义】对话框

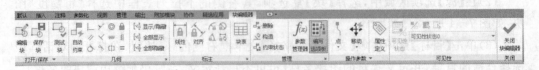

图 7-6 【块编辑】窗口

7.2 块的属性

7.2.1 定义块属性

用 AutoCAD 中绘制图形时,用户经常需要插入多个带有不同名称或附加文本信息的图块,这些附加信息被称为属性。如果依次对各个图块进行标注,将浪费很多时间。此时,用户可以考虑创建带有属性的块,这些属性好比附于商品上面的标签一样,它包含块中的所有可变参数,在插入图块的时候为图块指定相应的属性值,这样可以大大提高绘图效率。

块属性实质上是图块中附加的一些已经定义好的文字样式、对齐方式、文字高度、旋转角度和位置的文本信息。属性是块中的文本对象,它是块的一个组成部分,在图样上显示为块的标签或说明。一个具有属性的块,由图形的实体与属性两部分组成,二者必须结合在一起使用。一个块可以含有多个属性,在每次块插入时,属性可以隐藏也可以显示,还可以根据需要改变属性值。

(1)属性具有以下特点:

① 属性包括属性标记和属性值。

② 定义块前,需先定义属性的标记、提示、默认值、显示格式、插入点等。

③ 属性用"ATTEXT"命令进行数据提取。

(3)在 AutoCAD 中附加一些文字在块中称为创建块属性,操作步骤如下:

① 绘制构成块的图形;

② 定义属性;

③ 将图形和属性一起定义为图块;

④ 在插入带属性的块时,可根据提示,给块输入不同的属性文字。

利用块属性定义命令可以创建块的文字信息,并使具有属性的块在使用时具有通用性。定义块属性(Attdef)必须在定义块之前进行。

启动定义块属性的命令有以下几种方式:

◇ 命令行:ATTDEF/ATT✓。

◇ 工具栏:单击【插入】选项卡【块定义】面板中的【定义属性】按钮 🏷。

◇ 下拉菜单:【绘图】→【块】→【定义属性】。

执行 ATTDEF 命令后,系统将弹出【属性定义】对话框如图 7-7 所示。

该对话框常用选项区域的含义如下:

1.【模式】选项区域 设定属性文字的显示模式。

【不可见】复选项 插入块并输入该属性值后,属性值在图中不显示。

【固定】复选项 将块的属性设为恒定值,块插入时不再提示属性信息,也不能修改该属性值,即该属性保持不变。

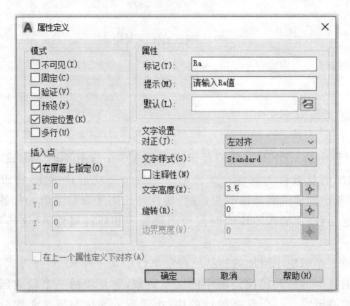

图 7-7 块【属性定义】对话框

【验证】复选项 插入块时,每出现一个属性值,命令行均出现提示,要求验证该属性输入是否正确,若发现错误,可在该提示下重新输入正确的值。

【预置】复选项 插入块时,指定属性设为缺省值,在以后插入块时,系统将不再提示输入属性值,而是自动填写缺省值。

【锁定位置】复选项 锁定块参照中属性的位置。锁定后,属性将无法相对于使用夹点编辑的块的其他部分进行移动,也不能调整多行文字属性的大小。

【多行】复选项 指定属性值可以包含多行文字,并且允许用户指定属性的边界宽度。

2.【属性】选项区域 设置图块属性的相关数据。

【标记】文本框 指定用来标识属性的名称。用户可使用任何字符组合(空格除外)输入属性标记,字母默认为大写格式(小写字母会自动转换为大写字母)。

【提示】文本框 指定在插入包含该属性定义的块时系统显示的提示。如果不输入提示,系统将以属性标记作为提示。如果在【模式】选项区域选择【固定】模式,则【属性提示】选项将不可用。

【默认】文本框 指定默认属性值。

3.【插入点】选项区域

确定属性值在块中的插入点。用户可以分别在 X、Y、Z 文本框中直接输入相应的坐标值,也可以单击"在屏幕上指定"按钮,切换到绘图窗口,在命令提示行中输入插入点坐标或用光标在绘图区拾取一点来确定属性值的插入点。

4.【文字设置】选项区域

确定属性文本的字体、对齐方式、字体高度及旋转角度等。

5.【在上一个属性定义下对齐】

复选项选择该选项,系统会将属性标记直接置于之前定义的属性的下面。如果之前没有创建属性定义,则此选项不可用。

【例 7 - 3】　创建如图 7 - 8(c)所示的具有属性值的粗糙度符号并插入(d)图中。

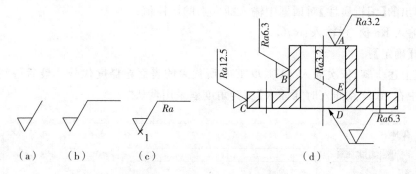

图 7 - 8　创建和使用带属性的块

操作步骤:

(1)按照【例 7 - 1】的尺寸绘制表面粗糙度符号如图 7 - 8(a)所示。

(2)画基本符号长度横线,如图 7 - 8(b)所示。

(3)定义属性:启动定义属性命令,在属性中输入"Ra"。选择插入点在屏幕上指定。基点用【对象捕捉】功能指定位置"1"。在文字选项设定"数字"样式,字高 3,旋转角度 0,对齐方式左,单击确定。在图形上拾取合适的插入点完成定义。

(4)定义带属性的块:启动块定义命令,打开块定义对话框,如图 7 - 9 所示,把图形的块属性对象和图形对象创建成一个图块,完成图(c)带属性块定义。

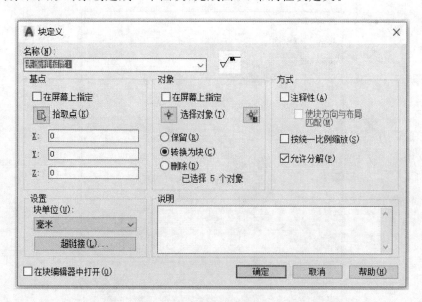

图 7 - 9　定义带属性的块

(5)块插入:启动块插入命令,打开对话框,如图 7 - 10 所示,命令行提示如下:

指定插入点或[基点 B/比例 S/旋转度 R/预览比例 PS/预览旋转 PR] :(在(d)图上拾取 B 点)

指定旋转角度<0>:90↙(在图 7 - 10 中【旋转】角度框内输入旋转角度)

单击【确定】按钮。

(6)输入属性值:弹出【编辑属性】对话框如图 7-11 所示。

在弹出的【编辑属性】对话框中输入插入点的属性值;

"请输入 Ra 值"栏输入:$Ra6.3$;

单击【确定】按钮。

重复上述步骤,依次插入 A、C、D、E 点所代表的表面粗糙度代号。最后得到图 7-8 (d)。其中在 A、D 点插入时,【插入】旋转角度框采用默认"0"。

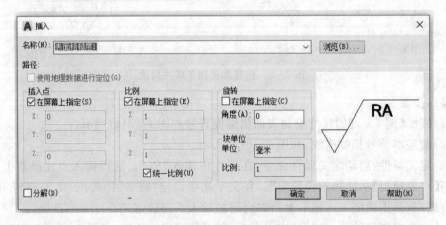

图 7-10 带属性的块插入

图 7-11 【编辑属性】对话框

7.2.2　编辑块属性

编辑块属性分两种情况,一种是定义了块的属性且已创建为块,该块可能已经插入了图形中;另一种是定义了块的属性但尚未创建为块。编辑这两种都需要重新定义块属性。

1. 图形中插入的带属性块的编辑

图形中添加了带属性的块后,如果对已经插入的具有属性的图块不满意,用户可以对图块的属性进行编辑。利用属性编辑命令可以修改已经插入到图形中块的属性值、文字样式、对正方式、文字的高度、倾斜角度以及图层特性等参数,但是不能修改属性的标记名称和提示说明。执行此命令的前提条件是在当前图形中必须存在带有属性的图块。

【增强属性编辑器】用于修改单个属性块的属性值、文字样式、对正方式、文字的高度、倾斜角度以及图层特性等参数。

启动块属性编辑命令有以下几种:

◇ 命令行:EATTEDIT↙。

◇ 工具栏:单击【修改】工具栏【编辑属性】按钮 。

◇ 下拉菜单:【修改】→【对象】→【属性】→【单个】或【多个】。

◇ 双击左键:在带属性的图块上双击鼠标左键。

启动命令后,系统弹出提示:选择块。弹出【增强属性编辑器】对话框,如图 7 - 12 所示。

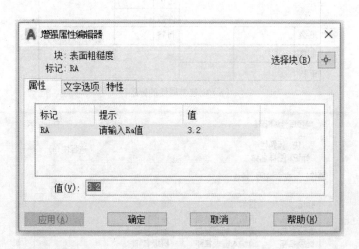

图 7 - 12　【增强属性编辑器】对话框

在【增强属性编辑器】对话框中,该对话框有【属性】、【文字选项】和【特性】3 个选项卡,用户可以在这 3 个选项卡中修改属性块的各种参数。

【属性】选项卡:修改和显示图块的标记、提示和值。

【文字选项】选项卡:显示和修改属性文字的字体、对齐方式、高度、旋转角度、字体效果等。

【特性】选项卡:显示和修改属性文字的图层、线宽、线型、颜色和打印样式。

2. 定义了属性但未创建为块的块属性编辑

未合并成块之前,编辑图块属性,用【编辑文字】(DDEDIT)修改块定义之前的属性的标记名称、提示符或默认值等参数值。

其执行命令的方式有以下几种:

◇ 命令行:DDEDIT✓。

◇ 菜单栏:【修改】→【对象】→【文字】。

◇ 快捷键:ED✓。

◇ 双击左键:在所定义的属性文本上双击鼠标左键。

此时,命令行提示:

命令:_ddedit✓ (激活命令)

选择注释对象或[放弃(U)]: (选择要编辑的块属性对象)

图 7-13 【编辑属性定义】对话框

系统将打开【编辑属性定义】对话框,如图7-13所示。在对话框中可以修改属性标记名称、提示符或默认值。

【例 7-4】 创建如图 7-14(a)所示标题栏图块,并设置相应块属性,如图 7-14(b)所示。

		比例		
		件数		
班级		材料		
制图				
审核				

(a)创建带属性的标题栏

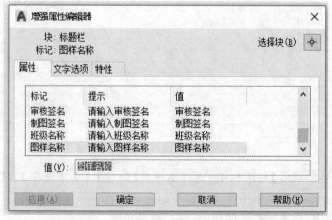

(b)图块属性

图 7-14 带属性的标题栏图块

解析：如图 7-14(a)所示的标题栏中，表格的空白单元格需要填写图纸相关文字信息，这些文字的文字样式、文字高度、位置和对正方式在相关单元格中不变，但文字内容经常会根据具体情况改变，因此这些文字信息可以定义成块属性，与标题栏图形整体创建成一个图块。在需要输入这些相关信息时，只需双击图块，打开【增强属性编辑器】对话框，在对话框中填写相关信息即可。

操作步骤如下：

(1)用绘图和编辑命令绘制标题栏

① 创建构造线　将【细实线层】设为当前图层，然后绘制一条水平构造线"a"和一条竖直构造线"b"，如图 7-15 所示。

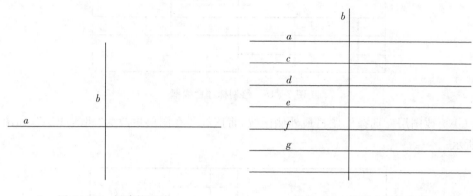

图 7-15　创建构造线　　　　　　图 7-16　偏移水平构造线

② 偏移水平构造线 a　调用【偏移】命令，命令行提示如下：

当前设置：删除源＝否图层＝源　OFFSET GAPTYPE＝0 指定偏移距离或［通过(T)/删除(E)/图层(L)］＜通过＞:8(指定对象偏移的距离为 8)

选择要偏移的对象，或［退出(E)/放弃(U)］＜退出＞:(选取水平构造线 a)

指定要偏移的那一侧上的点，或［退出(E)/多个(M)/放弃(U)］＜退出＞:(通过光标指定水平构造线 a 下方一点，从而偏移复制出构造线 c)

选择要偏移的对象，或［退出(E)/放弃(U)］＜退出＞:(继续选取水平构造线 c)

指定要偏移的那一侧上的点，或［退出(E)/多个(M)/放弃(U)］＜退出＞:(通过光标指定水平构造线 c 下方一点，从而偏移复制出构造线 d)

整个【偏移】命令中，偏移距离不变，即均为 8。使用同样的方法依次偏移出 6 条平行线(包含构造线 a)，相邻两条平行线间的间距为 8，如图 7-16 所示。

③ 复制垂直构造线 b 调用【复制】命令，打开【对象捕捉】和【动态输入】，在提示选择要复制的对象时，选择构造线 b，指定构造线 a 和构造线 b 的交点作为复制的基点。在提示指定第二点(目标点)时，鼠标水平向右移动，在动态框中输入"12 ✓"，系统将绘制出一条间距为"12"的平行线，鼠标继续水平向右移动，依次在动态框中输入"40 ✓""65 ✓""77 ✓""95 ✓"和"130 ✓"，从而构造出一系列竖直的平行线，如图 7-17 所示。

④ 修剪构造线　调用【修剪】命令，用交叉窗口选择全部对象，修剪多余线条，修剪后结果如图 7-18 所示。

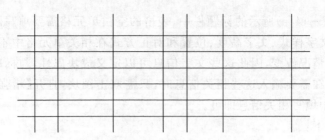

图 7-17　复制垂直构造线

图 7-18　绘制标题栏线框

⑤ **更改图层**　选择标题栏最外侧图线,将图线所在图层更改为"粗实线层",如图 7-19 所示。

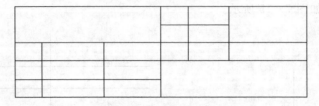

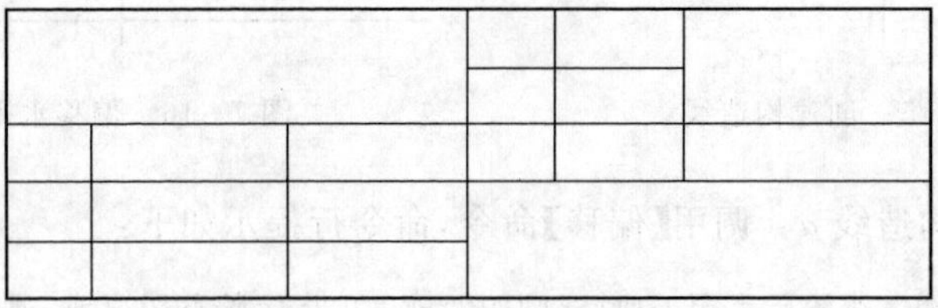

图 7-19　标题栏外框线加粗

⑥ **填写文字**　使用【多行文字】命令填写相应单元格。设定当前文字样式后,调用【多行文字】命令,系统将提示指定两点作为多行文字文本框的对角点(此处务必选择需要填写文字的单元格的两个对角点)。在指定两个对角点之后,系统将打开【文字格式】工具栏和文字输入窗口,在【文字格式】工具栏中指定文字高度,并在文字输入窗口中输入相关文字内容。输入文字内容完毕后,单击【文字格式】工具栏中的【多行文字对正】按钮,弹出【多行文字对正】下拉菜单,选择"正中"选项,保证输入的文字内容在单元格中保持居中设置。利用上述方法依次填写表格中相关内容,如图 7-20 所示。

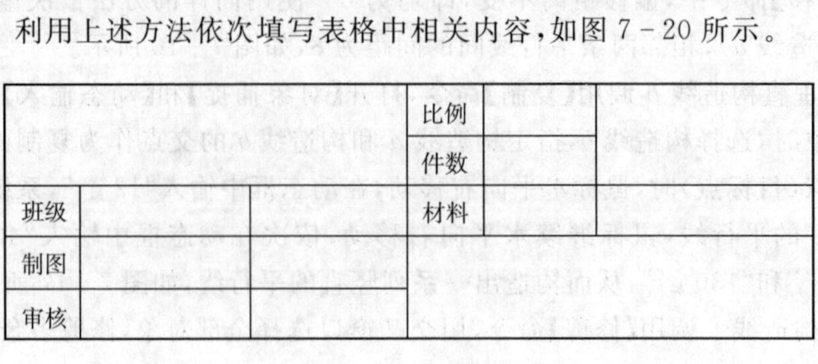

图 7-20　填写标题栏文字

（2）块属性定义

① 绘制块属性定位辅助线　在"班级"单元格右侧的相邻单元格中绘制一条对角线，在后续操作中可以利用该对角线的中点作为块属性的插入点，如图 7-21 所示。

		比例	
		件数	
班级		材料	
制图			
审核			

图 7-21　绘制块属性定位辅助线

② 定义块属性　单击【绘图】菜单栏→【块】→【定义属性】命令，打开【属性定义】对话框，按照如图 7-22 所示的参数设置该对话框。单击【确定】按钮，系统将返回绘图窗口，通过【对象捕捉】功能捕捉到如图 7-21 所示单元格对角线的中点。此时块属性对象显示为块属性【标记】（即块属性名称），同时块属性对象的"正中"对齐点和捕捉到的中点位置重合，如图 7-23 所示。属性定义完成后，删除用于块属性定位的单元格对角线。

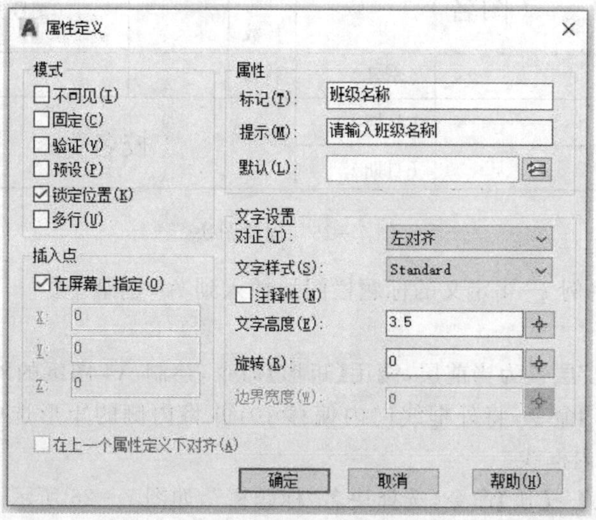

图 7-22　定义块属性

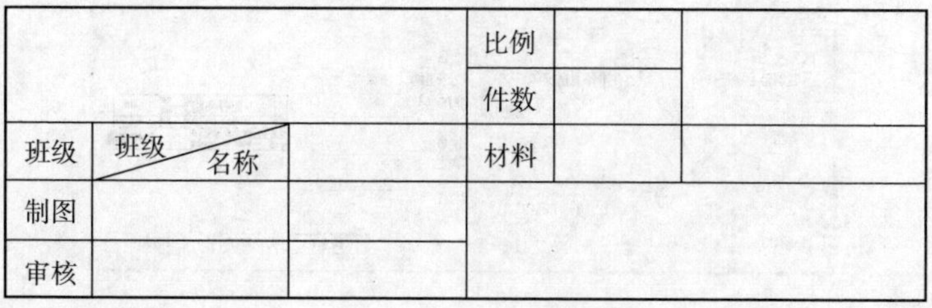

		比例	
		件数	
班级	班级名称	材料	
制图			
审核			

图 7-23　定义块属性位置

③ 定义其他块属性 使用同样的方法定义其他块属性,如图 7-24 所示。

图样名称			比例	比例	
			件数	件数	
班级	班级名称	学号	材料	材料	
制图	制图签名	制图日期	学校名称		
审核	审核签名	审核日期			

图 7-24 设置所有块属性

(3)创建带属性的标题栏图块

使用【绘图】→【块】→【创建】命令,将图 7-24 的块属性对象和标题栏图形对象创建成一个图块。基点选在图框的右下角点。

在创建块的同时,该图中选定的块属性对象和图形对象将转换成图形中的块实例,如图 7-25 所示。因已和图形对象转化为块,成为一个整体,块属性对象此处不再显示为块属性【标记】(即块属性名称),而是显示为默认值(即空白内容)。

(图名)		比例		(图号)
		件数		
班级		(学号)	材料	
制图		(日期)	(校名)	
审核		(日期)		

图 7-25 创建图块

【例 7-5】 将例 7-4 定义的标题栏图块插入到 A4 图纸中。

操作步骤如下:

(1)将“细实线”层置为当前层,调用【矩形】命令,绘制 A4 图纸的外框线(297×210)。

(2)调用【偏移】命令,将外框线向内偏移 10,并将内侧的矩形选中,更换到“粗实线层”,得到 A4 图纸内框线。

(3)调用【插入】→【块】命令,选择块名“标题栏”,如图 7-26 所示。

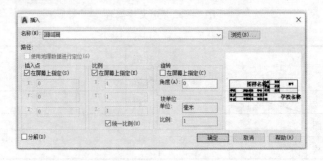

图 7-26 在图中插入标题栏图块

单击【确定】后,回到绘图区,捕捉图纸右下角的内图框线的角点,单击鼠标,放置标题栏,如图 7-27 所示。

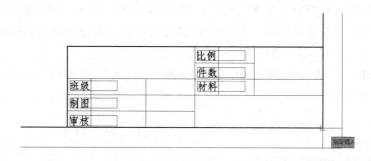

图 7-27　插入标题栏图块

放置好标题栏后,系统弹出【编辑属性】对话框,如图 7-28 所示。在属性提示框中输入相应内容,单击【确定】即可完成标题栏的填写。

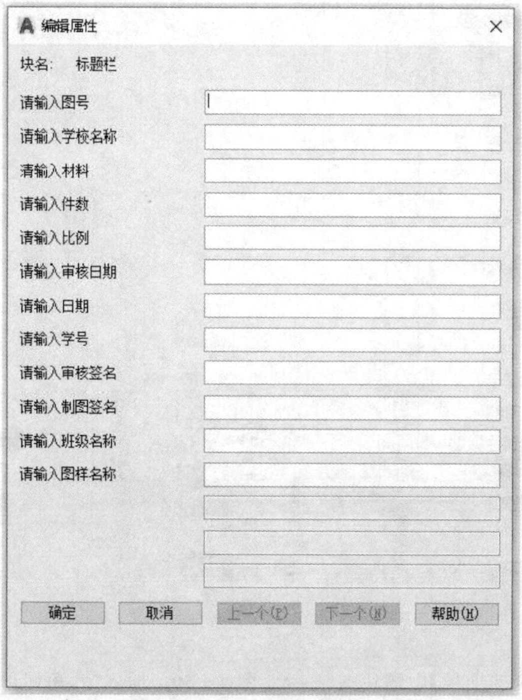

图 7-28　【编辑属性】对话框

7.3　使用工具选项板中的块

在 AutoCAD 中,用户可以利用【工具选项板】,方便地使用螺钉、螺母、轴承等系统内置的机械零件块。但是要注意【工具选项板】中提供的块都是动态块。

打开【工具选项板】的命令方式：

◇ 下拉菜单：【工具】→【选项板】→【工具选项板】。

工具选项板提供了结构、土木、电力、机械、建筑等多个专业常用的图块，如图 7 - 29 所示。在使用时，可打开其中的一个选项卡，选中其右侧的某个动态块，在绘图区中单击鼠标，确定插入点位置，即可将块插入到该处。

【例 7 - 6】 使用【工具选项板】中的块，在图形中插入"六角螺母"（型号 M8）。如图 7 - 30 所示。

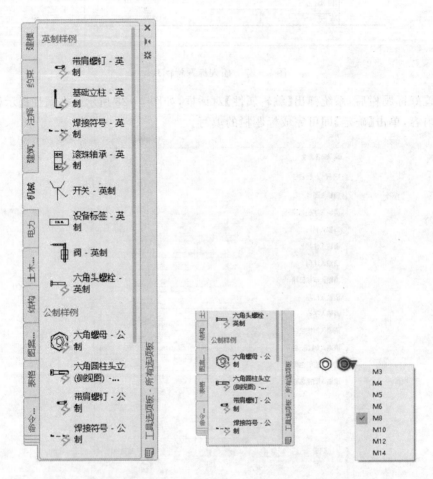

图 7 - 29 【工具选项板】中的块　　　图 7 - 30 插入"六角螺母"动态块

操作步骤如下：

(1)下拉菜单：【工具】→【选项板】→【工具选项板】菜单。

(2)单击工具选项板中【机械】选项卡中的六角螺母。

(3)输入"S"并按【Enter】键，接下来输入"20"并按【Enter】键将块放大 20 倍。

(4)在选定位置单击放置六角螺母。

(5)单击六角螺母动态块，此时将显示六角螺母的查询夹点。

(6)单击该夹点将打开六角螺母规格列表，从中可选择 M8 规格的六角螺母。

7.4　使用设计中心的块

AutoCAD【设计中心】为用户提供了管理图形的有效手段,类似于 Windows 资源管理器,可执行对图形、块、图案填充和其他内容的分为等辅助操作,并在图形之间复制和粘贴其他内容,从而使用户能够方便地重复利用和共享图形,如图 7-31 所示。

打开【设计中心】的命令方式:

◇ 下拉菜单:【工具】→【选项板】→【设计中心】。

打开【设计中心】后,可以执行下列操作:

(1)浏览本地及网络中的图形文件,查看图形文件中的对象(如块、外部参照、图像、图层、文字样式、线型等),将这些对象插入、附着、复制和粘贴到当前图形中。

(2)在本地和网络驱动器上查找图形。例如,可以按照特定图层名称或上次保存图形的日期来搜索图形。

(3)打开图形文件或者将图形文件以块方式插入到当前图形中。

(4)可以在大图标、小图标、列表和详细资料等显示方式之间切换。

插入块时,在【设计中心】对话框中选择需要插入的块,鼠标右键拖动该块到绘图窗口后释放,可按照提示插入块。

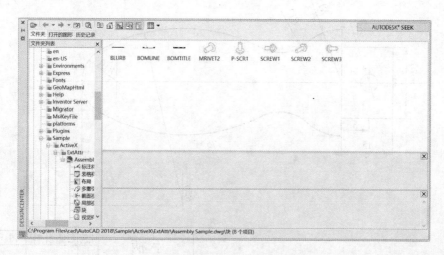

图 7-31　【设计中心】选项板

第 8 章　综合实例

8.1　绘制平面图形

综合实例 1：在 A4 图纸中绘制如图 8-1 所示的手柄平面图形，熟悉 AutoCAD2019 中直线、矩形、圆等命令的运用。下面具体介绍绘制该图形的操作方法：

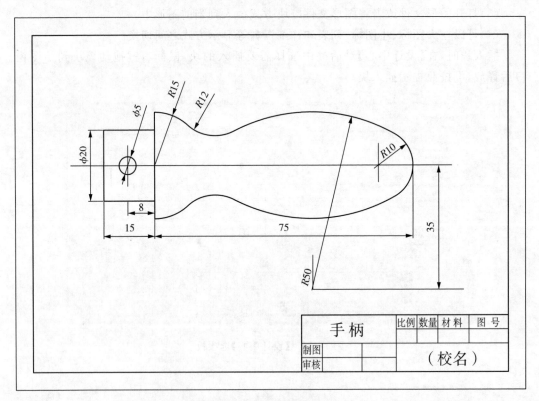

图 8-1　手柄平面图形

1. 设置绘图环境

(1)设置图幅和图形界限

① 新建文件

双击桌面图标"AutoCAD2019"，打开一个空白图形文件。

② 设置 A4 横放的图形界限,调用 LIMITS【图形界限】命令

选择【格式】→【图形界限】命令,设置图形界限左下角为"0,0",右上角为"297,210"按回车键确定。

③ 绘制 A4 图幅外框

选择【绘图】→【矩形】命令,绘制 A4 图幅的外边框,再选择【修改】→【偏移】命令,将 A4 图幅的外边框向内偏移 10。

(2)设置图层及线型

单击图层工具栏【图层特性管理器】,打开对话框,创建并设置图层及线型。见表 8 - 1、如图 8 - 2 所示。

表 8 - 1　创建并设置图层

序号	图层名	颜色	线型	线宽	用途
1	粗实线	黑色	Continuous	0.3	可见轮廓线
2	细实线	黑色	Continuous	默认	图案填充、文字标注
3	中心线	红色	CENTER	默认	中心线、轴线
4	标注	蓝色	Continuous	默认	标注尺寸、技术要求、代号等

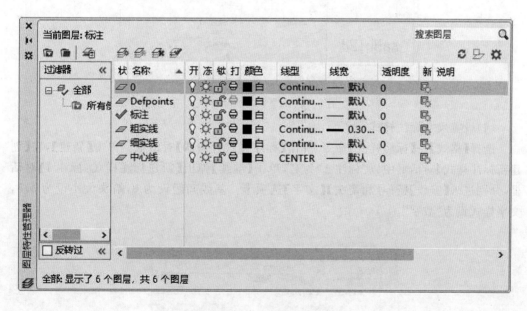

图 8 - 2　创建并设置图层及线型

(3)设置文字样式

选择【格式】→【文字样式】命令,弹出【文字样式】对话框,单击【新建】,以"数字"命名,选择"isocp. shx"字体,"倾斜角"设为 15,"宽度比例"设为 1,单击【应用】建立数字和字母文字样式;再新建汉字文字样式"仿宋体",选择"仿宋"字体,宽度比例为 0.667,倾斜角 0,单击【应用】并关闭对话框。如图 8 - 3、图 8 - 4 所示。

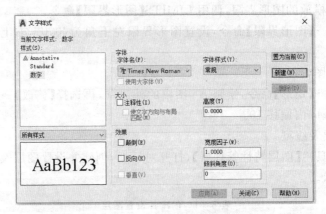

图 8-3 新建"数字"文字样式

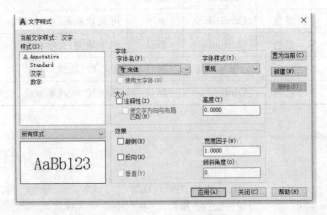

图 8-4 设置汉字文字样式

(4)设置尺寸标注样式

选择【格式】→【标注样式】命令,弹出【标注样式管理器】对话框。单击【新建】,在【创建新标注样式】对话框中以"标注 1"为名,单击【继续】弹出【新建标注样式:标注 1】对话框,分别进入【直线】【符号和箭头】【文字】选项卡。基线间距设为 8,箭头大小设为 3.5,文字样式设为"数字"。

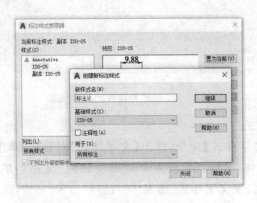

图 8-5 标注样式设置

（5）绘制标题栏

根据标题栏格式，采用【矩形】【分解】【偏移】【修剪】等命令绘制简化标题栏框线，采用【多行文字】填写标题栏，如图 8-6 所示。

完成上述绘图环境设置后，将图幅外框改到"粗实线"层，以"A4. dwt"为名存入图形样板中，以备后续重复调用。再以"手柄. dwg"为图形文件另存并绘制图形。

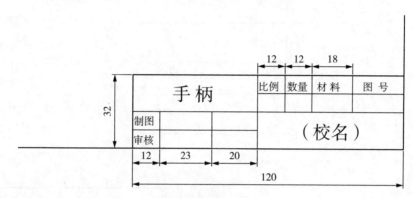

图 8-6　简化标题栏框线

2. 绘制图形

（1）绘制定位线

① 从【图层】的【图层列表】中调出【点画线】层作为当前层，单击【绘图】中直线按钮，在正交状态绘制直线 l_1 和 l_2，如图 8-7 所示。

② 单击【修改】，将 l_2 向左偏移 8mm 得直线 l_3、再将 l_2 向左偏移 15 mm 得直线 l_4，l_2 向右偏移 65 mm 得直线 l_5；直线 l_1 向上、向下偏移 10 mm 得直线 l_6 和 l_7；直线 l_1 再向上、向下偏移 35 mm 得直线 l_8 和 l_9，如图 8-8 所示；将直线 l_2 和 l_4 更换到"粗实线"层，l_8 和 l_9 选中，更换到"细实线"图层，如图 8-9 所示。

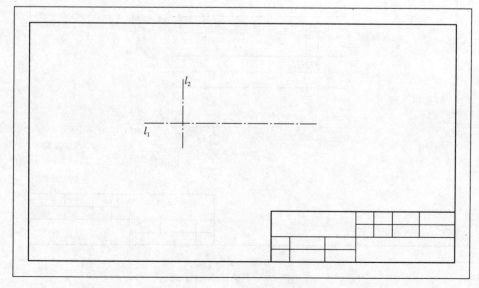

图 8-7　绘制定位线

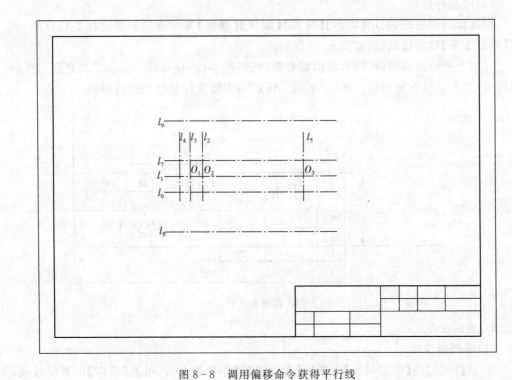

图 8-8　调用偏移命令获得平行线

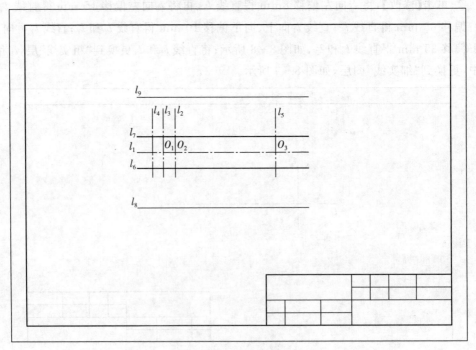

图 8-9　更换线条图层

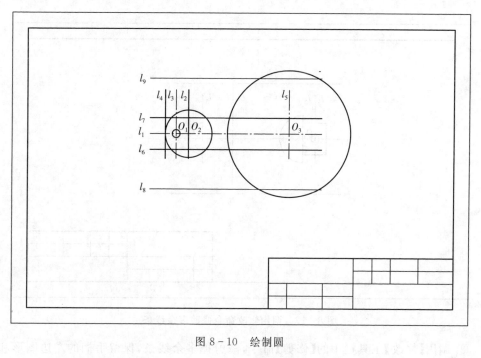

图 8 - 10 绘制圆

（2）绘制手柄中的圆和圆弧

① 从图层列表中调出"粗实线"做当前层，单击绘图【圆】按钮，分别以 O_1、O_2 为圆心绘制直径为 5 mm 和半径为 15 mm 的圆；以 O_3 为圆心绘制半径为 40 mm 的圆，该圆与直线 l_8 和 l_9 分别相交于 A、B 两点。

② 单击【圆弧】按钮，以 O_3 为圆心，绘制半径为 10 mm 的半圆弧，如图 8 - 11 所示。

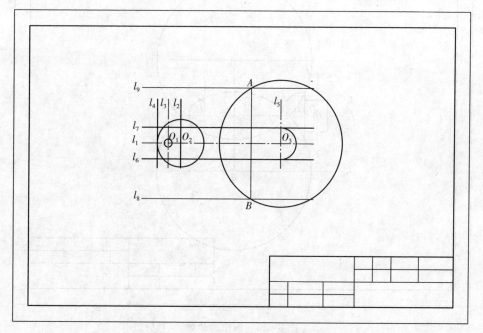

图 8 - 11 绘制圆弧并连接交点 A、B

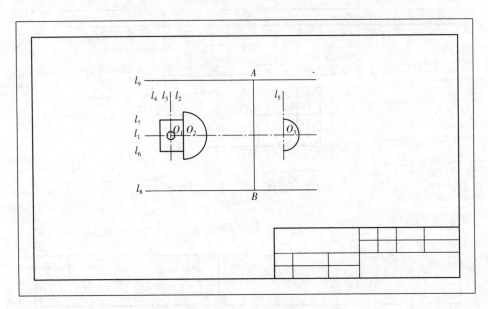

图 8 - 12　调用修改命令修剪多余线条

③ 调用【修改】工具栏中的【修剪】命令,修剪掉多余线条,保留手柄的左边图形和两个圆弧,如图 8 - 12 所示。

④ 单击绘图【圆】按钮,分别以 A、B 两点为圆心,绘制半径为 50 mm 的圆。如图 8 - 13 所示。

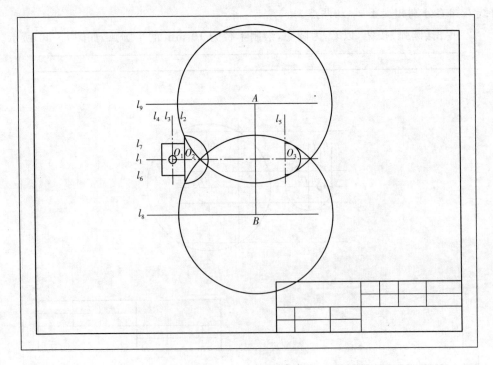

图 8 - 13　调用圆命令

（3）调用【修改】工具栏的【修剪】命令，修改圆得到连接弧，修剪掉多余的线条，结果如图 8 - 14 所示。

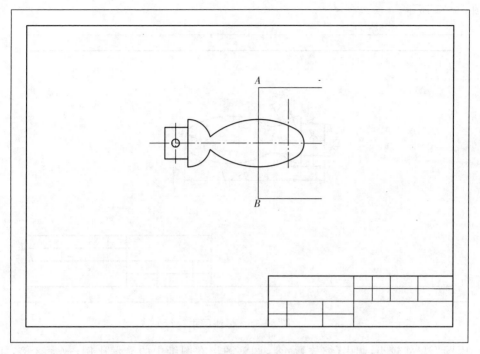

图 8 - 14　修改圆得到连接弧

（4）用【圆角】命令，用 $R12$ 连接半径为 15 和 50 的圆弧，结果如图 8 - 15 所示。

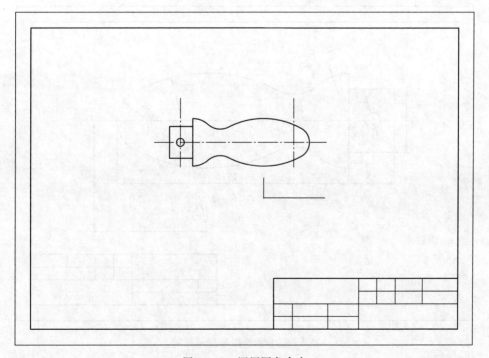

图 8 - 15　调用圆角命令

3. 尺寸标注

更换"标注"图层为当前图层,进行标注尺寸,标注直径、半径以及线性等尺寸,结果如图 8-16 所示。

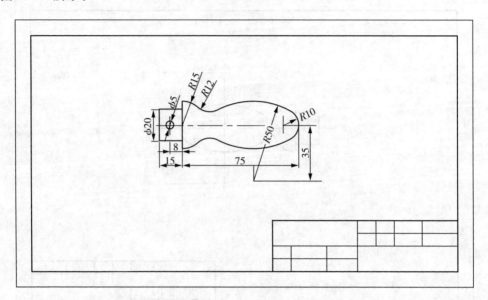

图 8-16 标注尺寸

因图形尺寸较小,调用【缩放】命令,调整图形在图纸中的显示比例,放大 2 倍,如图 8-17所示。

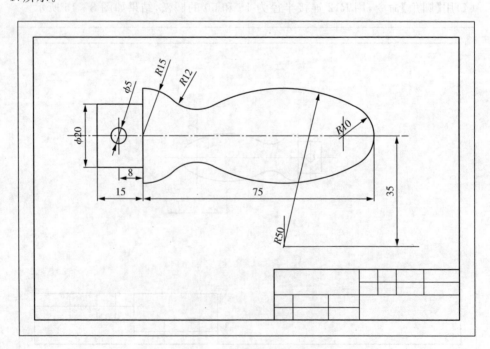

图 8-17 调整图形显示比例

4. 文字标注

调用【多行文字】命令,填写标题栏内容文字,完成图形。

8.2　绘制零件图

综合实例 2:在 A4 图纸中绘制如图 8-18 所示的零件图。

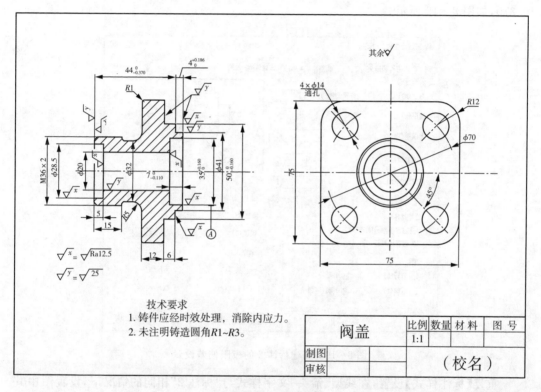

图 8-18　零件图

1. 调用综合实例 1 中设置的样板文件"A4. dwt"

选择【文件】→【新建】命令,新建一个图形文件,在选择【样板文件】对话框中的名称下拉列表中选择"A4"样板,单击【打开】按钮,进入 AutoCAD 绘图窗口。双击标题栏中的"图名",修改为"阀盖",其余不变。因样板文件已经设置好了绘图环境,不必再重新设置。

2. 设置绘图环境

(1)调用【图层特性管理器】命令,系统弹出【图层特性管理器】对话框。

(2)单击对话框中的【新建图层】按钮,在已有的图层基础上,根据本例需要,再新建 1 个图层,命名为"剖面线",设置该图层的颜色、线型、线宽等属性。单击对话框中的【关闭】按钮,完成图层的设置。

(3)在【状态栏】中设置【对象捕捉】模式:端点、中点、交点、垂足。并依次打开【正交】

【对象捕捉】【动态输入】和【线宽】。

（4）设置尺寸"标注样式"

单击【格式】→【标注样式】命令，弹出【标注样式管理器】对话框。图元文件已经设置过"标注 1"样式，根据本例需要，还需要增加设置几种标注样式。

单击【新建】，在【创建新标注样式】对话框中以"标注 2"为名，单击【继续】弹出【新建标注样式：标注 2】对话框，分别进入【直线】【符号和箭头】【文字】【公差】选项卡。线型默认，箭头大小设为 3.5，文字样式设为"数字"，【公差】中设置极限偏差：上偏差 0，下偏差 0.370，如图 8-19 所示。

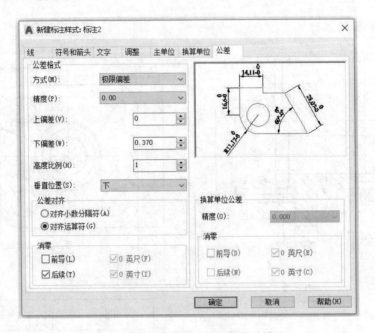

图 8-19 新建标注 2 的极限偏差设置

重复【标注样式】设置，在线型、箭头、文字样式与"标注 2"相同的情况下，设置图中其余 4 种极限偏差，分别命名为"标注 3""标注 4""标注 5"和"标注 6"。

（5）设置多重引线样式

选择【格式】→【多重引线样式】命令，弹出【多重引线样式管理器】，单击【新建】按钮，弹出【创建新多重引线样式】对话框，在【新样式名】栏可修改填写新的样式名称或默认"副本 standard"，如图 8-20 所示。点击【继续】按钮，打开【修改多重引线样式】，设置箭头大小为 4、引线结构默认，文字高度 2.5，引线连接选择"水平连接"，"第一行加下划线"并勾选复选框"将引线延伸至文字"。完成多重引线

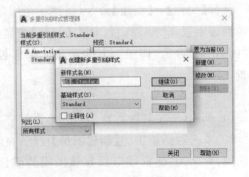

图 8-20 新建多重引线样式

设置。

3. 绘制零件图

(1)布置视图

调出"中心线"层做当前图层,调用【直线】命令,打开【正交】,在绘图区绘制各视图的基准中心线;调用【偏移】命令,将主视图的中心线向上偏移 10 mm;将左视图的水平中心线分别向上、下各偏移 37.5 mm,垂直中心线分别向左、右各偏移 37.5 mm,如图 8-21 所示。

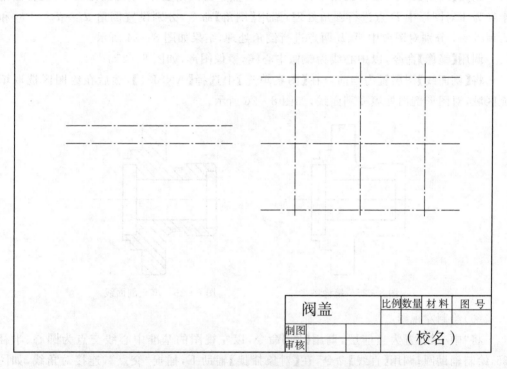

阀盖	比例	数量	材料	图 号
制图				
审核			（校名）	

图 8-21　布置视图

(2)调出"粗实线"图层置为当前,从主视图着手绘制主视图的外形轮廓线。

调用【直线】命令,利用【正交】和【动态输入】功能绘制主视图上部轮廓。根据命令行的提示,在直线的"指定第一个点"下,光标在中心线上指定轮廓线起点 M,根据命令行的提示,光标向上移动,在动态提示框中输入 14.25,回车;然后光标向左移动 5,光标向上移动 3.75,光标向右移动 15,光标向下移动 2,光标向右移动 11,光标向上移动 21.5,光标向右移动 12,光标向下移动 12.5,光标向右移动 6,光标向下移动 4.5,光标向右移动 4,光标向下移动 3,光标向左移动 7,光标向下移动 17.5,回车,确定直线绘制的终点 N。再次启动【直线】命令,在【正交】和【对象捕捉】模式下,绘制出主视图的左右两条垂直轮廓线线,如图 8-22 所示。

用【修改】工具栏中的【修剪】命令,修剪偏移的中心线,并把修改后的线条从"中心线"层更换到"粗实线"图层,完成主视图上半部轮廓线的绘制,如图 8-23 所示。

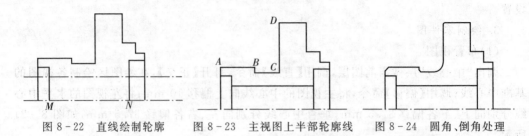

图 8-22　直线绘制轮廓　　图 8-23　主视图上半部轮廓线　　图 8-24　圆角、倒角处理

调用【圆角】命令，设置圆角半径为 5，对 C 点进行圆角处理；重复圆角命令，设置圆角半径为 1 对图形中 D 点进行圆角处理；调用【倒角】命令，分别设置倒角 $d_1=d_2=1.6$ 和 $d_1=d_2=1$ 分别对图形中 A、B 两点进行倒角处理，结果如图 8-24 所示。

调用【镜像】命令，以中心线为镜像中心线，镜像图形，如图 8-25 所示。

将【剖面线】图层置为当前。在【图案填充】中选择【ANSI31】，然后在绘图区选取填充区域，对图形剖面处填充剖面线，如图 8-26 所示。

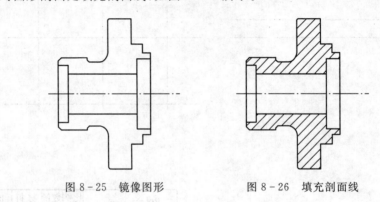

图 8-25　镜像图形　　　　　图 8-26　填充剖面线

（3）绘制左视图

将"中心线"置为当前层，调用【圆】命令，以左视图的基准中心线交点为圆心、半径 35，绘制辅助圆；调用【直线】命令，在【对象捕捉】辅助下，捕捉"交点"，连接对角线，如图 8-27 所示。

调用【修剪】命令，将正方形外面的多余线条修剪掉，并且选择正方形轮廓线，更换图层到"粗实线"层；将"粗实线"置为当前层，以对角线与辅助圆的交点为圆心，绘制一个 $R7$ 的圆，如图 8-28 所示；再调用【圆角】命令，设置圆角半径为 12，将正方形的四个角进行圆角处理，结果如图 8-29 所示。

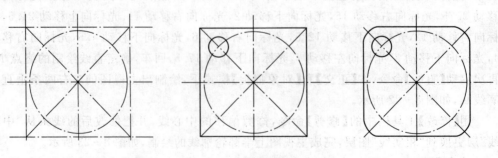

图 8-27　画对角线和辅助圆　　图 8-28　变换图层并绘 $R7$ 圆　　图 8-29　圆角命令

调用【环形阵列】命令,选择 $R7$ 的圆,以辅助圆 $R35$ 的圆心为阵列中心,输入项目数为"4",得到如图 8-30 所示的环形阵列。

调用【打断】命令,修剪掉辅助圆上多余线条,如图 8-31 所示。

调用【绘图】工具栏的【圆】命令,以中心点为圆心绘制 $R10$ 圆,重复调用【偏移】命令,将 $R10$ 的圆分别向外偏移 4.25、6.4 和 8,得到 $\phi28.5$,$\phi32.8$ 及 $\phi36$ 的圆,并将 $\phi32.8$ 的圆更换到"细实线"层,再调用【打断】命令,完成如图 8-32 所示的左视图图形。

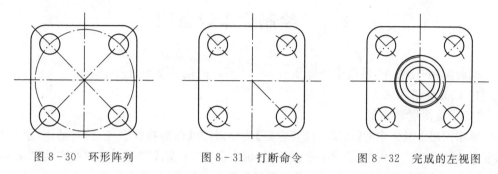

图 8-30　环形阵列　　　　图 8-31　打断命令　　　　图 8-32　完成的左视图

(4)标注尺寸

从图层列表中调出"标注"层作为当前层,将"标注 1"【置为当前】,根据图中的尺寸类型,标注"线性""角度""半径"和"直径"等尺寸。

调出"标注 2"作为当前标注样式,调用【线性】标注,标注图中的带极限偏差的"线性"尺寸 $44^{\ 0}_{-370}$。以此类推,标注另外 4 种极限偏差的线性尺寸。

标注多重引线,A、B 两处"倒角"的标注,文字内容直接输入 c1.6 或 c1;几处表面粗糙度的标注,由于表面粗糙度是通过块插入。因此,在多重引线该输入文字的时候,直接敲空格键即可,空格的长度根据需要确定。

多重引线标注中,有一个表面粗糙度有两条引线,可先标注一个多重引线,单击左键选择该多重引线,然后右键,打开一个快捷菜单,选择菜单中的"添加多重引线"命令。即可将箭头指向其他位置,单击左键后,移动光标,还会有新的箭头随光标移动,若要中止命令,按【Esc】键。

(5)利用创建带属性的图块标注粗糙度

① 绘制"表面粗糙度"符号　调用【正多边形】命令,绘制一个正六边形,选择【内接于圆】,半径为 3.5;调用【分解】命令,将其分解;调用【直线】命令,在【对象捕捉】辅助下,连接水平和左下至右上两个对角线,删除符号周围其他多余线条,调用【修剪】命令修剪掉水平方向多余线条;然后画基本符号长度横线。

② 定义属性　启动定义属性命令,在属性中输入"Ra",选择插入点在屏幕上指定。在文字选项设定"数字"样式,字高 2.5,旋转角度 0,对齐方式左,单击确定。在图形上拾取合适的插入点完成定义。

③ 定义带属性的块　启动块定义命令,打开块定义对话框,完成带属性块定义

④ 插入块　启动块插入命令,打开对话框,指定插入点在图中合适位置拾取,指定旋转角度<0>:根据需要输入旋转角度,在输入属性值时,根据需要可输入 x、y、$Ra12.5$ 或 $Ra25$。重复上述步骤,依次插入图中各点所代表的表面粗糙度代号。

(6)标注文字

在"标注"图层,启用【多行文字】命令,书写"技术要求"内容。根据需要,把"技术要求"用字高 4,其余内容字高为"2.5"。

修改填写标题栏文字,标注其他位置的文字内容,字高为"2.5"。

完成如图 8-18 所示的零件图。

8.3 绘制化工设备图

综合实例 3:在 A2 图纸中抄画如图 8-33 所示的化工设备图——储罐。

1. 设置绘图环境

(1)设置图层和线型

单击图层工具栏中的【图层特性管理器】按钮,打开【图层特性管理器】对话框,单击对话框中的【新建图层】按钮,新建 7 个图层,分别命名为"粗实线""细实线""中心线""文字""尺寸""辅助线"和"剖面线",根据绘图需要设置各图层的线型,见表 8-2。

表 8-2 化工设备图层和线型

序号	图层名	颜色	线型	线宽	用途
1	粗实线	白色	Continuous	0.3	可见轮廓线
2	细实线	白色	Continuous	默认	细实线绘制
3	中心线	红色	CETER	默认	中心线、轴线
4	文字	白色	Continuous	默认	文字说明
5	尺寸	蓝色	Continuous	默认	标注尺寸、技术要求代号等
6	辅助线	棕色	DOT2	默认	作图辅助线
7	剖面线	白色	Continuous	默认	图案填充

(2)选择图幅、绘图比例并绘制图框线

根据容器的总高和总宽选择 A2 图纸(594×420),选用绘图比例为 1:10。

选择【绘图】工具栏中【矩形】命令,绘制 A2 图纸的边框,在选择【修改】→【偏移】命令,将矩形图框线向内偏移 10。

(3)设置【文字样式】的方法同前面的案例 1。在设置【标注样式】时,选择 ISO-25 样式下新建"标注 1"样式的字高 3.5,箭头大小为 3.5,并在【主单位】选项卡的【测量单位比例】中的"比例因子"栏中填写"10"。其余选项卡的设置方式同前面案例。

2. 布置图面

调出"中心线"层置为当前层,打开【栅格】和【捕捉】及【正交】等辅助工具,启动【直线】命令,在绘图区的适当位置绘制设备的两个视图的对称中心线,调用【修改】工具栏的【偏移】命令,将主视图的垂直中心线分别向左、向右偏移 80,水平中心线向上、下分别偏移 120。

调出"细实线"层,启动【矩形】命令,绘制标题栏和各种表格的外框线,标题栏按照 140×40,明细表与标题栏同宽,管口表总宽 100,明细表与管口表的每格高度均为 8,技术特性表总宽 65、每格高度为 8,如图 8-34 所示。

3. 绘制主体结构

(1)绘制筒体主结构线

启动【偏移】命令,将主视图上下两条水平线分别向上、向下偏移 2.5(封头直边高度 25 mm)。

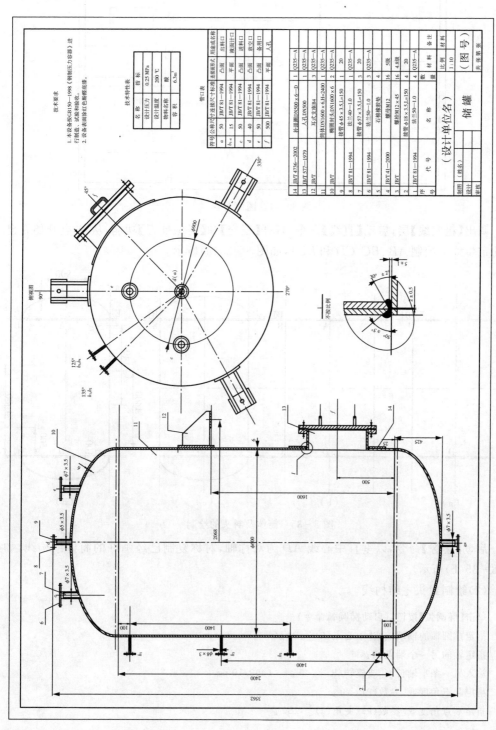

图8-33 储罐设备图

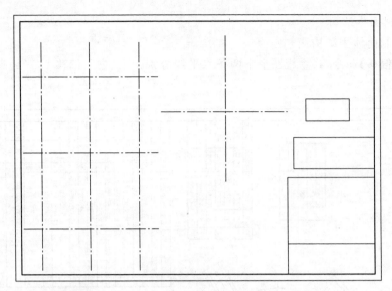

图 8-34　图面布置

调出【粗实线】层，启动【直线】命令，打开【正交】和【对象捕捉】功能，从 A 点开始在已有的定位线上绘制 AB、BC、CD 和 BB1，如图 8-35(a)所示。

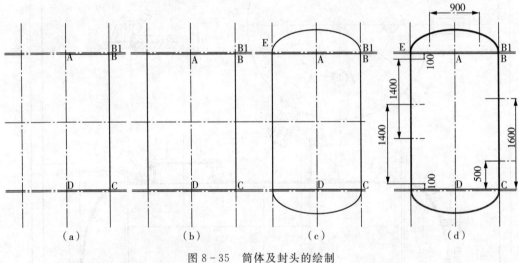

（a）　　　（b）　　　（c）　　　（d）

图 8-35　筒体及封头的绘制

启动【镜像】命令，以垂直中心线 AD 为对称轴，对称复制已经画好的筒体结构线，如图 8-35(b)所示。

（2）绘制封头主结构线

单击【椭圆弧】按钮：(启动椭圆弧命令)

指定椭圆弧的轴端点或[中心点(C)]：B1 ✓

指定轴的另一个端点：E ✓

输入另一条半轴长度[或旋转(R)]：40 ✓　(400/10 mm)

指定起点角度或[参数(P)]：0 ✓

指定端点角度或[参数(P)/夹角(I)]：180 ✓

如果在"指定椭圆弧的轴端点或［中心点］:"的提示下,先单击 E 点,再单击 $B1$ 点。那么,在"指定起点角度"和"指定端点角度"下,输入的角度值也是相反的,即先输入 180,再输入 0。此时,完成上封头的绘制。

启动【镜像】命令,以水平中心线为对称轴,对称复制已经画好的上封头结构线,完成上下封头的绘制,结果如图 8-35(c)所示。

启动【偏移】命令,将画好的筒体和封头主结构线分别向外侧偏移 1.5 mm(全图比例 1:10,设备厚度采用夸大画法,按 1:4 的比例,以后的其他接管也采用此比例)。

继续使用【偏移】命令,将中心轴线向两侧各偏移 450/10 mm,并用【拉长】命令编辑接管定位线,同样方法获得其他接管的定位线,如图 8-35(d)所示。

(3)绘制所有接管在主视图和俯视图中的结构线

本设备共有各种接管 8 个,涉及三种公称直径,接管带有管法兰。根据明细栏和管口表及查相关法兰标准,得三种接管的有关数据见表 8-3。

表 8-3　三种接管及法兰数据　　　　　　　　　　　　　　　mm

公称直径	法兰外径 D	螺栓孔中心距 K	法兰厚度 b	接管外径 d	接管内径 d_0	接管厚度 t	长度 L
a,c,e 管:50	140/14	110/10	12/1.2	57/5.7	50/5	3.5/0.8	150/15
d 管:40	120/12	90/9	12/1.2	45/4.5	38/3.8	3.5/0.8	150/15
b 管:15	75/7.5	50/5	10/1.0	18/1.8	12/1.2	3/0.5	150/15

注:表中数据第一项为实际大小,斜杠后面的数据为绘图中的数据。

绘制接管定位线:绘制接管的关键在于定位,主视图定位线已经在前面绘制完毕。调出"中心线"层,启动【直线】命令,利用【对象捕捉】功能和相对极坐标方法(极长可取 100 mm),绘制俯视图的接管定位线,如图 8-36 所示。

绘制主视图上接管 d:以 A 为定位点,利用【直线】、【偏移】、【样条曲线】、【修剪】、【镜像】等命令绘制接管局部视图,对剖切面进行【图案填充】,调用【线性】标注尺寸,双击标注的尺寸,尺寸数字修改为字母,如图 8-37 所示。

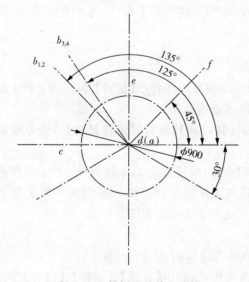

图 8-36　俯视图接管定位线

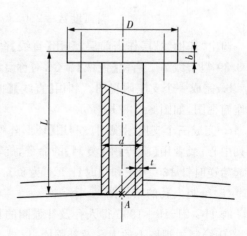

图 8-37　主视图上的接管 d

其他接管的绘制方法类似于接管 d,不再重复。

(4)绘制支座的结构图

查 JB/T 4725—1992 得支座的具体尺寸如图 8-38 所示。

① 绘制主视图上的支座:以 A 点为定位点,利用【直线】【偏移】【修剪】等命令绘制主视图上的支座,如图 8-38(a)所示。

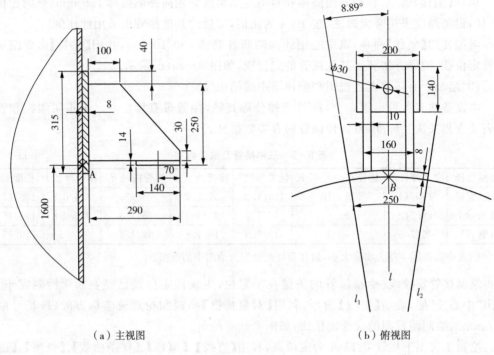

（a）主视图　　　　　　　　　　　　（b）俯视图

图 8-38　支座

② 绘制俯视图上的支座:以 B 点为定位点,绘制支座的俯视图。

a. 绘制支座的范围定位线。垫板宽度 250,是和筒体外壁紧贴的,为了方便绘制,需算出圆弧度数值,计算公式如下:

$$圆弧度数 = 250/806 \times 360/\pi = 17.78$$

调出"辅助线"层作当前层,利用【直线】命令绘制直线 l,再用【旋转】命令,将直线 l 旋转 8.89°得直线 l_1。启动【镜像】命令,对称复制得直线 l_2。

b. 完成一个支座附视图。利用【直线】【偏移】【打断】【修剪】【镜像】【圆】等命令绘制支座俯视图,如图 8-38(b)所示。

c. 完成三个支座附视图。利用【环形阵列】命令,项目数为 3,半径 800 的圆心为环形阵列中心;或者用【旋转】中【复制】的命令,旋转角度分别为 120°和-120°(从当前 Y 轴方向起始逆时针 120°为正和顺时针 120°为负),完成三个支座附视图。

(5)绘制人孔的结构图

查 HG 21516—1995 得人孔及补强圈的具体尺寸如图 8-39(a)所示。

① 绘制主视图上的人孔及补强圈:以 A 为定位点,利用【直线】、【偏移】、【修剪】等命

令,绘制视图上的人孔及补强圈,如图 8 - 39(a)所示。

　　② 绘制附视图上的人孔及补强圈

　　a. 启动【复制】命令,以 A 点为基点,将主视图上的人孔及补强圈复制到附视图上的 B 点。再启动【旋转】命令,将复制后的人孔及补强圈,以 B 点为基点旋转 $45°$,如图 8 - 39 (b)所示。

　　b. 利用【删除】【修剪】【延伸】【圆】【直线】等命令,修改并绘制人孔及补强圈俯视图, 如图 8 - 39(c)所示。

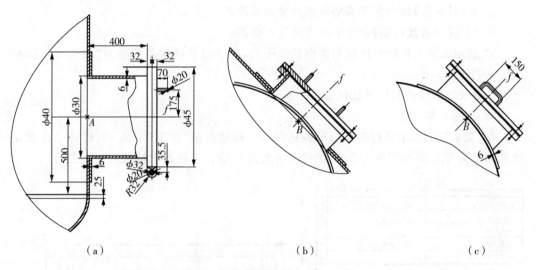

（a）　　　　　　　　　　　　（b）　　　　　　　　　　　　（c）

图 8 - 39　绘制人孔及补强圈结构

　　4. 画局部放大图

　　设备人孔处的焊缝结构如图 8 - 40 所示,用画主视图上人孔的方法,将人孔处的局部图形复制到俯视图下方,启动【缩放】命令,将复制后的图形放大 6 倍,再利用【直线】【圆弧】【修剪】等命令编辑并绘制焊缝处的细节。

　　5. 画剖面线及焊缝线

　　调出"剖面线"层,启动【图案填充】命令,填充 ANSI31 剖面图案,比例为 1,角度为 $0°$ 和 $90°$,注意同一部件其剖面线角度必须保持一致,相邻两部件其角度应取不同值。

　　6. 标注尺寸及序号

　　(1)调出"尺寸"层,进行标注尺寸,因已经在【标注 1】样式中设置了"比例因子"10。尽管画图时采用了 $1:10$ 比例缩小,但标注出的依然是设备的实际尺寸。

　　(2)设置【标注 1】的【替代样式】字高为 5, 启动【快速引线】命令,从主视图的左下角开始, 按顺时针方向,标注零部件序号。

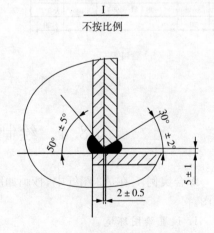

图 8 - 40　焊缝结构的局部放大图

在标注支座主视图中的 1600 时,注意隐藏一端的尺寸界限和尺寸线。

7. 注写技术要求,绘制管口表、标题栏、明细栏和技术特性表

(1)注写技术要求

调出【文字】层,启动【多行文字】命令,在【文字编辑器】中输入文字,技术要求字高设为 5,正文说明字高设为 3.5。

(2)各类表格的绘制方法

① 在"细实线"层,启动【矩形】命令,绘制表格外框,并用【分解】命令将其分解。

② 利用【偏移】命令偏移表格外框产生内部线条。

③ 利用【修剪】【打断】命令生成表格基本框架。

④ 利用图层工具栏的图层列表框置换图层,将表格外部线条更换到"粗实线"层,改变线条的线型。

各种表格的样式和尺寸如图 8-41 所示。

(3)填写表格文字

在"文字"层上,用多行文字填写表格内容。标题栏中"储罐"字高 10,设计单位名和图号的字为 7,其余字高为 5;明细栏内字高为 5,管口表和技术特性表中字高为 3.5。

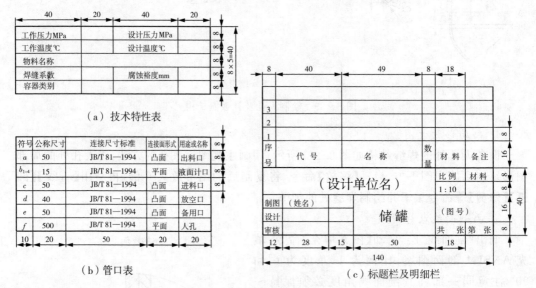

(a)技术特性表

(b)管口表

(c)标题栏及明细栏

图 8-41　图中表格样式和尺寸

8.4　绘制化工工艺流程图

综合实例 4:在 A2 图纸中,抄画如图 8-42 所示的典型化工产品——合成氨生产流程图。

1. 设置绘图环境

(1)设置图层和线型

图层内容和线型的设置方法可参考本章案例 8.3,创建的图层如图 8-44 所示。其

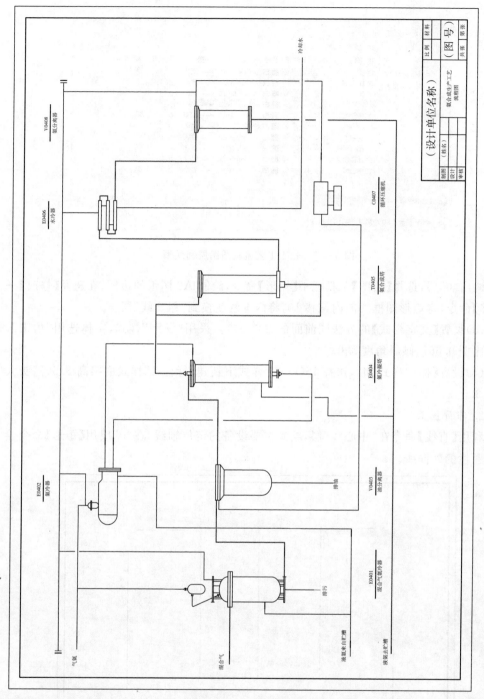

图8-42　合成氨生产工艺流程图

中"物料线"的线宽为 0.50 mm,"粗实线""辅助物料管道"的线宽为 0.30 mm,其余线宽为默认值。

(2)选择绘图比例、图幅并绘制图框线

化工工艺图的幅面一般采用 A1 或 A2,本例选择 A2 图纸(594×420),绘图比例不按比例,只要画出设备的相对大小和高低即可。

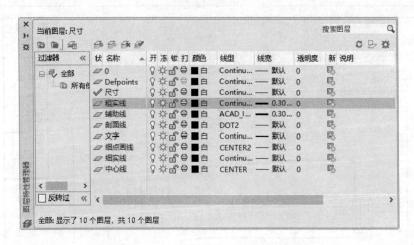

图 8-43　化工工艺流程图图层和线型

　　调出"0"层,选择【绘图】工具栏中【矩形】命令,绘制 A2 图纸的边框,在选择【修改】→【偏移】命令,将矩形图框线向内偏移 10,将内框线变换到"粗实线"层。

　　(3)设置【文字样式】的方法同前面的案例 8.1。采用"汉字"样式,字体选用"仿宋",宽度比例 0.667,倾斜角度为 0。

　　(4)设置【标注样式】时,选择 ISO-25 样式下新建"标注 1"样式的字高 3.5,箭头大小为 3.5。

　　2. 布置图面

　　利用【直线】命令在"中心线"层,绘制主要设备的定位轴线,在"0"层用【矩形】命令绘制标题栏的外框线。

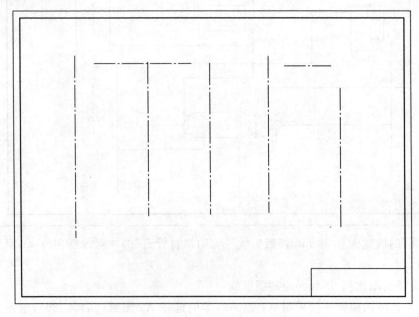

图 8-44　图面布置

3. 绘制主要设备的外形轮廓线

调出"设备线"层作为当前图层,利用【直线】【镜像】【修剪】【延伸】【复制】【拉长】等命令,从左至右,按流程顺序画出反应设备大致轮廓的示意图,注意保持设备的相对大小及位置高低。

下面以氨冷凝塔为例,介绍设备示意图的画法,如图 8-45 所示。

启动【直线】命令,利用【栅格捕捉】功能(可将捕捉间距设为 2),打开【正交】,画折线得到图 8-45(a)。

打开【正交】和【对象捕捉】"中点""垂足"等,启动【直线】命令,绘制上下封头的水平线,如图 8-45(b)所示。

启动【镜像】命令,以对称轴为镜像轴,镜像复制得到图 8-45(c)。

其他设备示意图见图 8-46。

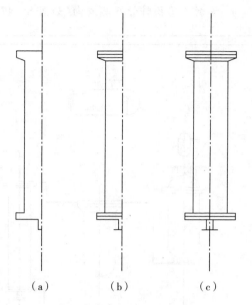

（a）　　　　　（b）　　　　　（c）

图 8-45　设备示意图的画法

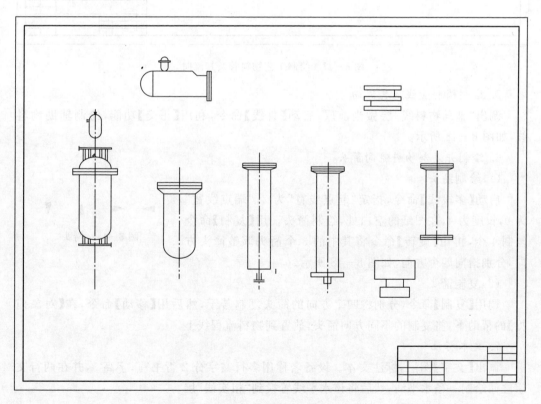

图 8-46　设备示意图

4. 绘制工艺物料管及其流向（如图 8 - 47 所示）

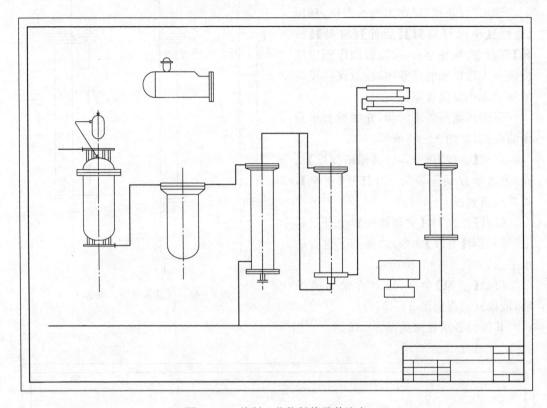

图 8 - 47　绘制工艺物料管及其流向

5. 绘制辅助管线及其流向

调出"辅助物料线"层做当前层，启动【直线】命令，利用【正交】功能，绘制辅助物料线，如图 8 - 48 所示。

6. 绘制并复制物料流向箭头

（1）绘制箭头

启动【多段线】命令，指定"起点线宽"为 2，"端点线宽"为 0，长度为 4，在图纸的空白处，绘制箭头。用【复制】命令复制 4 个，再用【旋转】命令将其中的 3 个箭头调整箭头方向，分别指向四个方向，如图 8 - 48 所示。

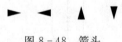

图 8 - 48　箭头

（2）复制箭头

调用【复制】命令，分别将四个方向的箭头复制若干，然后用【移动】命令，在【对象捕捉】的帮助下，将复制的不同方向箭头，放置到物料流程线上。

7. 文本标注

调出【文字】图层，标注文本。设备名称用多行文字分 2 行书写，字高 5，并在两行文字之间绘制一条水平线，然后将该水平线置换到"粗实线"层。

标注设备位号和物流向箭头，如图 8 - 50 所示。

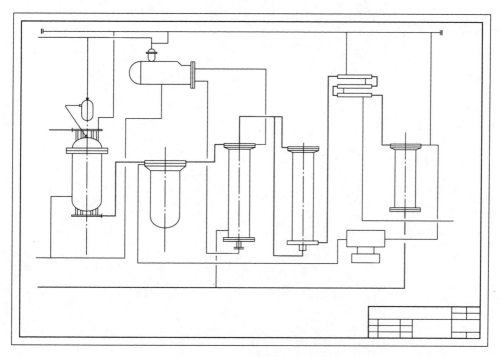

图 8-49　绘制辅助物料流程线

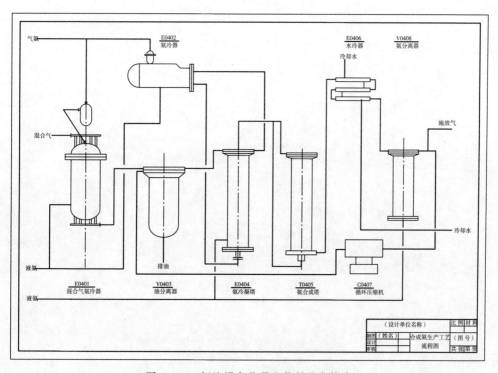

图 8-50　标注设备位号和物料流向箭头

　　标注仪表控制点和阀门,标注"标题栏",标注方式与案例 8.3 相同,标注"图例",完成全图。

参 考 文 献

［1］魏崇光,郑晓梅．化工工程制图．北京:化学工业出版社,2006.

［2］麓山文化．AutoCAD2014 版中文版实用教程．北京:机械工业出版社,2013.

［3］刘星．化工制图与 CAD.大连:大连理工大学出版社,2010.

［4］严竹生,陆英．化工制图．上海:上海交通大学出版社,2005.

［5］林大钧,于传浩,杨静．化工制图．北京:高等教育出版社,2007